Hansjörg Dirschmid
Wolfgang Kummer
Manfred Schweda

Einführung in die mathematischen Methoden der Theoretischen Physik

mit 37 Abbildungen

Vieweg

uni–text

Dr. Hansjörg Dirschmid ist a.o. Professor am Institut für Technische Mathematik der Technischen Universität Wien

Dr. Wolfgang Kummer ist o. Professor für Theoretische Physik an der Technischen Universität Wien

Dr. Manfred Schweda ist Universitätsdozent für Theoretische Physik an der Technischen Universität Wien

Verlagsredaktion: *Alfred Schubert*

1976

Satz: Friedr. Vieweg & Sohn, Braunschweig
Druck: E. Hunold, Braunschweig
Buchbinder: W. Langelüddecke, Braunschweig
Printed in Germany-West

ISBN 3 528 03319 3

Vorwort

In den letzten Jahren scheint ein altes didaktisches Problem des Physikstudiums noch akuter geworden zu sein: In den ersten beiden Studienjahren durchläuft der Student die üblichen Grundkurse in Mathematik, während gleichzeitig im dritten oder vierten Semester ein Vorlesungszyklus aus theoretischer Physik beginnt. Einerseits steht der vortragende Physiker daher vor dem Problem, daß gewisse Teilgebiete der Mathematik erst zu spät im Mathematikzyklus aufscheinen, um darauf in der theoretischen Physik zurückgreifen zu können; andererseits beginnt heute der Trend zu einer sehr formalen und teilweise wenig anwendungsorientierten Mathematik bereits in der höheren Schule. Dies macht die „Einstimmung“ des jungen Physikstudenten auf die mehr intuitive Arbeitsweise des Physikers immer schwieriger.

Um diesem Übelstand abzuhelfen, existieren an vielen Universitäten – nicht nur des deutschen Sprachraums – Übergangsvorlesungen, die im dritten und vierten Semester gehört werden. Nach unserer Meinung ist diese Regelung der mancherorts geübten Praxis vorzuziehen, die Mathematikausbildung des Physikstudenten ganz durch Physiker vornehmen zu lassen, denn ein sehr wesentlicher Teil der modernen mathematischen Physik benötigt den festen Grund weitgehender mathematischer Strenge.

An der Technischen Universität in Wien wurde ein derartiger Kursus (zu je zwei Stunden Vorlesungen und zwei Stunden Übungen) in den letzten beiden Jahren von einem der Verfasser (W. K.) gelesen. Dabei stellte sich das Bedürfnis nach einem den gegebenen Umständen Rechnung tragenden Vorlesungstext heraus. Zweifellos gibt es eine Vielzahl ausgezeichneter zum Teil schon klassischer Lehrbücher der mathematischen Physik, doch haben diese entweder den schwerwiegenden Nachteil, in mancher Hinsicht zu vollständig oder zu umfangreich zu sein, oder aber, wie in einzelnen College-Texten amerikanischer Autoren, der Einfachheit der Darstellung wird gar zu viel an Strenge geopfert.

Damit stellt sich dem vortragenden Physiker, schon auch in Hinblick auf den allenfalls noch nicht vollendeten Grundkurs aus Mathematik, die Frage, wie eine solche Vorlesung über mathematische Methoden der Physik sinnvoll aufzubauen ist. Er hat zum einen auf den mathematisch noch ungeübten Studenten Rücksicht zu nehmen, zum anderen muß jene mathematische Methodik dargelegt werden, welche dem Studenten die folgenden Vorlesungen aus theoretischer Physik verständlich macht. Unserer Überzeugung nach kann dieser „Brückenschlag“ nur in einer behutsamen Darlegung der klassischen Methoden bestehen, insbesondere der Reihenentwicklungen der mathematischen Physik, durchgeführt mit der zu Gebote stehenden mathematischen Strenge, um dem Studenten den Schritt zur Abstraktion naheliegend und plausibel zu machen. So soll der Leser die Grundlagen erarbeitet haben, die ihn befähigen, einen elementaren Grundkurs aus Quantenmechanik, der die Theorie linearer Funktionenräume (wie der Hilberträume) in meist intuitiver Weise verwendet, zu verstehen, bzw. die Zusammenhänge mit dem vorliegenden Skriptum herstellen zu können. Wir klammern in unserem Text die explizite Erörterung solcher Methoden aus, da sie im nötigen (elementaren) Ausmaß durchaus im Rahmen eines solchen Kurses aus Quantenmechanik gebracht werden können.

Dem Studienplan Rechnung tragend haben wir uns bemüht, die mathematischen Voraussetzungen möglichst gering zu halten, etwa in dem Umfang, den üblicherweise der Mathematikkursus des ersten und zweiten Semesters umfaßt: Elementare Vektor- und Matrizenrechnung, Analysis einer Funktion einer reellen Veränderlichen, gewöhnliche lineare Differentialgleichungen sowie die Theorie der Fourierschen Reihen und das Fouriersche Integraltheorem. Da auch einige Grundtatsachen der komplexen Funktionentheorie verwendet werden, findet sich eine kurze Zusammenfassung dieses Gebietes im Anhang.

Der vorliegende Text beginnt mit der Bereitstellung der elementaren mathematischen Hilfsmittel und Begriffsbildungen der Feldtheorie, wie sie in Kapitel 2 für die Besprechung der partiellen Differentialgleichungen der mathematischen Physik erforderlich sind. In Kapitel 3 wird ein erster methodischer Schritt zur Lösung einer Auswahl typischer partieller Differentialgleichungen unternommen, nämlich die Trennung der Veränderlichen, der die Notwendigkeit von Reihenentwicklungen nach gewissen Funktionensystemen aufzeigt. In Kapitel 4 werden deshalb Sturm-Liouville-Differentialoperatoren studiert; der Entwicklungssatz nach Eigenfunktionen eines regulären Sturm-Liouville-Differentialoperators wird bis auf unwesentliche Nebenrechnungen bewiesen, kann jedoch vom Leser bei einer ersten Orientierung übersprungen werden. Im folgenden wird demonstriert, daß dieser Entwicklungssatz die formalen Methoden zur Lösung partieller Differentialgleichungen mit Anfangs- und Randbedingungen rechtfertigt. Vorbereitende Bemerkungen über die Diracsche Deltafunktion und Greensche Funktionen in den darauffolgenden Abschnitten sollen die Betrachtungen von Kapitel 7 und 8 motivieren.

In Kapitel 5 erstellen wir die Grundlagen zur Diskussion singulärer Differentialgleichungen, wie sie durch den Separationsansatz des Laplaceoperators in orthogonalen krummlinigen Koordinaten entstehen; damit wird in Kapitel 6 eine Auswahl der wesentlichen Eigenschaften der speziellen Funktionen der mathematischen Physik diskutiert und weitere Entwicklungssätze (nach Kugel- und Zylinderfunktionen) besprochen. In Kapitel 7 wird ein Abriß der Theorie der verallgemeinerten Funktionen gegeben, wie er zum Verständnis der Lösungstheorie partieller Differentialgleichungen mit Hilfe Greenscher Funktionen in Kapitel 8 notwendig ist.

Soweit methodisches Interesse vorliegt, legen wir die mathematischen Beweise dar; bisweilen haben wir aber auch von einer vollständigen Beweisführung abgesehen, um dem Leser Gelegenheit zu geben, sein Verständnis für die dargelegten Methoden sich selbst vor Augen führen zu können. Obwohl diese nicht weiter gekennzeichneten „Textbeispiele“ teilweise elementarer Natur sind, sei es dem Leser sehr empfohlen, die fehlenden Schritte zu ergänzen.

Zum Abschluß eines jeden Kapitels finden sich Übungsbeispiele, die zum Teil auch Ergänzungen des Stoffes sind. Zur deutlichen Abgrenzung von den bloßen Anwendungsbeispielen sind diese mit einem * gekennzeichnet.

Die Autoren sind Herrn Dipl.-Ing. H. Lötsch für die sorgfältige Reinschrift des Manuskriptes und dem Verlag Vieweg & Sohn insbesondere für die bewiesene Geduld zu großem Dank verpflichtet.

H. J. Dirschmid / W. Kummer / M. Schweda

Wien, März 1976

Inhaltsverzeichnis

1. Mathematische Grundlagen

1.1. Der Begriff des Feldes und des Gradienten

1.1.1. Definition der Feldgröße

Die mathematische Fassung der Naturgesetze bedient sich des *Feldbegriffes.* Wir bezeichnen als Feld eine physikalische Größe, die sich von Ort zu Ort, auch in Abhängigkeit von der Zeit, ändert*). Es sei etwa in einem gewissen Bereich des dreidimensionalen Raumes eine Temperaturverteilung gegeben; bezeichnet u die Temperatur, so läßt sich das Temperaturfeld in der Form

$$u = u(x_1, x_2, x_3, t) \tag{1.1/1}$$

in Abhängigkeit von Ort und Zeit t darstellen. Ein solches Feld nennt man ein *Skalarfeld*, weil es mit keiner Richtung behaftet ist. Es heißt insbesondere *instationär,* wenn sich die Temperatur an ein und demselben Ort mit der Zeit ändert. Ist dies nicht der Fall, die Temperatur also an jedem Ort für alle Zeiten gleich, so nennt man (1.1/1) ein *stationäres* Feld,

$$u = u(x_1, x_2, x_3). \tag{1.1/2}$$

Auch die potentielle Energie V, die ein Massenkörper m im Gravitationsfeld der Erde besitzt, ist ein Beispiel eines stationären Skalarfeldes, welches durch

$$V = V(x_1, x_2, x_3) = -\gamma\, m \frac{M}{r}, \quad r = \sqrt{x_1^2 + x_2^2 + x_3^2}, \tag{1.1/3}$$

gegeben ist. Dabei ist M die Masse der Erde und γ die Gravitationskonstante.

Skalarfelder sind nicht die einzigen Erscheinungsformen physikalischer Größen. Neben ihnen sind die sogenannten *Vektorfelder,* zu denen Kraftfelder und Geschwindigkeitsfelder gehören, von eminenter Bedeutung. In jedem Punkt eines Bereiches eines dreidimensionalen Raumes ist ein *Vektor* erklärt, eine Größe, behaftet mit einem Betrag (etwa die Stärke einer Kraft oder die numerische Größe einer Geschwindigkeit) und mit einer Richtung (in der die Kraft in diesem Punkt wirkt bzw. in die die Geschwindigkeit zeigt). Da ein Vektor im dreidimensionalen Raum durch drei *Komponenten* (Wirkkomponenten), nicht sehr glücklich auch Koordinaten genannt, gegeben ist, nämlich den drei Projektionen auf die Achsen des fest gedachten (rechtwinkeligen) kartesischen Koordinatensystems, stellt sich ein Vektorfeld durch

$$\mathbf{f} = \mathbf{f}(x_1, x_2, x_3, t) = \begin{pmatrix} f_1(x_1, x_2, x_3, t) \\ f_2(x_1, x_2, x_3, t) \\ f_3(x_1, x_2, x_3, t) \end{pmatrix} \tag{1.1/4}$$

dar, unter Beachtung der Orts- und Zeitabhängigkeit der Vektor-(Feld)-Größen. Im besonderen nennen wir das Feld wieder *instationär,* wenn sich die Vektorgröße an einem Punkt mit der Zeit ändert, andernfalls *stationär.*

Denken wir uns eine Flüssigkeitsmenge, die in irgendeinem Bereich strömt, so ist die Strömung (qualitativ und quantitativ) erfaßt durch das *Geschwindigkeitsfeld*

$$\mathbf{v} = \mathbf{v}(x_1, x_2, x_3, t) = \begin{pmatrix} v_1(x_1, x_2, x_3, t) \\ v_2(x_1, x_2, x_3, t) \\ v_3(x_1, x_2, x_3, t) \end{pmatrix}. \tag{1.1/5}$$

---

*) Damit beruht der Feldbegriff auf einer Idealisierung; geht man nämlich von der Forderung aus, daß alles gemessen werden soll, so stößt man auf Schwierigkeiten, denn wie kann man eine Größe in einem „Punkt" messen? Wir kommen darauf in Kap. 7 zurück.

Das bedeutet, daß jenes Flüssigkeitsteilchen, das zur Zeit t an den Ort $P(x_1, x_2, x_3)$ kommt, dort die Geschwindigkeit $\mathbf{v}(x_1, x_2, x_3, t)$ besitzt.

Es wird also kein Teilchen auf seinem Weg verfolgt. Jedenfalls bewegt sich das Teilchen auf einem Weg, auf seiner *Bahnkurve* oder, wie man auch sagt, auf seiner *Feldlinie.* Diese Feldlinien wollen wir (für den stationären Fall) bestimmen; wir beachten dabei, daß in jedem Punkt der Feldlinie die Tangentenrichtung in die Richtung der Geschwindigkeit fällt. Bekanntlich verschwindet das äußere Produkt **C** zweier Vektoren **A** und **B**,

$$\mathbf{C} = \mathbf{A} \times \mathbf{B} = \begin{pmatrix} A_2 B_3 - A_3 B_2 \\ A_3 B_1 - A_1 B_3 \\ A_1 B_2 - A_2 B_1 \end{pmatrix} = \begin{pmatrix} \begin{vmatrix} A_2 & A_3 \\ B_2 & B_3 \end{vmatrix} \\ \begin{vmatrix} A_3 & A_1 \\ B_3 & B_1 \end{vmatrix} \\ \begin{vmatrix} A_1 & A_2 \\ B_1 & B_2 \end{vmatrix} \end{pmatrix}, \tag{1.1/6}$$

nur für parallele Vektoren **A** und **B***).

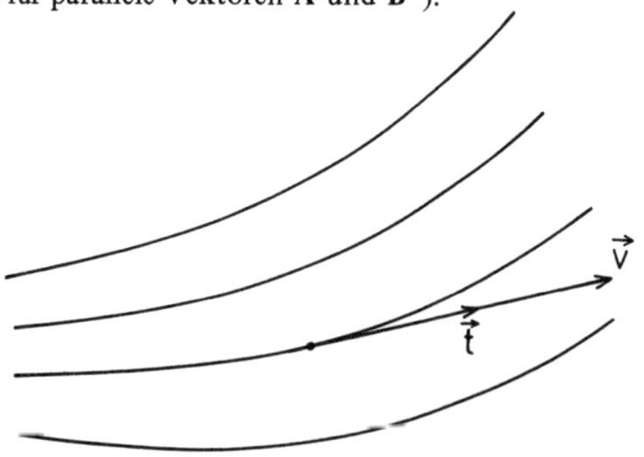

Abb. 1.1.

Bedeutet nun **t** den Tangentenvektor und **v** den Geschwindigkeitsvektor in **P**, so sind **t** und **v** parallel – folglich muß das äußere Produkt (1.1/6) verschwinden:

$$\mathbf{t} \times \mathbf{v} = 0. \tag{1.1/7}$$

Ist ξ der Parameter der Bahnkurve, die in einem gewissen Punkt $P_0(a, b, c)$ beginnt, so wird $\mathbf{t} = \left(\frac{dx}{d\xi}, \frac{dy}{d\xi}, \frac{dz}{d\xi}\right) = (\dot{x}_1, \dot{x}_2, \dot{x}_3)$**), und man erhält für die Feldlinien das System von Differentialgleichungen

$$\begin{aligned} v_3 \dot{x}_2 - v_2 \dot{x}_3 &= 0 \\ v_1 \dot{x}_3 - v_3 \dot{x}_1 &= 0 \\ v_2 \dot{x}_1 - v_1 \dot{x}_2 &= 0. \end{aligned} \tag{1.1/8}$$

Nun lehrt die Theorie der Differentialgleichungssysteme, daß die allgemeine Lösung von (1.1/8) von drei willkürlichen Parametern α, β und γ abhängt, also die Gestalt

$$\begin{aligned} x_1 &= \varphi(\xi; \alpha, \beta, \gamma) \\ x_2 &= \chi(\xi; \alpha, \beta, \gamma) \\ x_3 &= \psi(\xi; \alpha, \beta, \gamma) \end{aligned} \tag{1.1/9}$$

---

*) Cunningham [1].

**) Üblicherweise normiert man den Tangentenvektor auf die Länge 1; dies ist jedoch in unserem Fall nicht notwendig, da es nur auf die Richtung ankommt.

hat. Wird der Beginn der Bahnkurven durch $\xi = 0$ festgelegt, so berechnet sich die im Punkt $P_0(a, b, c)$ entspringende Feldlinie aus dem Gleichungssystem

$$\begin{aligned} a &= \varphi(0; \alpha, \beta, \gamma) \\ b &= \chi(0; \alpha, \beta, \gamma) \\ c &= \psi(0; \alpha, \beta, \gamma). \end{aligned} \tag{1.1/10}$$

Ist dieses Gleichungssystem nicht lösbar, so entspringt in P_0 keine Feldlinie. Andernfalls läßt sich aus (1.1/10) α, β und γ berechnen; (1.1/9) ergibt dann die Feldlinie durch P.

Es hat natürlich keinen Sinn, von einer „Anzahl" der Feldlinien in numerischer Hinsicht zu sprechen, denn durch jeden Punkt des Strömungsfeldes geht eine Feldlinie.

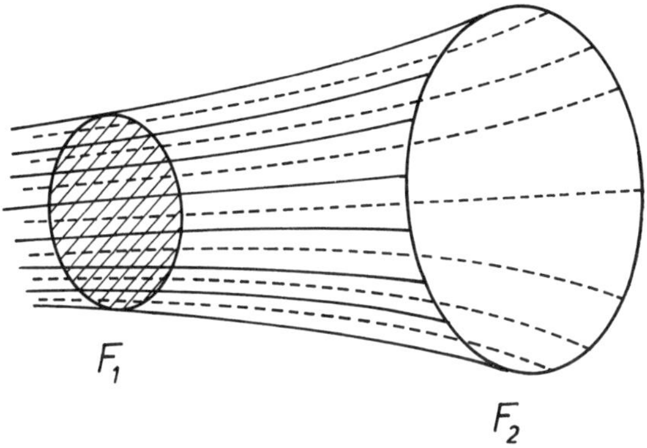

Abb. 1.2

Denken wir uns aber ins Strömungsfeld ein Flächenstück F_1 gelegt. Zu einem gewissen Zeitpunkt befinden sich auf der Fläche Flüssigkeitsteilchen, die wir eine kurze Zeit auf ihren Bahnkurven verfolgen, um sie danach gedanklich wieder auf der Fläche F_2 zu fixieren (Abb. 1.2). Durch F_1 und F_2 gehen also dieselben Feldlinien und nur die durch F_1 hindurchgehenden passieren F_2 und umgekehrt. Nun werden i. a. die Flächen F_1 und F_2 verschiedene Inhalte haben. Dies rechtfertigt die Sprechweise, daß entsprechend der Abb. 1.2 bei F_1 die „Feldliniendichte" größer ist als bei F_2, was seinen analytischen Ausdruck darin findet, daß bei F_1 die Geschwindigkeitsvektoren dem Betrage nach größer sind als bei F_2. Man denke etwa an das Strömungsbild einer aus einer Düse austretenden Flüssigkeit!

Die Gravitationskraft ist vielleicht das bekannteste Beispiel eines Kraftfeldes: In jedem Punkt des Schwerefeldes der Erde greift auf einen Massenkörper m die Kraft **k** (vgl. (1.1/3)),

$$\mathbf{k} = -\begin{pmatrix} \dfrac{\partial V}{\partial x_1} \\ \dfrac{\partial V}{\partial x_2} \\ \dfrac{\partial V}{\partial x_3} \end{pmatrix} = -\frac{\gamma m M}{r^3}\begin{pmatrix} x_1 \\ x_2 \\ x_3 \end{pmatrix}, \quad r = \sqrt{x_1^2 + x_2^2 + x_3^2}, \tag{1.1/11}$$

an. Die Kraftlinien berechnen sich aus (vgl. (1.1/8))

$$\begin{aligned} -\gamma m M \frac{x_3}{r^3}\, dx_2 &= -\gamma m M \frac{x_2}{r^3}\, dx_3 \Rightarrow \frac{dx_3}{x_3} = \frac{dx_2}{x_2}, \\ -\gamma m M \frac{x_3}{r^3}\, dx_1 &= -\gamma m M \frac{x_1}{r^3}\, dx_3 \Rightarrow \frac{dx_3}{x_3} = \frac{dx_1}{x_1}. \end{aligned} \tag{1.1/12}$$

Die dritte Gleichung (1.1/8) ergibt $\frac{dx_2}{x_2} = \frac{dx_1}{x_1}$; diese ist jedoch bereits in den beiden ersten Gleichungen enthalten. Integration von (1.1/12) gibt

$$\ln|x_3| = \ln|x_2| + C_1,$$
$$\ln|x_3| = \ln|x_1| + C_2,$$

also, wenn $\overline{C}_i = e^{C_i}$, i = 1, 2, gesetzt wird,

$$x_3 = \overline{C}_1 x_2 = \overline{C}_2 x_1.$$

Führt man für $x_1 = \alpha\xi$ ein, so wird schließlich

$$\begin{aligned} x_1 &= \alpha\xi, \\ x_2 &= \beta\xi, \\ x_3 &= \gamma\xi. \end{aligned} \tag{1.1/13}$$

Die Feldlinien sind gerade Linien durch den Ursprung. Dies bedeutet nichts anderes, als daß jeder Körper – sofern er keine *andere* zusätzliche Kraft erfährt – im Gravitationsfeld der Erde auf dem kürzesten Weg, nämlich auf einer Geraden, in den Erdmittelpunkt fällt. Man erkennt, daß die Kraftlinien in einem gemeinsamen Ursprung – hier dem Erdmittelpunkt – entspringen.

Ein bekanntes Beispiel, wie Feldlinien sichtbar gemacht werden können, ist der Magnet. Werden zwischen die Pole Eisenfeilspäne gestreut, so ordnen diese sich auf deutlich unterscheidbaren Kurven.

Das Wärmeströmungsfeld ist ein typisches Beispiel für ein Vektorfeld. Denken wir uns ein Temperaturfeld $u(x_1, x_2, x_3, t)$ völlig sich selbst überlassen, so daß sich die Temperatur ausgleichen wird. Betrachten wir jetzt zwei benachbarte Punkte des Feldes, der eine mit höherer Temperatur als der andere, so wird der erste solange Wärme an den zweiten (und an andere Punkte niedrigerer Temperatur) abgeben, bis beide die gleiche Temperatur haben. Wir haben somit ein instationäres Vektorfeld: In jedem Punkt gibt der dort verhaftete Vektor $\mathbf{q}$ an, in welche Richtung von ihm aus Wärme abtransportiert wird; sein Betrag $|\mathbf{q}| = q$ gibt dabei die transportierte Wärmemenge an, alles in Abhängigkeit von der Zeit (vgl. Kap. 2.3).

1.1.2. Änderung (Differentiation) der Feldgrößen

$U = U(x_1, x_2, x_3, t)$ sei ein Skalarfeld. Wir betrachten einen Punkt $P_0(\mathring{x}_1, \mathring{x}_2, \mathring{x}_3)$, in seiner Umgebung einen beliebigen weiteren Punkt $P(x_1, x_2, x_3)$ und setzen

$$\Delta x_1 = x_1 - \mathring{x}_1, \quad \Delta x_2 = x_2 - \mathring{x}_2, \quad \Delta x_3 = x_3 - \mathring{x}_3; \tag{1.1/14}$$

es bezeichne

$$\Delta\mathbf{x} := \begin{pmatrix} \Delta x_1 \\ \Delta x_2 \\ \Delta x_3 \end{pmatrix} \tag{1.1/15}$$

den Vektor der Länge

$$|\Delta\mathbf{x}| := \sqrt{(\Delta x_1)^2 + (\Delta x_2)^2 + (\Delta x_3)^2}, \tag{1.1/16}$$

der im Punkt P_0 angreift und zum Punkt P zeigt. Welche Aussagen können wir nun aus der Kenntnis der Feldgröße $U(\mathring{x}_1, \mathring{x}_2, \mathring{x}_3, t)$ über die Feldgröße im Punkt P machen? Da eine physikalische Größe sich kontinuierlich ändert, müssen wir die Forderung der Stetigkeit stellen.

In welchem Maß kann sich nun die Feldgröße ändern, wenn der Punkt P nur hinreichend nahe an P_0 liegt? Denken wir uns zunächst eine Feldgröße w (x), die von einer einzigen Koordinate x abhängt, so wird die Änderung durch

$$\Delta w = w(\mathring{x} + \Delta x) - w(\mathring{x})$$

beschrieben. Ist w (x) an der Stelle $\mathring{x}$ differenzierbar, so gilt

$$\Delta w = w'(\mathring{x})\,\Delta x + \Delta x\,\epsilon(\Delta x),$$

worin $\lim_{\Delta x \to 0} \epsilon(\Delta x) = 0$ wird. Die Änderung ist also linear: Man kann sagen, daß eine differenzierbare Funktion lokal (d. h. in einer kleinen Umgebung) linear approximierbar ist und umgekehrt. Die (lineare) Approximierende ist im eindimensionalen Fall die Tangente an das Schaubild von w (x); umgekehrt ist eine Funktion in einem Punkt differenzierbar, wenn sie dort eine Tangente hat.

Kehren wir nun in den dreidimensionalen Raum zurück. Dort sind wir nun versucht zu sagen, daß sich das Feld gemäß

$$\begin{aligned}\Delta U &= U(\mathring{x}_1 + \Delta x_1, \mathring{x}_2 + \Delta x_2, \mathring{x}_3 + \Delta x_3, t) - U(\mathring{x}_1, \mathring{x}_2, \mathring{x}_3, t) \\ &= a(\mathring{x}_1, \mathring{x}_2, \mathring{x}_3, t)\,\Delta x_1 + b(\mathring{x}_1, \mathring{x}_2, \mathring{x}_3, t)\,\Delta x_2 + c(\mathring{x}_1, \mathring{x}_2, \mathring{x}_3, t)\,\Delta x_3 + \mathcal{O}(|\Delta \mathbf{x}|^{1+\epsilon})\end{aligned} \qquad (1.1/17)$$

ändert. $\mathcal{O}(|\Delta \mathbf{x}|^{1+\epsilon})$, $\epsilon > 0$, bezeichnet Größen, die von höherer als erster Ordnung verschwinden.

In der Differentialrechnung von Funktionen mehrerer Veränderlicher wird gezeigt, daß die Größen $a(x_1, x_2, x_3, t)$, $b(x_1, x_2, x_3, t)$, $c(x_1, x_2, x_3, t)$ eindeutig bestimmt sind, wenn die partiellen Ableitungen

$$a = \frac{\partial U}{\partial x_1}, \quad b = \frac{\partial U}{\partial x_2}, \quad c = \frac{\partial U}{\partial x_3} \qquad (1.1/18)$$

existieren und (bei festem t) in P_0 stetig sind. Wir bezeichnen die dreikomponentige Größe (a, b, c) als *Ableitung* oder *Gradient* von U im Punkt $P_0(\mathring{x}_1, \mathring{x}_2, \mathring{x}_3)$,

$$\text{grad } U := \nabla U := (a, b, c) = \left(\frac{\partial U}{\partial x_1}, \frac{\partial U}{\partial x_2}, \frac{\partial U}{\partial x_3}\right). \qquad (1.1/19)$$

Die Operation ∇ wird „Nabla" genannt.

Das innere Produkt zweier Vektoren **A** und **B**, die den Winkel φ einschließen, ist durch

$$\mathbf{A} \cdot \mathbf{B} = \sum_{i=1}^{3} A_i B_i = |\mathbf{A}|\,|\mathbf{B}| \cos\varphi \qquad (1.1/20)$$

definiert. Daher kann man (1.1/17) in der Form

$$\Delta U = \text{grad } U \cdot \Delta \mathbf{x} + \mathcal{O}(|\Delta \mathbf{x}|^{1+\epsilon}) \qquad (1.1/21)$$

schreiben. Man nennt

$$dU := \text{grad } U \cdot d\mathbf{x} = \nabla U \cdot d\mathbf{x} \qquad (1.1/22)$$

das *Differential* von U. Für ein skalares Feld U fassen wir (1.1/22) als inneres Produkt der Vektoren grad U und **dx** auf. Wegen (1.1/20) ergibt sich nun, wenn φ der Winkel zwischen den beiden Vektoren grad U und **dx** ist,

$$dU = |\text{grad } U|\,|d\mathbf{x}| \cos\varphi. \qquad (1.1/23)$$

Lassen wir nun **dx** derart variieren, daß $|d\mathbf{x}|$ stets „konstant" bleibt: Wir betrachten also in der Nachbarschaft von **x** nur die Punkte auf einer Kugel mit dem Mittelpunkt **x** und dem „Radius"

$|d\mathbf{x}|$. Da grad U nur von $\mathbf{x}$ abhängig ist (die Abhängigkeit von t interessiert bei diesen Betrachtungen nicht), wird dU am größten, wenn $\cos\varphi$ seinen größten Wert annimmt: Dies geschieht bei $\varphi = 0$. Wenn also $d\mathbf{x}$ in die Richtung von grad U zeigt, so ändert sich genau in dieser Richtung die Feldgröße am stärksten.

Mit jedem differenzierbaren Skalarfeld U wird gleichzeitig ein Vektorfeld definiert, nämlich das Feld grad U, das man auch das *Gradientenfeld* von U nennt. In einem beliebigen Punkt gibt der Gradient einerseits die Richtung an, in der die Feldgröße U am stärksten anwächst, andererseits ist sein Betrag ein Maß für die Stärke des Anwachsens.

Machen wir uns das am Beispiel des Gravitationsfeldes der Erde klar, dessen Potential durch (1.1/3) gegeben ist. Der Massenkörper m fällt von Punkten höheren Potentials zu Punkten niedrigeren Potentials und leistet dabei Arbeit. Er fällt von einem Anfangspunkt aus in jene Richtung, die der negative Gradient des Potentials anzeigt (er fällt ja in die Richtung abnehmenden Potentials), also in die Richtung von

$$-\operatorname{grad} V = -\frac{\gamma m M}{r^3}\,\mathbf{x} \tag{1.1/24}$$

(vgl. (1.1/11)). Wir verstehen nun, warum die dem Potential im Schwerefeld zuzuordnende Kraft in Richtung der Feldlinien (vgl. (1.1/13)) zum Erdmittelpunkt zeigt.

Auch der Temperaturausgleich des Temperaturfeldes u, der Wärmetransport $\mathbf{q}$, entspricht dieser Deutung: Die Wärme wird von Punkten höherer Temperatur zu Punkten niedrigerer Temperatur transportiert. Der Zusammenhang ist dort für isotrope homogene Medien

$$\mathbf{q} = \mathbf{q}(u) = -l(u)\operatorname{grad} u. \tag{1.1/25}$$

In den meisten Anwendungen kann hier $l(u)$ (> 0) als konstant angesehen werden. Das negative Vorzeichen rührt wieder davon her, daß die Wärmemenge von Punkten höherer Temperatur zu Punkten niedrigerer Temperatur geführt wird.

Betrachten wir jetzt ein Vektorfeld $\mathbf{k}$ mit seinen drei Koordinaten $k_i(x_1, x_2, x_3, t)$, $i = 1, 2, 3$. Da sich in physikalischen Vorgängen die Feldgröße nach Betrag und Richtung nicht sprunghaft ändert, werden wir für die Beschreibung des qualitativen Verhaltens wieder die Stetigkeit voraussetzen.

Für die quantitative Änderung denken wir uns einen Punkt $P_0(\mathring{x}_1, \mathring{x}_2, \mathring{x}_3)$, einen Punkt $P(x_1, x_2, x_3)$ und studieren wie oben die Differenz

$$\Delta\mathbf{k} = \mathbf{k}(\mathring{x}_1 + \Delta x_1, \mathring{x}_2 + \Delta x_2, \mathring{x}_3 + \Delta x_3, t) - \mathbf{k}(\mathring{x}_1, \mathring{x}_2, \mathring{x}_3, t), \tag{1.1/26}$$

die die Änderung der Feldgröße angibt,

$$\Delta k_i = k_i(\mathring{x}_1 + \Delta x_1, \mathring{x}_2 + \Delta x_2, \mathring{x}_3 + \Delta x_3, t) - k_i(\mathring{x}_1, \mathring{x}_2, \mathring{x}_3, t),\ i = 1, 2, 3. \tag{1.1/27}$$

Betrachten wir nun jede der Koordinatenänderungen Δk_i als Änderung eines Skalarfeldes, so gilt mit der (3×3)-Matrix

$$K_{ij} = \begin{pmatrix} \frac{\partial k_1}{\partial x_1}, & \frac{\partial k_1}{\partial x_2}, & \frac{\partial k_1}{\partial x_3} \\ \frac{\partial k_2}{\partial x_1}, & \frac{\partial k_2}{\partial x_2}, & \frac{\partial k_2}{\partial x_3} \\ \frac{\partial k_3}{\partial x_1}, & \frac{\partial k_3}{\partial x_2}, & \frac{\partial k_3}{\partial x_3} \end{pmatrix} \tag{1.1/28}$$

zufolge (1.1/21)

$$\Delta k_i \simeq \sum_{j=1}^{3} K_{ij} \Delta x_j \qquad (1.1/29)$$

bis auf Größen, die mit höherer Ordnung klein werden. Gelegentlich schreibt man (1.1/29) auch in Form des Matrizenproduktes

$$\Delta \mathbf{k} \simeq K \cdot \Delta \mathbf{x}. \qquad (1.1/30)$$

Man nennt die Matrix K die *Ableitung* von **k** oder den *Gradienten* von **k**; ihre Elemente sind nach (1.1/28)

$$K_{ij} = \frac{\partial k_i}{\partial x_j} := \partial_j k_i, \qquad (1.1/31')$$

in symbolischer Schreibweise*)

$$\text{grad } \mathbf{k} := K. \qquad (1.1/31'')$$

Mit

$$dk_i = \sum_{j=1}^{3} \partial_j k_i \, dx_j \qquad (1.1/32')$$

bzw.

$$d\mathbf{k} = \text{grad } \mathbf{k} \cdot d\mathbf{x} \qquad (1.1/32'')$$

wird das Differential des Feldes bezeichnet, so daß näherungsweise

$$\Delta \mathbf{k} \simeq d\mathbf{k} \qquad (1.1/33)$$

ist. Dies gestattet, einen Überblick über das Verhalten des Feldes in der Umgebung einer Stelle **x** zu bekommen; in Abb. 1.3 wird aus der Kenntnis von $d\mathbf{k} = K \cdot d\mathbf{x}$ der Feldvektor in einem dem Punkt P_0 benachbarten Punkt P_1 konstruiert.

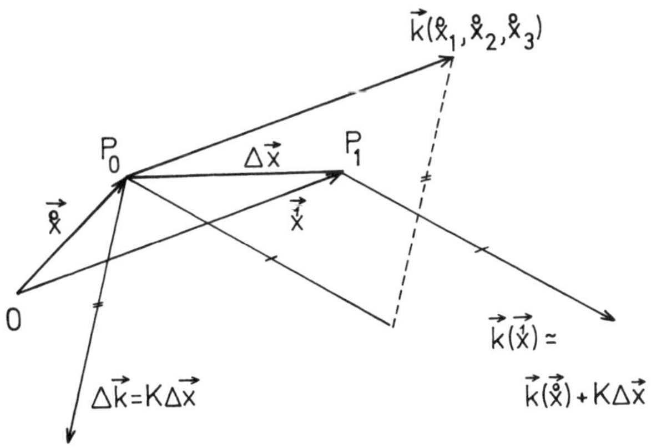

Abb. 1.3

*) Die „symbolische Schreibweise" ist bündiger. Sie entspricht der Kurzschreibweise des inneren bzw. äußeren Produkts zweier Vektoren (vgl. (1.1/20) und (1.1/6)). Doch ist sie in vielen Fällen weniger brauchbar. Um eine gewisse Unabhängigkeit von der Notation einzuüben, werden wir im folgenden absichtlich *beide* Schreibweisen je nach Zweckmäßigkeit verwenden.

1.2. Integration der Feldgrößen

1.2.1. Kurvenintegrale

Wir stellen uns jetzt die Aufgabe, die Arbeit zu berechnen, die zu leisten ist, wenn wir in einem Kraftfeld $\mathbf{k}(x_1, x_2, x_3)$ eine Masse m von einem Punkt A in einen Punkt B transportieren, und zwar auf einem Weg C, der durch die Parameterdarstellung

$$\mathbf{x} = \mathbf{x}(\xi), \quad a \leqslant \xi \leqslant b, \tag{1.2/1}$$

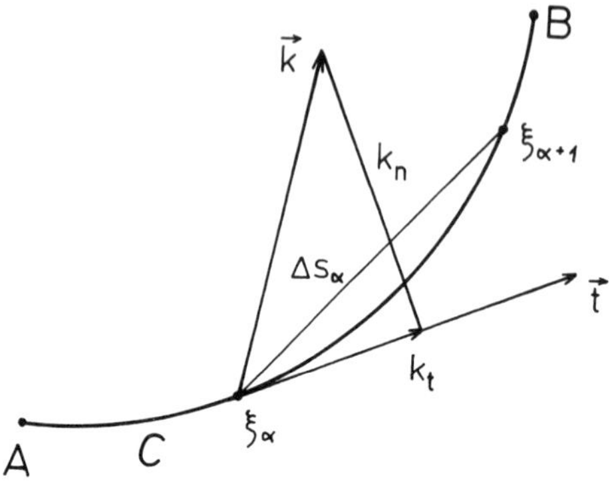

Abb. 1.4

gegeben sei. Der Parameterwert $\xi = a$ entspricht dem Anfangspunkt A, $\xi = b$ sei der Endpunkt B des Weges. Wir wollen dabei nur solche Wege zulassen, die ihre Tangente stetig ändern. Dann denken wir uns den Weg C dergestalt in kleine Wegstücke zerlegt, daß wir uns das Kurvenstück zwischen den Punkten mit den Parameterwerten ξ_α und $\xi_{\alpha+1}$ durch die Sehne ersetzt denken können mit einem Fehler, der von höherer Ordnung als $\Delta\xi_\alpha = \xi_{\alpha+1} - \xi_\alpha$ klein wird (Abb. 1.4). Zerlegen wir dann die Kraft im Punkte $\mathbf{x}(\xi_\alpha)$ in eine Komponente k_t in Richtung der Tangente und in eine Komponente k_n normal dazu, so ist nur gegen die Komponente k_t Arbeit zu leisten. Bezeichnet Δs_α die Länge des Bogenstücks, so ist die Arbeit ΔA_α auf dem Weg von ξ_α nach $\xi_{\alpha+1}$ das Produkt aus Kraft mal Weg:

$$\Delta A_\alpha \simeq k_t \Delta s_\alpha. \tag{1.2/2}$$

Die Projektion k_t der Kraft auf die Tangente ist auch durch das innere Produkt (1.1/20)

$$k_t = \mathbf{k} \cdot \mathbf{t} \tag{1.2/3}$$

gegeben, wenn $\mathbf{t}$ der *normierte*, also mit der Länge 1 versehene Tangentenvektor ist. Er bestimmt sich zu

$$\mathbf{t} = \left(\frac{dx_1}{d\xi}, \frac{dx_2}{d\xi}, \frac{dx_3}{d\xi}\right) \Big/ \sqrt{\left(\frac{dx_1}{d\xi}\right)^2 + \left(\frac{dx_2}{d\xi}\right)^2 + \left(\frac{dx_3}{d\xi}\right)^2}. \tag{1.2/4}$$

Beachtet man nun, daß $\Delta s_\alpha \simeq \frac{ds}{d\xi}\Delta\xi_\alpha$ (bis auf Größen höherer als erster Ordnung) ist, so folgt mit

$$\frac{ds}{d\xi} = \sqrt{\left(\frac{dx_1}{d\xi}\right)^2 + \left(\frac{dx_2}{d\xi}\right)^2 + \left(\frac{dx_3}{d\xi}\right)^2} \tag{1.2/5}$$

die Beziehung

$$\mathbf{t}\,\Delta s_\alpha \simeq \left(\frac{dx_1}{d\xi}, \frac{dx_2}{d\xi}, \frac{dx_3}{d\xi}\right) \Delta\xi_\alpha, \tag{1.2/6}$$

somit

$$A \simeq \sum_\alpha \Delta A_\alpha \simeq \sum_\alpha \left(\mathbf{k} \cdot \frac{d\mathbf{x}}{d\xi}\right) \Delta\xi_\alpha = \sum_\alpha \left\{ \sum_{i=1}^{3} k_i \left[\mathbf{x}(\xi_\alpha)\right] \dot{x}_i(\xi_\alpha)\, \Delta\xi_\alpha \right\}. \tag{1.2/7}$$

Bei beliebiger Verfeinerung der Unterteilung des Kurvenstückes C wird nun die Approximation immer besser. In der Grenze wird aus (1.2/7) das Integral

$$A = \int_a^b \sum_{i=1}^{3} k_i \left[\mathbf{x}(\xi)\right] \dot{x}_i(\xi)\, d\xi := \int_C \mathbf{k} \cdot d\mathbf{x} = \int_C k_t\, ds; \tag{1.2/8}$$

(1.2/8) heißt *Kurvenintegral für die Feldgröße* $\mathbf{k}$ *über die Kurve* C.

Zur Veranschaulichung sei dem Leser die Berechnung der Arbeit im Gravitationsfeld (1.1/24) der Erde auf der geradlinigen Verbindung $\mathbf{x}_1 \to \mathbf{x}_2$ zweier vom Erdmittelpunkt verschiedener Punkte $\mathbf{x}_1, \mathbf{x}_2$, $|\mathbf{x}_1| = r_1$, $|\mathbf{x}_2| = r_2$ empfohlen. Das Ergebnis ist

$$A = -m\gamma M \left(\frac{1}{r_2} - \frac{1}{r_1}\right).$$

Es sei hervorgehoben, daß die Wahl des Kurvenparameters willkürlich war; das Kurvenintegral ist tatsächlich unabhängig von der Wahl des Parameters. Geht man nämlich zu einem neuen Parameter ξ' über, so wird $\xi = \varphi(\xi')$, wobei $\varphi(\xi')$ eine umkehrbar eindeutige Funktion ist mit $\frac{\partial\varphi}{\partial\xi'} > 0$*) – denn einem Parameterwert ξ muß genau ein Parameterwert ξ' entsprechen und umgekehrt – und substituiert man in (1.2/8), so folgt

$$\int_a^b \sum_{i=1}^{3} k_i(\mathbf{x}(\xi)) \frac{dx_i}{d\xi}\, d\xi = \int_{a'}^{b'} \sum_{i=1}^{3} k_i \left[\mathbf{x}(\varphi(\xi'))\right] \frac{dx_i}{d\xi'}\, d\xi',$$

wo $a = \varphi(a')$ und $b = \varphi(b')$ gesetzt ist. Die Unabhängigkeit von der Wahl des Parameters ist auch anschaulich klar.

Das Kurvenintegral (1.2/8) ist gleichermaßen für einen in sich geschlossenen Weg sinnvoll. Ein solches wird i. a. durch

$$\oint_C \sum_i k_i\, dx_i, \qquad x_i(a) = x_i(b), \tag{1.2/9}$$

gekennzeichnet.

Die Arbeit ist der einfachste Fall eines Kurvenintegrals. Weitere wichtige Beispiele sind die *Zirkulation* als Kurvenintegral eines Geschwindigkeitsfeldes:

$$\Gamma = \oint_C \sum_i v_i\, dx_i. \tag{1.2/10}$$

Auch die elektrische Spannung ist ein Kurvenintegral der elektrischen Feldstärke.

Durchläuft man in (1.2/8) die Kurve im entgegengesetzten Sinne, was der Parameterdarstellung $\hat{\mathbf{x}}(\xi') = \mathbf{x}(b + a - \xi')$, $a \leqslant \xi' \leqslant b$, entspricht, so ändert sich das Vorzeichen,

$$\int_a^b \sum_i k_i \left[\hat{\mathbf{x}}(\xi')\right] \frac{dx_i}{d\xi'}\, d\xi' = -\int_a^b \sum_i k_i \left[\mathbf{x}(\xi)\right] \frac{dx_i}{d\xi}\, d\xi. \tag{1.2/11}$$

*) Im Falle $\frac{d\varphi}{d\xi'} < 0$ kehrt sich der Durchlaufsinn um!

Wir denken uns wieder eine Feldgröße k_i, sowie zwei Punkte P und Q, die durch zwei verschiedene Kurvenstücke C_1 und C_2 miteinander verbunden sind. I. a. wird

$$\int_{C_1} \sum_i k_i dx_i \neq \int_{C_2} \sum_i k_i dx_i$$

gelten. Ist aber für alle die Punkte P und Q verbindenden Kurven C_1 und C_2 stets

$$\int_{C_1} \sum_i k_i dx_i = \int_{C_2} \sum_i k_i dx_i, \qquad (1.2/12)$$

so nennen wir das Integral vom *Weg unabhängig.* Es läßt sich dann mit (1.2/11) sofort einsehen, daß

$$\oint_C \sum_i k_i dx_i = 0 \qquad (1.2/13)$$

für jeden geschlossenen Weg C ist, in dessen Innenbereich k_i definiert und stetig ist. Die Umkehrung gilt ebenfalls. Damit das Kurvenintegral (1.2/8) vom Weg unabhängig ist, muß es die Ableitung eines Skalarfeldes U sein, d. h.*)

$$k_i = \partial_i U. \qquad (1.2/14)$$

Wegen $dU = \sum_i \partial_i U dx_i$ folgt, da Anfangs- und Endpunkt zusammenfallen,

$$\oint_C \sum_i k_i dx_i = \oint_C dU = 0. \qquad (1.2/15)$$

Vektorfelder, die sich als Gradient eines Skalarfeldes darstellen lassen, haben eine „symmetrische" Ableitung, d. h.

$$\partial_j k_i = \partial_j \partial_i U = \partial_i \partial_j U = \partial_i k_j, \qquad (1.2/16)$$

wenn U zweimal stetig nach der Ortsvariablen differenzierbar ist. Die Gleichungen (1.2/16) werden auch die *Integrabilitätsbedingungen* genannt. Kurvenintegrale über Vektorfelder mit symmetrischer Ableitung sind auch umgekehrt unter gewissen zusätzlichen Bedingungen über den Definitionsbereich von $\mathbf{k}(\mathbf{x})$ vom Wege unabhängig.

Als Beispiel betrachten wir das Feld

$$\mathbf{k} = \frac{1}{r^2}\begin{pmatrix} -x_2 \\ x_1 \\ 0 \end{pmatrix}, \quad r = \sqrt{x_1^2 + x_2^2},$$

und berechnen das Kurvenintegral über den (vollen) Kreis K: $x_1 = R\cos\varphi$, $x_2 = R\sin\varphi$, $x_3 = 0$, $0 \leqslant \varphi \leqslant 2\pi$. Es ergibt sich

$$I = \int_K \sum_i k_i dx_i = \int_K \frac{-x_2 dx_1 + x_1 dx_2}{x_1^2 + x_2^2} = R^2 \int_0^{2\pi} \frac{d\varphi}{R^2} = 2\pi.$$

*) Fichtenholz [2], Bd. III.

Das Integral ist also nicht wegunabhängig, obwohl es sich im ganzen Raum mit Ausnahme des Ursprungs als Gradient eines Skalarfeldes darstellen läßt, nämlich

$$k_i = \partial_i \arctan \frac{x_2}{x_1}, \quad i = 1, 2, 3.$$

Dies hängt damit zusammen, daß der Ursprung im Inneren des obigen Kreises liegt: Dort ist die Feldgröße nicht definiert. Jedenfalls ergeben die Integrale über geschlossene (gleich orientierte) Wege, in deren Inneren der Ursprung liegt, stets denselben Wert. Wegen $\int_{C_1'} = -\int_{C_2'}$ folgt (Abb. 1.5)

$$\int_C = \int_{C_1} + \int_{C_1'} + \int_{C_2} + \int_{C_2'} = \int_{C_1} + \int_{C_2} = 2\pi - 2\pi = 0;$$

da C_2 die entgegengesetzte Orientierung hat, ist

$$\int_{C_1} = -\int_{C_2} = \int_{C_2^*}$$

wobei C_2^* den Weg C_2 mit geänderter Orientierung bedeuten soll.

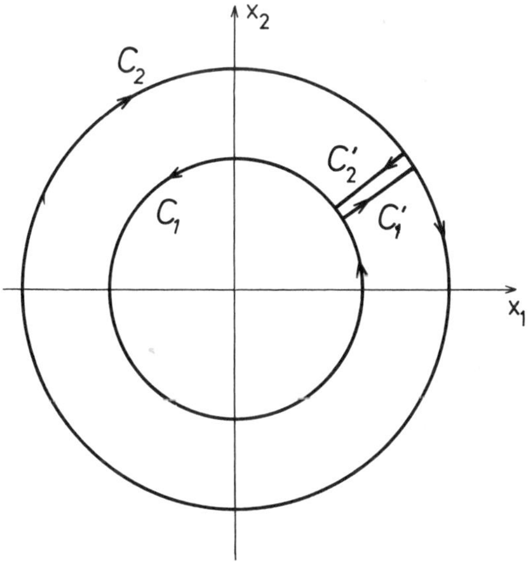

Abb. 1.5

1.2.2. Flächenintegrale

Neben dem Kurvenintegral ist der (in einem gewissen Sinn als Verallgemeinerung anzusehende) Begriff des Flächenintegrals von großer Bedeutung. Um ihn darzulegen, betrachten wir das Feld einer stationären Flüssigkeitsströmung $\mathbf{v}(x_p)$ und legen in das Strömungsfeld eine Fläche F. Wir fragen nach der Flüssigkeitsmenge Φ, die in der Zeiteinheit die Fläche F passiert. Diese Größe bezeichnet man auch als *Fluß* bzw. *Durchfluß.*

Wäre die Fläche F eine Ebene, so brauchten wir sie nur in kleine Flächenstücke f^α zu zerteilen (mit dem Ziel, daß auf jedem dieser Flächenstücke f^α das Geschwindigkeitsfeld $\mathbf{v}$ als konstant angesehen werden kann) (Abb. 1.6).

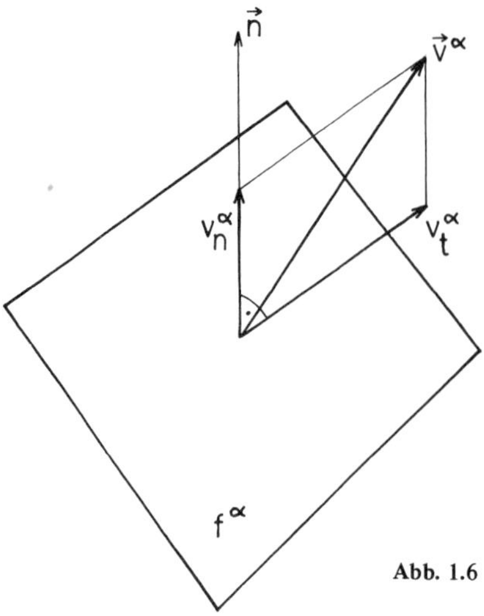

Abb. 1.6

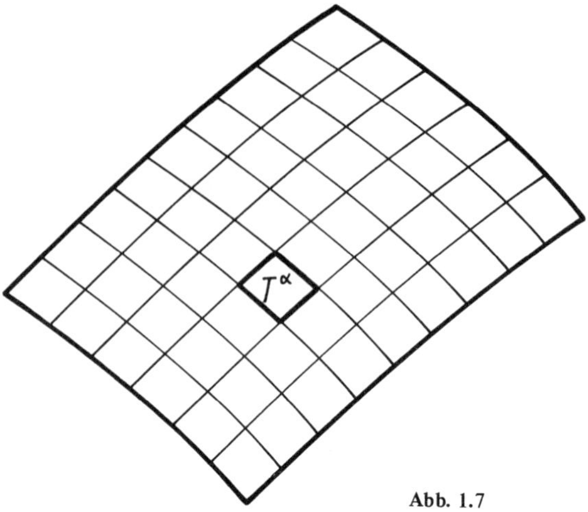

Abb. 1.7

Wenn wir den Geschwindigkeitsvektor **v** auf dem Flächenstückchen f^α in die Komponente v_n^α in Richtung der Flächennormalen und in ihre in der Fläche liegende Komponente v_t^α zerlegen, so trägt offenbar nur $v_n^\alpha = \mathbf{v}^\alpha \cdot \mathbf{n}$ zum Fluß bei. Bedeutet Δf^α den Inhalt von f^α, so durchströmt in erster Näherung die Flüssigkeitsmenge $\Delta\Phi^\alpha \simeq v_n^\alpha \, \Delta f^\alpha$ das Flächenstück f^α und es wäre

$$\Phi \simeq \sum_\alpha \Delta\Phi^\alpha = \sum_\alpha v_n^\alpha \, \Delta f^\alpha. \tag{1.2/17}$$

Bei einer gekrümmten Fläche kommen wir mit folgender Überlegung zum Ziel. Wir denken uns die Fläche F mit einem Netz von Linien in einzelne Flächenstücke f^α zerlegt (Abb. 1.7); diese sind natürlich nach wie vor gekrümmt, werden aber, wenn wir voraussetzen, daß F überall eine Tangentialebene besitzt, durch die Tangentialebenenstücke T^α mit guter Näherung ersetzt werden können. Auf Grund der Stetigkeit des Geschwindigkeitsfeldes **v** kann dieses wie vorhin auf f^α konstant betrachtet werden, so daß in guter Näherung der Anteil von f^α zum Durchfluß durch

$$\Delta\Phi^\alpha \simeq v_n^\alpha \Delta f^\alpha = \mathbf{v}^\alpha \cdot \mathbf{n}^\alpha \, \Delta f^\alpha \tag{1.2/18}$$

gegeben ist, mit dem Unterschied, daß nun $\mathbf{n}^\alpha$ von Flächenstück zu Flächenstück variiert, stets aber die Länge 1 haben soll (Abb. 1.8).

Die Richtung von $\mathbf{n}^\alpha$ als Normalenvektor ist dabei so festgelegt, wie es die Aufgabenstellung verlangt, nämlich durch die Richtung, in welcher der Fluß zu messen ist.

Zur Bestimmung von $\mathbf{n}^\alpha$ und Δf^α denken wir uns die Fläche F jetzt in Parameterdarstellung

$$\mathbf{x} = \mathbf{x}(\xi, \eta), \quad (\xi, \eta) \in B, \tag{1.2/19}$$

mit dem Parameterbereich B gegeben und das Netz auf der Fläche durch geeignete Parameterlinien konstruiert (Abb. 1.9). Für $\xi = \xi_0 = \text{const.}$ definiert $\mathbf{x} = \mathbf{x}(\xi_0, \eta)$ eine Linie auf der Fläche.

Wir greifen nun jeweils zwei benachbarte Parameterlinien heraus und setzen

$$\Delta\xi_\alpha = \xi_{\alpha+1} - \xi_\alpha, \; \Delta\eta_\alpha = \eta_{\alpha+1} - \eta_\alpha.$$

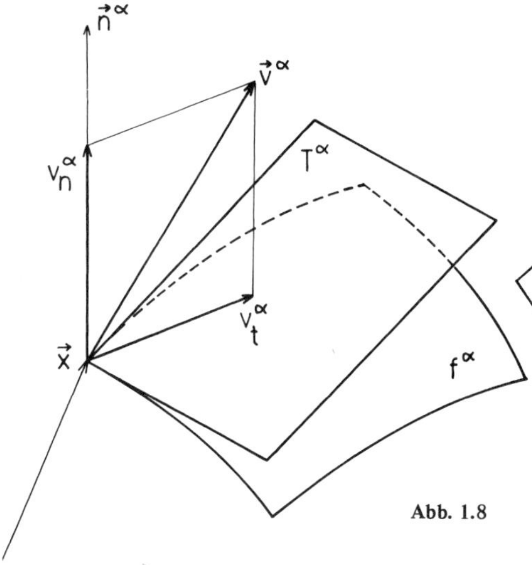

Abb. 1.8

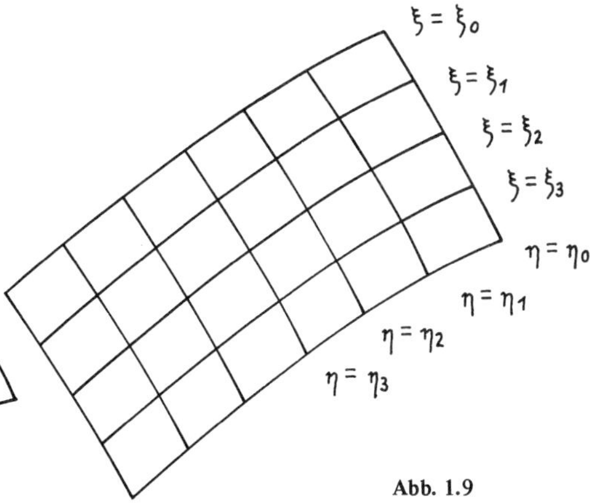

Abb. 1.9

Sodann betrachten wir das Parallelogramm P^α, das durch die beiden Verbindungsgeraden **CA** und **BA** aufgespannt wird (Abb. 1.10). Bei hinreichend feiner Unterteilung wird es nur wenig von dem Tangentialebenenstück T^α hinsichtlich der Lage und des Flächeninhaltes abweichen. Der Flächeninhalt Δf^α ist nun in erster Näherung auf Grund der geometrischen Bedeutung des äußeren Produktes durch

$$\Delta f^\alpha = |\mathbf{BA} \times \mathbf{CA}|$$

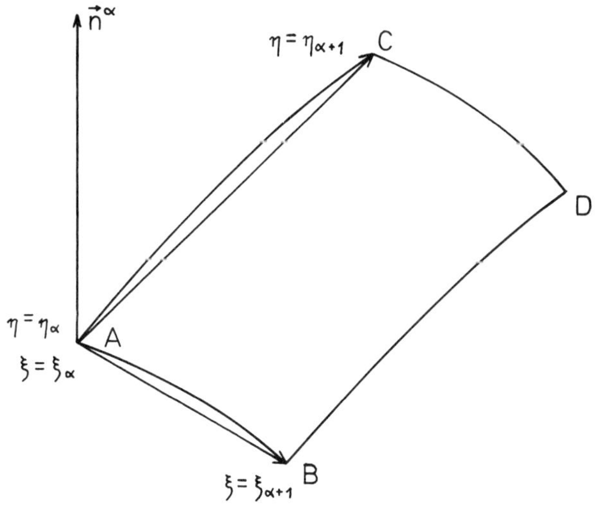

Abb. 1.10

gegeben, die Richtung der Normalen durch $(\mathbf{BA} \times \mathbf{CA})$, bzw. der normierte Normalvektor selbst

$$\mathbf{n}^\alpha = \frac{(\mathbf{BA} \times \mathbf{CA})}{|\mathbf{BA} \times \mathbf{CA}|},$$

wobei seine Richtung durch die Reihenfolge der Vektoren bestimmt ist, worauf hier sehr zu achten ist. (1.2/18) erhält damit die Form

$$\Delta\Phi^\alpha = \mathbf{v}^\alpha \cdot (\mathbf{BA} \times \mathbf{CA}).$$

Nach dem Mittelwertsatz der Differentialrechnung ist

$$\mathbf{BA} = \mathbf{x}(\xi_\alpha + \Delta\xi_\alpha, \eta_\alpha) - \mathbf{x}(\xi_\alpha, \eta_\alpha) \simeq \frac{\partial \mathbf{x}}{\partial \xi}(\xi_\alpha, \eta_\alpha)\,\Delta\xi_\alpha,$$

$$\mathbf{CA} = \mathbf{x}(\xi_\alpha, \eta_\alpha + \Delta\eta_\alpha) - \mathbf{x}(\xi_\alpha, \eta_\alpha) \simeq \frac{\partial \mathbf{x}}{\partial \eta}(\xi_\alpha, \eta_\alpha)\,\Delta\eta_\alpha,$$

so daß schließlich

$$\Delta\Phi^\alpha \simeq \mathbf{v}^\alpha \cdot \left(\frac{\partial \mathbf{x}}{\partial \xi} \times \frac{\partial \mathbf{x}}{\partial \eta}\right) \Delta\xi_\alpha\,\Delta\eta_\alpha$$

wird, mithin

$$\Phi \simeq \sum_\alpha \mathbf{v}^\alpha \cdot \left(\frac{\partial \mathbf{x}}{\partial \xi} \times \frac{\partial \mathbf{x}}{\partial \eta}\right) \Delta\xi_\alpha\,\Delta\eta_\alpha. \tag{1.2/20}$$

Bei beliebiger Verfeinerung geht die rechte Seite von (1.2/20) in das Bereichsintegral

$$\iint_B \mathbf{v} \cdot \left(\frac{\partial \mathbf{x}}{\partial \xi} \times \frac{\partial \mathbf{x}}{\partial \eta}\right) d\xi\, d\eta \tag{1.2/21}$$

über. Definiert man

$$\mathbf{df} := \left(\frac{\partial \mathbf{x}}{\partial \xi} \times \frac{\partial \mathbf{x}}{\partial \eta}\right) d\xi\, d\eta, \tag{1.2/22}$$

so ist $\mathbf{df}$ ein Vektor, der in die Richtung der Flächennormalen von F im Punkt $\mathbf{x}(\xi, \eta)$ zeigt; seine Länge

$$\mathrm{df} := \left|\frac{\partial \mathbf{x}}{\partial \xi} \times \frac{\partial \mathbf{x}}{\partial \eta}\right| d\xi\, d\eta \tag{1.2/23}$$

heißt *Flächenelement* und gibt den infinitesimalen Inhalt des Flächenelementes an. Damit bestimmt sich der Fluß durch das Integral

$$\Phi = \int_F \mathbf{v} \cdot \mathbf{df} = \int_F \mathrm{v_n}\, \mathrm{df}. \tag{1.2/24}$$

(1.2/24) heißt *Flächenintegral der Feldgröße* $\mathbf{v}$ *über die Fläche* F.

Wir bemerken, daß – in Analogie zu den Verhältnissen bei Kurvenintegralen – das Flächenintegral (1.2/21) unabhängig von der Wahl der Parameterdarstellung für die Fläche F ist; man sieht dies leicht mit Hilfe der Substitutionsregeln für Bereichsintegrale ein.

Wegen (1.1/6) wird

$$\frac{\partial \mathbf{x}}{\partial \xi} \times \frac{\partial \mathbf{x}}{\partial \eta} = \left(\begin{vmatrix} \frac{\partial x_2}{\partial \xi}, & \frac{\partial x_2}{\partial \eta} \\ \frac{\partial x_3}{\partial \xi}, & \frac{\partial x_3}{\partial \eta} \end{vmatrix}, - \begin{vmatrix} \frac{\partial x_1}{\partial \xi}, & \frac{\partial x_1}{\partial \eta} \\ \frac{\partial x_3}{\partial \xi}, & \frac{\partial x_3}{\partial \eta} \end{vmatrix}, \begin{vmatrix} \frac{\partial x_1}{\partial \xi}, & \frac{\partial x_1}{\partial \eta} \\ \frac{\partial x_2}{\partial \xi}, & \frac{\partial x_2}{\partial \eta} \end{vmatrix} \right). \tag{1.2/25}$$

Die Determinanten in (1.2/25) sind gerade die Funktionaldeterminanten

$$\begin{aligned} df_1 &:= dx_2 dx_3 = \frac{\partial(x_2, x_3)}{\partial(\xi, \eta)} d\xi\, d\eta, \\ df_2 &:= dx_3 dx_1 = \frac{\partial(x_3, x_1)}{\partial(\xi, \eta)} d\xi\, d\eta, \\ df_3 &:= dx_1 dx_2 = \frac{\partial(x_1, x_2)}{\partial(\xi, \eta)} d\xi\, d\eta. \end{aligned} \tag{1.2/26}$$

Daher schreibt man das Flächenintegral (1.2/24) auch in der parameterunabhängigen Form

$$\int_F \sum_i v_i df_i = \int_F (v_1 dx_2 dx_3 + v_2 dx_3 dx_1 + v_3 dx_1 dx_2). \tag{1.2/27}$$

Die oben angestellten Überlegungen gelten natürlich auch, wenn die Fläche F geschlossen ist, was man auch hier durch einen Ring andeutet:

$$\oint_F (v_1 dx_2 dx_3 + v_2 dx_3 dx_1 + v_3 dx_1 dx_2). \tag{1.2/28}$$

Das Flächenintegral ist eine Erweiterung des Begriffs des Kurvenintegrals; beide haben gegemeinsam, über geometrische Gebilde des euklidischen dreidimensionalen Raumes erstreckt zu werden, das Kurvenintegral über das eindimensionale Gebilde „Kurve", das Flächenintegral über das zweidimensionale Gebilde „Fläche"; ferner sind beide, wie man sagt, *orientiert*: Beim Kurvenintegral bedeutet dies den Durchlaufsinn der Kurve, beim Flächenintegral die Richtung der Flächennormalen. Der Orientierungssinn ergibt sich dabei aus der Problemstellung.

Der Begriff des Kurven- und Flächenintegrals läßt sich auf höherdimensionale Räume verallgemeinern*).

Als Beispiel wollen wir den Kraftfluß des Gravitationsfeldes der Erde in das Äußere einer Kugel K mit dem Radius R um den Erdmittelpunkt berechnen. Das Feld ist durch (1.1/11) gegeben. Für die Parameterdarstellung der Kugeloberfläche wählen wir räumliche Polarkoordinaten (Kugelkoordinaten) (Abb. 1.11a):

$$\begin{aligned} x_1 &= r \sin\theta \cos\varphi \\ x_2 &= r \sin\theta \sin\varphi, \qquad 0 \leqslant \theta \leqslant \pi, \qquad 0 \leqslant \varphi \leqslant 2\pi. \\ x_3 &= r \cos\theta \end{aligned} \tag{1.2/29}$$

Für die Kugeloberfläche ist r = const. = R.

Die Normale soll ins Äußere der Kugel K zeigen. Dazu müssen wir nach (1.2/22) das äußere Produkt

$$\frac{\partial \mathbf{x}}{\partial \theta} \times \frac{\partial \mathbf{x}}{\partial \varphi}$$

bilden, weil dann

$$\frac{\partial \mathbf{x}}{\partial \theta}, \frac{\partial \mathbf{x}}{\partial \varphi}, \left(\frac{\partial \mathbf{x}}{\partial \theta} \times \frac{\partial \mathbf{x}}{\partial \varphi}\right)$$

*) Lichnerowicz [3], [4].

ein Rechtssystem bilden (Abb. 1.11b).

Man erhält

$$\frac{\partial \mathbf{x}}{\partial \theta} \times \frac{\partial \mathbf{x}}{\partial \varphi} = R^2 \begin{pmatrix} \sin^2\theta & \cos\varphi \\ \sin^2\theta & \sin\varphi \\ \sin\theta & \cos\theta \end{pmatrix} = \mathbf{x}\, R \sin\theta,$$

also

$$\oint_K \mathbf{k} \cdot \mathrm{d}\mathbf{f} = -\gamma M m \int_0^{2\pi} \mathrm{d}\varphi \int_0^{\pi} \sin\theta\, \mathrm{d}\theta = -\gamma M m \oint_K \mathrm{d}\Omega = -4\pi\gamma M m. \tag{1.2/30}$$

Der Kraftfluß ist somit vom Kugelradius unabhängig.

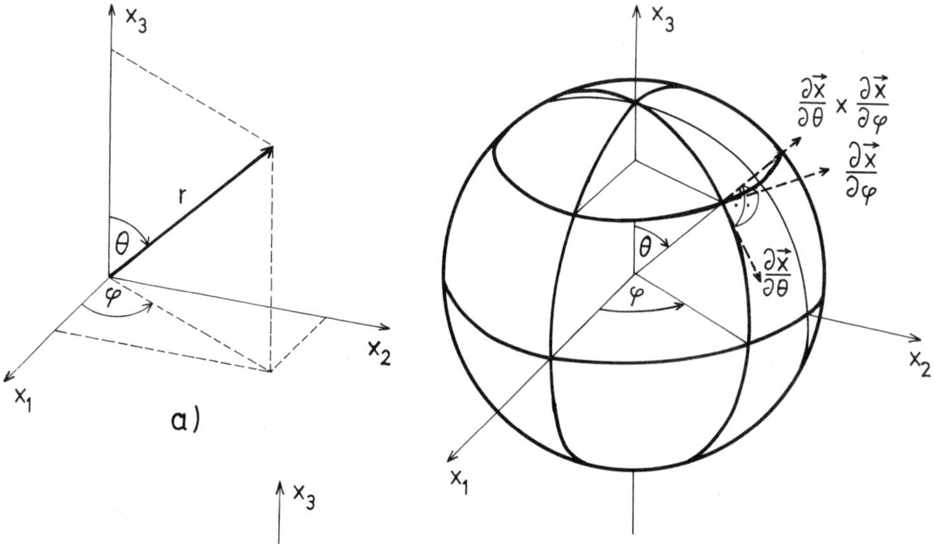

Abb. 1.11

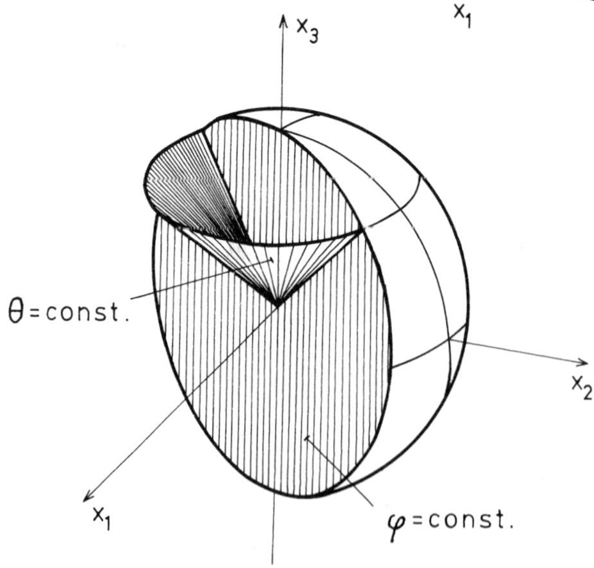

Abb. 1.12

Wir haben in (1.2/30) die Gelegenheit benützt, die Bezeichnung

$$d\Omega = \sin\theta \; d\theta \; d\varphi \tag{1.2/31}$$

für das Flächenelement auf der Einheitskugel, den *Raumwinkel,* einzuführen.

1.3. Tensoren

1.3.1. Der Begriff des Tensorfeldes

Wir haben festgestellt, daß jedes Skalarfeld von einem Vektorfeld begleitet wird, nämlich seinem Gradientenfeld. Desgleichen haben wir in Kap. 1.1 den Gradienten (1.1/28) eines Vektorfeldes kennengelernt, der von Ort zu Ort verschiedene Koordinaten hat: Er ist ein Beispiel für ein *Tensorfeld.* Für ein solches Feld ist i. a. die explizite Indizesschreibweise wie in (1.1/31′) viel zweckmäßiger als die symbolische, weshalb wir in diesem Abschnitt einheitlich bei der ersteren bleiben. Allerdings wollen wir zur Vereinfachung der Formeln nun das sogenannte *Einsteinsche Summationsübereinkommen* einführen. Das innere Produkt (1.1/20) enthält (in allen Anwendungen) eine Summe über *zwei gleiche* Indizes. Wenn also ab jetzt zwei gleiche Indizes in einer Formel auftreten, soll dies *immer* eine Summation über diese bedeuten, z. B.

$$a_i b_i := \sum_{i=1}^{3} a_i b_i.$$

Wir führen nun eine *orthogonale Koordinatentransformation* durch, d. h. daß wir eine Feldgröße in jedem Punkt auf ein anderes ebenfalls kartesisches Koordinatensystem beziehen, dessen Ursprung mit dem Ursprung des ersten Koordinatensystems zusammenfallen möge. Sind dann (x_p) bzw. $(\overline{x}_p)$ die alten bzw. neuen Koordinaten eines Punktes P, so gilt der lineare Zusammenhang

$$\overline{x}_i = a_{ij} x_j, \qquad x_j = a_{ji}^{(-1)} \overline{x}_i. \tag{1.3/1}$$

Durch eine Transformation der genannten Art, eine allgemeine Drehung, wird die Länge $|\mathbf{x}| = \sqrt{x_i x_i}$ eines Vektors vom Ursprung zum Punkt P offenbar nicht verändert*).

Dies bedeutet

$$\overline{x}_i \overline{x}_i = a_{ij} a_{ik} x_j x_k = x_j x_j; \tag{1.3/2}$$

daher muß die Transformationsmatrix a_{ij} der Gleichung

$$a_{ij} a_{ik} = \delta_{jk} = \begin{cases} 1, & j = k, \\ 0, & j \neq k, \end{cases} \tag{1.3/3}$$

genügen. Matrizen mit dieser Eigenschaft heißen *orthogonal.* Aus (1.3/3) folgt, daß sich dann auch das innere Produkt (1.1/20) zweier Vektoren unter (1.3/1) nicht ändert,

$$\overline{A}_i \overline{B}_i = A_i B_i.^{**)} \tag{1.3/4}$$

Mit der transponierten Matrix $a_{ij}^T = a_{ji}$ ist auch $a_{ji}^T a_{ik} = \delta_{jk}$. Wegen $a_{ij}^{(-1)} a_{jk} = \delta_{ik}$ mit der inversen Matrix $(a_{ij})^{-1} = a_{ij}^{(-1)}$ gilt offenbar

$$a_{ji}^{(-1)} = a_{ji}^T = a_{ij}, \quad i, j = 1, 2, 3. \tag{1.3/5}$$

---

*) Vgl. (1.1/20) für $\mathbf{A} = \mathbf{B} = \mathbf{x}$, also $\varphi = 0$.

) $\overline{A}_i$ bedeute dabei die Koordinate des Vektors **A im neuen Koordinatensystem $(\overline{x}_i)$.

Bildet man die Determinante beider Seiten von (1.3/3), so folgt $\det(a^T_{ji} a_{ik}) = (\det a^T_{ji})(\det a_{ik}) = (\det a_{ik})^2$, also

$$\det(a_{ij}) = \pm 1. \qquad (1.3/6)$$

Drehungen mit Determinante + 1 heißen eigentliche Drehungen, im anderen Fall ist neben einer eigentlichen Drehung auch eine Spiegelung $\bar{x}_i = -x_i$, d. h. $a_{ij} = -\delta_{ij}$, enthalten. Es sei dem Leser überlassen, zu zeigen, daß die Zusammensetzung zweier Drehungen a_{ij}, b_{ij} zu $a_{ij} b_{jk}$ wieder eine Matrix mit der Eigenschaft (1.3/3) liefert.

Da (1.3/3) die Existenz eines inversen Elementes zu a_{ij} impliziert, weiters die „Einheit" $a_{ij} = \delta_{ij}$ existiert, sind alle Eigenschaften einer Gruppe gegeben. Die Gruppe der Drehungen im Dreidimensionalen wird mit 0 (3) bezeichnet.

Betrachten wir nun ein skalares Feld U. Beim Übergang zu den Koordinaten $\bar{x}_i$ wird

$$U(x_i) = U(a_{ij}^{(-1)} \bar{x}_j) = U(a_{ji} \bar{x}_j) =: \bar{U}(\bar{x}_i). \qquad (1.3/7)$$

Das Transformationsgesetz für ein Vektorfeld k_i können wir direkt aus der Formel (1.3/1) ersehen. Wir sehen auch, daß das Gradientenfeld $\frac{\partial U}{\partial x_j}$ eines Skalarfeldes $U(x_p)$ ebenfalls dem Transformationsgesetz (1.3/1) genügt,

$$\frac{\partial \bar{U}(\bar{x}_j)}{\partial \bar{x}_i} = \frac{\partial U(x_j)}{\partial \bar{x}_i} = \frac{\partial U(x_j)}{\partial x_k} \frac{\partial x_k}{\partial \bar{x}_i} = a_{ik} \frac{\partial U(x_j)}{\partial x_k}. \qquad (1.3/8)$$

Somit transformieren sich dx_i und ∂_i wie Vektoren, d. h. nach (1.3/1)*). Ein allgemeines Vektorfeld $k_i(x_p)$ transformiert sich also bei einer orthogonalen Koordinatentransformation zwischen kartesischen Koordinatensystemen gemäß

$$\bar{k}_i(\bar{x}_p) = a_{ij} k_j(x_p). \qquad (1.3/9)$$

Die Transformation wirkt sich auf die Komponenten des Vektorfeldes *und* auf die Abhängigkeit der Argumente x_i aus. Sinngemäß spricht man daher von einer *äußeren* bzw. *inneren* Änderung der Feldgröße.

Bilden wir jetzt die Ableitung (1.1/31′) des Vektorfeldes k_i im neuen Koordinatensystem,

$$\bar{K}_{ij}(\bar{x}_p) = \frac{\partial \bar{k}_i(\bar{x}_p)}{\partial \bar{x}_j},$$

ganz analog zu (1.3/8):

$$\begin{aligned} \bar{K}_{ij}(\bar{x}_p) &= \frac{\partial \bar{k}_i(\bar{x}_p)}{\partial \bar{x}_j} = \frac{\partial}{\partial \bar{x}_j} a_{ih} k_h(x_p) = \frac{\partial}{\partial x_k} a_{ih} k_h(x_p) \frac{\partial x_k}{\partial \bar{x}_j} \\ &= a_{ih} a_{jk} \frac{\partial}{\partial x_k} k_h(x_p) = a_{ih} a_{jk} K_{hk}(x_p); \end{aligned} \qquad (1.3/10)$$

Wir erkennen also, daß die Ableitung eines Vektorfeldes sich gemäß

$$\bar{K}_{ij}(\bar{x}_p) = a_{ih} a_{jk} K_h(x_p) \qquad (1.3/11)$$

transformiert.

---

*) Bei allgemeinen, nichtkartesischen Koordinatentransformationen ergeben sich verschiedene Transformationsgesetze für diese beiden Größen. Dies führt zu einem etwas aufwendigeren Formalismus mit verschieden anzunehmenden „kovarianten" und „kontravarianten" Vektoren, den wir hier nicht benötigen (Duschek – Hochrainer [5], Bd. II. Landau-Lifschitz [6], Bd. II).

Wir nennen ein allgemeines Feld $K_{ij}(x_p)$ ein *Tensorfeld,* wenn es sich bei einer orthogonalen Koordinatentransformation (1.3/1) wie (1.3/11) transformiert. Im besonderen sprechen wir – entsprechend der Anzahl der Indizes*) – von einem *Tensorfeld zweiter Stufe.* Ein Vektorfeld k_i heißt ein *Tensorfeld erster Stufe,* wenn es sich gemäß (1.3/9) transformiert. Ein Skalarfeld können wir dann auch ein *Tensorfeld nullter Stufe* nennen.

Durch fortgesetzte weitere Gradientenbildung gelangen wir zu einem allgemeinen Feld $K_{i_1 \ldots i_n}(x_p)$. Dieses soll als *Tensorfeld n-ter Stufe* bezeichnet werden, wenn es sich bei Zugrundelegung einer orthogonalen Koordinatentransformation (1.3/1) wie

$$\overline{K}_{j_1 \ldots j_n} = a_{j_1 i_1} \ldots a_{j_n i_n} K_{i_1 \ldots i_n} \qquad (1.3/12)$$

transformiert.

Der Leser zeige, daß

$$I = A_{i_1 \ldots i_n} B_{i_1 \ldots i_n} \qquad (1.3/13)$$

eine Invariante, d. h. unabhängig vom zugrundegelegten (kartesischen) Koordinatensystem ist, wenn $A_{i_1 \ldots i_n}$ und $B_{i_1 \ldots i_n}$ Tensoren n-ter Stufe sind.

Jedes Skalarfeld ist ein Tensorfeld, desgleichen jedes Vektorfeld. Verallgemeinernd kann man den Satz aussprechen, daß durch Differentiation eines Tensorfeldes n-ter Stufe ein Tensorfeld (n + 1)-ter Stufe entsteht:

$$\partial_i K_{i_1 \ldots i_n} = \hat{K}_{i i_1 \ldots i_n}. \qquad (1.3/14)$$

Die Ableitung eines Tensorfeldes kann man wieder seinen Gradienten bzw. auch den Gradiententensor nennen. Wohlgemerkt gilt auch dies nur gegenüber Transformationen zwischen kartesischen Koordinatensystemen**).

1.3.2. Rechenregeln für Tensoren in kartesischen Koordinatensystemen

Tensoren gleicher Stufe lassen sich addieren. Die Koordinaten des Summentensors sind die Summen der Koordinaten,

$$(A \cdot B)_{i_1 \ldots i_n j_1 \ldots j_m} := A_{i_1 \ldots i_n} B_{j_1 \ldots j_m}. \qquad (1.3/15)$$

Das Produkt von Tensoren sieht ungewöhnlicher aus; Tensoren werden multipliziert, indem man jede Koordinate mit jeder anderen multipliziert:

$$(A \cdot B)_{i_1 \ldots i_n\, j_1 \ldots j_m} := A_{i_1 \ldots i_n} B_{j_1 \ldots j_m}. \qquad (1.3/16)$$

Das Produkt eines Tensors n-ter Stufe mit einem Tensor m-ter Stufe ist also ein Tensor (n + m)-ter Stufe.

Aus Tensoren kann man auf verschiedene Weise neue Tensoren gewinnen. Die Operation der *Verjüngung* bedeutet das Gleichsetzen zweier Indizes *und* Summation, somit den „Verlust" zweier Indizes:

$$A_{iji_1 \ldots i_k} \xrightarrow{i=j} A_{iii_1 \ldots i_k} = \sum_{i=1}^{3} A_{iii_1 \ldots i_k} = \hat{A}_{i_1 \ldots i_k}. \qquad (1.3/17)$$

Es entsteht daher ein Tensor einer um zwei erniedrigten Stufe.

---

*) Dieser einfache Zusammenhang zwischen der Zahl der Indizes und der Stufe des Tensorfeldes ist nur bei kartesischen Koordinaten richtig. Bei Zulassung *allgemeiner* (nichtlinearer) Koordinatentransformationen (vgl. Kap. 1.4) muß ein Objekt mit r Indizes *nicht* ein Tensor der Stufe r sein.

**) vgl. Fußnote auf Seite 18.

Als Beispiel betrachten wir die Ableitung

$K_{ij} = \partial_j k_i$

eines Vektorfeldes k_i. Durch Verjüngung entsteht die sogenannte *Divergenz* eines Vektorfeldes k_i,

$$\operatorname{div} \mathbf{k} = \nabla \cdot \mathbf{k} := K_{ii} = \partial_i k_i = \frac{\partial k_1}{\partial x_1} + \frac{\partial k_2}{\partial x_1} + \frac{\partial k_3}{\partial x_3}. \tag{1.3/18}$$

Multipliziert man zwei Tensoren $A_{i_1 \ldots i_k}$ und $B_{j_1 \ldots j_h}$ und setzt zwei Indizes gleich, so nennt man dies *Überschiebung:*

$$A_{i_1 \ldots i_\alpha \ldots i_k} B_{j_1 \ldots i_\alpha \ldots j_h} = C_{i_1 \ldots i_{\alpha-1} i_{\alpha+1} \ldots i_k j_1 \ldots j_{\alpha-1} j_{\alpha+1} \ldots j_h}. \tag{1.3/19}$$

Die rechte Seite ist ein Tensor (k + h − 2)-ter Stufe.

1.3.3. Der δ-Tensor und ε-Tensor

Im folgenden wollen wir zwei sehr einfache, nahezu unentbehrliche Tensoren betrachten, den sogenannten δ-Tensor, einen Tensor zweiter Stufe, und den ε-Tensor, einen Tensor dritter Stufe.

Seien zwei Vektoren A_i und B_i gegeben, so bestimmt sich das innere Produkt dieser beiden Vektoren gemäß (1.1/20). Nach (1.3/4) ist es eine Invariante unter Drehungen des (kartesischen) Koordinatensystems. Weil $A_i B_j$ ein Tensor zweiter Stufe ist, folgt aus der Invarianz von

$I = \delta_{ij} A_i B_j$

zufolge (1.3/13) die Tensoreigenschaft von

$$\delta_{ij} = \begin{cases} 0, & i \neq j, \\ 1, & i = j. \end{cases} \tag{1.3/20}$$

Das Transormationsgesetz ist wegen (1.3/11) und (1.3/3)*) besonders einfach:

$$\bar{\delta}_{ij} = a_{ih} a_{jk} \delta_{hk} = a_{ih} a_{jh} = \delta_{ij}. \tag{1.3/21}$$

Wir werden in Kap. 1.4 sehen, daß der δ-Tensor ein Spezialfall von sogenannten *Maßtensoren* ist.

Der ε-Tensor spielt im Zusammenhang mit dem äußeren Produkt (1.1/6) von Vektoren A_i und B_i eine große Rolle; bezeichnen wir mit C_i das äußere Produkt von A_i und B_i, so können wir dies als Zuordnung eines Vektors zu zwei anderen formal in der Gestalt

$$C_i = \epsilon_{ijk} A_j B_k \tag{1.3/22}$$

darstellen. Durch Ausschreiben der Doppelsumme in (1.3/22) und Vergleich mit (1.1/6) ergibt sich unmittelbar, daß der ε-Tensor ϵ_{ijk} in allen Indizes antisymmetrisch ist, d. h.

$$\epsilon_{ijk} = \begin{cases} 1 & \text{für gerade Permutationen } (i, j, k) \text{ von } (1, 2, 3) \\ -1 & \text{für ungerade Permutationen } (i, j, k) \text{ von } (1, 2, 3). \end{cases} \tag{1.3/23}$$

Alle anderen Komponenten (mit mindestens zwei gleichen Indizes) verschwinden. Daß es sich bei (1.3/23) tatsächlich um einen Tensor handelt, sieht man aus dem „Spatprodukt“

$$P = \mathbf{D} \cdot (\mathbf{A} \times \mathbf{B}) = \epsilon_{ijk} D_i A_j B_k, \tag{1.3/24}$$

von dem wir aus der elementaren Vektorrechnung wissen, daß es das Volumen des aus A, B und D aufgespannten Parallelepipeds darstellt, also eine gegenüber Drehungen invariante Größe. Daher genügt ϵ_{ijk} dem Transformationsgesetz (1.3/12) für Tensoren dritter Stufe: ϵ_{ijk} behält bei der Transformation

$$\bar{\epsilon}_{ijk} = a_{ip} a_{jq} a_{kr} \epsilon_{pqr} \tag{1.3/25}$$

*) Hier muß (1.3/3) für die inverse Drehung $a_{kj}^{(-1)}$ angeschrieben und (1.3/5) verwendet werden.

offenbar seine Antisymmetrie. Daher muß $\overline{\epsilon}_{ijk}$ proportional zu ϵ_{ijk} sein, d. h.

$$\overline{\epsilon}_{ijk} = c\,\epsilon_{ijk}.$$

Die Proportionalitätskonstante c bestimmt sich für $i = 1, j = 2, k = 3$ in (1.3/25) zu

$$c\,\epsilon_{123} = c = a_{1p}\,a_{2q}\,a_{3r}\,\epsilon_{pqr}.$$

Diese Größe ist identisch mit $\det(a_{ij})$. Wenn wir also in (1.3/6) reine Drehungen, d. h. Transformationen mit Determinante + 1 betrachten, so ist in allen Systemen $\overline{\epsilon}_{ijk} = \epsilon_{ijk}$ *).

Der ϵ-Tensor läßt sich auch durch die Determinante

$$\epsilon_{ijk} = \begin{vmatrix} \delta_{1i} & \delta_{1j} & \delta_{1k} \\ \delta_{2i} & \delta_{2j} & \delta_{2k} \\ \delta_{3i} & \delta_{3j} & \delta_{3k} \end{vmatrix} \tag{1.3/26}$$

darstellen, wie man durch direktes Einsetzen spezieller Werte für i, j, k verifiziert.

Wir betrachten nun das Produkt zweier Ausdrücke des Typs (1.3/26), ϵ_{ijk} und ϵ_{pqr}. Da das Produkt zweier Determinanten gleich der Determinante des Matrizenprodukts ist, wobei wir auch in der Determinante von ϵ_{ijk} Zeilen und Spalten vertauschen dürfen, erhalten wir beim Ausführen des Matrizenproduktes Produkte der Form (z. B. erste Spalte mal erste Zeile)

$$\delta_{1i}\delta_{1p} + \delta_{2i}\delta_{2p} + \delta_{ei}\delta_{3p} = \delta_{ip} \text{ etc.}$$

und damit

$$\epsilon_{ijk}\,\epsilon_{pqr} = \begin{vmatrix} \delta_{ip} & \delta_{iq} & \delta_{ir} \\ \delta_{jp} & \delta_{jq} & \delta_{jr} \\ \delta_{kp} & \delta_{kq} & \delta_{kr} \end{vmatrix}. \tag{1.3/27}$$

Durch Verjüngung $k = r$ erhält man daraus die wichtige Beziehung

$$\epsilon_{ijk}\,\epsilon_{pqk} = \begin{vmatrix} \delta_{ip} & \delta_{iq} & \delta_{ik} \\ \delta_{jp} & \delta_{jp} & \delta_{ik} \\ \delta_{kp} & \delta_{kq} & 3 \end{vmatrix} = \delta_{ip}\delta_{jq} - \delta_{iq}\delta_{jp}. \tag{1.3/28}$$

1.4. Koordinatentransformationen

Bisher wurden zur Beschreibung der Feldgrößen rechtwinkelige kartesische Koordinaten verwendet; wenn man aber etwa die kleinsten Bestandteile der Materie überhaupt mit einer geometrischen Figur vergleichen kann, so ähneln sie noch eher einer Kugel als einem Quader. Es wird daher für sehr viele Probleme in der Physik, besonders für solche mikroskopischer Natur, nötig sein, in anderen Koordinatensystemen zu arbeiten. Dabei werden wir im folgenden immer voraussetzen, daß zu einer allgemeinen Transformation

$$x_i = x_i(\overline{x}_1, \overline{x}_2, \overline{x}_3), \quad i = 1, 2, 3, \tag{1.4/1'}$$

der drei Raumkoordinaten im euklidischen Raum auch die Umkehrung

$$\overline{x}_i = \overline{x}_i(x_1, x_2, x_3), \quad i = 1, 2, 3, \tag{1.4/1''}$$

---

*) In der Regel nimmt man an, daß das Spatprodukt (1.3/24) *nicht* eine Invariante unter allen orthogonalen Transformationen (1.3/1) inklusive Spiegelungen ist, sondern ein „Pseudoskalar" P, d. h. ein Skalar, der sein Vorzeichen bei einer Spiegelung ändert: Sinnvollerweise schreibt sich dann $\overline{P} = \det(a_{ij})\,P$. Dann ändert natürlich ϵ_{ijk} auch bei Spiegelungen nicht das Vorzeichen.

(außer in gewissen Teilgebieten) existiert*). Dann wird die infinitesimale Distanz zwischen zwei benachbarten Raumpunkten

$$(ds)^2 = dx_i dx_i = g_{ij} d\bar{x}_i d\bar{x}_j, \tag{1.4/2}$$

wenn man von den ursprünglich kartesischen auf die neuen Koordinaten mit

$$dx_i = \frac{\partial x_i}{\partial \bar{x}_j} d\bar{x}_j = \bar{\partial}_j x_i d\bar{x}_j$$

umrechnet. Dabei ist

$$g_{ij} := \bar{\partial}_i x_k \bar{\partial}_j x_k \tag{1.4/3}$$

der sogenannte *metrische Tensor.* Die Transformationen zwischen kartesischen Koordinaten, also Drehungen oder Spiegelungen, waren Spezialfälle. Bei der linearen Abbildung (1.3/1) wird

$$\frac{\partial \bar{x}_i}{\partial x_j} = a_{ij}, \quad \frac{\partial x_i}{\partial \bar{x}_j} = a_{ij}^{(-1)} = a_{ji},$$

was mit (1.4/3) und (1.3/5) auf den metrischen Tensor

$$g_{ij} = a_{ik} a_{jk} = \delta_{ij} \tag{1.4/4}$$

führt. Er behält also in jedem *kartesischen* Koordinatensystem dieselbe einfache Form eines δ-Tensors (vgl. auch (1.3/21)). Genaugenommen haben wir ja orthogonale Transformationen zwischen kartesischen Koordinatensystemen gerade dadurch definiert, daß die Länge eines Vektors erhalten bleibt. Die aus (1.4/4) folgende Beziehung

$$dx_i dx_i = d\bar{x}_i d\bar{x}_i$$

besagt dasselbe für einen „infinitesimalen" Vektor. Die Form (1.4/3) gestattet nun auch die Behandlung allgemeinerer Koordinatentransformationen.

Eine besondere Rolle spielt ein Spezialfall von (1.4/1), nämlich der der *orthogonalen Transformationen.* Bei solchen stehen die durch

$$\begin{aligned} \bar{x}_1 &= \bar{x}_1 (x_1, x_2, x_3) = \text{const.}, \\ \bar{x}_2 &= \bar{x}_2 (x_1, x_2, x_3) = \text{const.}, \\ \bar{x}_3 &= \bar{x}_3 (x_1, x_2, x_3) = \text{const.} \end{aligned}$$

gebildeten drei Flächen aufeinander orthogonal. Trotzdem sind die Richtungen der Koordinatenachsen in jedem Punkt *nicht* dieselben. Ein Beispiel hierzu stellen die Kugelkoordinaten (1.2/29) dar:

$$\bar{x}_1 = r, \quad \bar{x}_2 = \theta, \quad \bar{x}_3 = \varphi. \tag{1.4/5}$$

Die Flächen $\bar{x}_1 = r =$ const. sind hier Kugeln um den Ursprung, $\bar{x}_2 = \theta =$ const. entspricht Kegeln, die diese Kugeln in „Breitekreisen" schneiden, $\bar{x}_3 = \varphi =$ const. sind jene Ebenen, die durch Schnitt mit den Kugeln die Meridiane bilden (vgl. Abb. 1.12 auf S. 16). In diesem Fall muß sich $(ds)^2$ offenbar wieder aus drei Beiträgen von aufeinander senkrechten Richtungen zusammensetzen

$$(ds)^2 = (dx_1)^2 + (dx_2)^2 + (dx_3)^2 = U^2 (d\bar{x}_1)^2 + V^2 (d\bar{x}_2)^2 + W^2 (d\bar{x}_3)^2, \tag{1.4/6}$$

---

*) Bei Berücksichtigung der Gravitation im Rahmen der Gravitationstheorie Einsteins (Landau-Lifschitz [6], Bd. II) müssen auch nichteuklidische (vierdimensionale) Riemannsche Räume einbezogen werden. Der metrische Tensor kann dort i. a. *nicht* wie in (1.4/3) dargestellt werden.

so daß der metrische Tensor

$$g_{ij} = \begin{pmatrix} U^2 & 0 & 0 \\ 0 & V^2 & 0 \\ 0 & 0 & W^2 \end{pmatrix} \tag{1.4/7}$$

eine diagonale Form erhält. Die Änderungen dx_i bei einer Verschiebung $d\bar{x}_1$ etc. werden

$$(dx_i)_1 = \frac{\partial x_i}{\partial \bar{x}_1}\, d\bar{x}_1 \text{ etc.} \tag{1.4/8}$$

Laut (1.4/4) bedeutet $g_{ij} = 0$ für $i \neq j$ gerade die Orthogonalität dieser Größen, z. B.

$$(dx_i)_1\,(dx_i)_2 = 0 \text{ etc.}$$

Ferner gilt wegen (1.4/3)

$$U^2 = \frac{\partial x_k}{\partial \bar{x}_1}\frac{\partial x_k}{\partial \bar{x}_1}, \quad V^2 = \frac{\partial x_k}{\partial \bar{x}_2}\frac{\partial x_k}{\partial \bar{x}_2}, \quad W^2 = \frac{\partial x_k}{\partial \bar{x}_3}\frac{\partial x_k}{\partial \bar{x}_3}. \tag{1.4/9}$$

In unserem Beispiel (1.4/5) ist $U = 1$, $V = r$, $W = r \cdot \sin\theta$.

Aus einem Flächenintegral (1.2/27) wird nun*)

$$\int_F v_i\, df_i = \int_F (\bar{v}_1 VW d\bar{x}_2 d\bar{x}_3 + \bar{v}_2 WU d\bar{x}_3 d\bar{x}_1 + \bar{v}_3 UV d\bar{x}_1 d\bar{x}_2), \tag{1.4/10}$$

aus einem Volumsintegral**)

$$\int_V F dx_1 dx_2 dx_3 = \int_V \bar{F} UVW d\bar{x}_1 d\bar{x}_2 d\bar{x}_3 = \int_V \bar{F}\sqrt{\det(g_{ij})}\, d\bar{x}_1 d\bar{x}_2 d\bar{x}_3. \tag{1.4/11}$$

Alle Vektoroperationen, die sich auf einen Punkt beziehen (z. B. inneres oder äußeres Produkt zweier Vektorfelder im gleichen Raumpunkt) können sofort mit den üblichen Rechenregeln hingeschrieben werden, wenn man entsprechend (1.4/9) einen Satz orthogonaler, aber *ortsabhängiger* Einheitsvektoren

$$\bar{e}_{1,i} = U^{-1}\frac{\partial x_i}{\partial \bar{x}_1}, \quad \bar{e}_{2,i} = V^{-1}\frac{\partial x_i}{\partial \bar{x}_2}, \quad \bar{e}_{3,i} = W^{-1}\frac{\partial x_i}{\partial \bar{x}_3} \tag{1.4/12}$$

einführt und sich alle Vektoren***) in entsprechende Komponenten zerlegt denkt,

$$A_i = \bar{A}_k \bar{e}_{k,i}. \tag{1.4/13}$$

Das innere Produkt zweier Vektorfelder (natürlich im gleichen Punkt) lautet damit

$$A_i A_i = \bar{A}_k \bar{A}_k.$$

---

*) Man beachte die Ersetzungen $dx_1 \to U d\bar{x}_1$, $dx_2 \to V d\bar{x}_2$ etc. (vgl. (1.4/6)).

**) Dies ist gerade die Substitutionsregel für Bereichsintegrale.

***) Dasselbe gilt natürlich für alle Tensoren. Man beachte jedoch, daß $\bar{x}_i$ im System (1.4/12) die Komponenten (r, 0, 0) hat.

Im Falle der Kugelkoordinaten (1.4/5) ist die Ortsabhängigkeit der Einheitsvektoren klar ersichtlich:

$$r:\ \bar{e}_{1,i} = \begin{pmatrix} \sin\theta & \cos\varphi \\ \sin\theta & \sin\varphi \\ \cos\theta & \end{pmatrix},$$

$$\theta:\ \bar{e}_{2,i} = \begin{pmatrix} \cos\theta & \cos\varphi \\ \cos\theta & \sin\varphi \\ -\sin\theta & \end{pmatrix}, \tag{1.4/14}$$

$$\varphi:\ \bar{e}_{3,i} = \begin{pmatrix} -\sin\varphi \\ \cos\varphi \\ 0 \end{pmatrix}.$$

Offenbar sind die Orthogonalitätsrelationen zwischen den Vektoren $\bar{e}_{k,i}$ nicht mehr richtig, wenn die beiden Vektoren nicht mehr im gleichen Raumpunkt betrachtet werden, z. B.

$$\bar{e}_{1,i}(\theta_1, \varphi_1)\, \bar{e}_{2,i}(\theta_2, \varphi_2) \neq 0.$$

Deshalb muß man auch schon bei sehr kleinen (differentiellen) Unterschieden diese Abhängigkeit berücksichtigen. Für ein skalares Feld Φ gilt jedenfalls

$$\begin{aligned} d\Phi &= d\Phi(x_1, x_2, x_3) = d\bar{\Phi}(\bar{x}_1, \bar{x}_2, \bar{x}_3) = \frac{\partial\bar{\Phi}}{\partial\bar{x}_i}\, d\bar{x}_i \\ &= U^{-1}\frac{\partial\Phi}{\partial\bar{x}_1}(U d\bar{x}_1) + V^{-1}\frac{\partial\Phi}{\partial\bar{x}_2}(V d\bar{x}_2) + W^{-1}\frac{\partial\Phi}{\partial\bar{x}_3}(W d\bar{x}_3). \end{aligned} \tag{1.4/15}$$

Nun ist zufolge (1.4/8) und (1.4/12)

$$U d\bar{x}_1 \bar{e}_{1,i} = (dx_i)_1 \text{ etc.,} \tag{1.4/16}$$

weshalb in (1.4/15) der Ausdruck $U^{-1}\dfrac{\partial\Phi}{\partial\bar{x}_1}$ gerade die Projektion des Gradienten auf die Richtung $\bar{e}_{1,i}$ darstellt. Damit kann man den Gradienten formal durch

$$(\text{grad}\,\cdot)_i = \bar{e}_{1,i}\, U^{-1}\frac{\partial}{\partial\bar{x}_1} + \bar{e}_{2,i}\, V^{-1}\frac{\partial}{\partial\bar{x}_2} + \bar{e}_{3,i}\, W^{-1}\frac{\partial}{\partial\bar{x}_3} \tag{1.4/17}$$

ausdrücken.

Mit (1.4/17) läßt sich jede Differentialoperation durchführen, etwa

$$\text{div}\,\mathbf{a} = (\text{grad})_i a_i = (\text{grad})_i (\bar{a}_j \bar{e}_{j,i}),$$

wenn $a_i = \bar{a}_j \bar{e}_{j,i}$ die Darstellung im neuen Koordinatensystem bedeutet. Unter den Termen, die durch Differentiation der $\bar{e}_{j,i}$ entstehen, kommen Ausdrücke vor, die $\bar{a}_1$ enthalten:

$$U^{-1}\frac{\partial\bar{a}_1}{\partial\bar{x}_1} + \bar{a}_1 \left[V^{-1}\left(\left(\frac{\partial\bar{e}_{1,i}}{\partial\bar{x}_2}\right) \bar{e}_{2,i}\right) + W^{-1}\left(\left(\frac{\partial\bar{e}_{1,i}}{\partial\bar{x}_3}\right) \bar{e}_{3,i}\right)\right].$$

Mit (1.4/12) für $\bar{e}_{1,i}$, $\bar{e}_{2,i}$ und $\bar{e}_{3,i}$ folgt damit aus der Orthogonalität der $\bar{\partial}_j x_i$

$$U^{-1}\frac{\partial\bar{a}_1}{\partial\bar{x}_1} + \bar{a}_1 \left[V^{-2}U^{-1}\left(\frac{\partial^2 x_i}{\partial\bar{x}_1\,\partial\bar{x}_2}\, \frac{\partial x_i}{\partial\bar{x}_2}\right) + W^{-2}U^{-1}\left(\frac{\partial^2 x_i}{\partial\bar{x}_1\,\partial\bar{x}_3}\, \frac{\partial x_i}{\partial\bar{x}_3}\right)\right];$$

auf Grund von (1.4/9)

$$\frac{\partial V}{\partial\bar{x}_1} = V^{-1}\frac{\partial^2 x_i}{\partial\bar{x}_2\,\partial\bar{x}_1}\,\frac{\partial x_i}{\partial\bar{x}_2}, \qquad \frac{\partial W}{\partial\bar{x}_1} = W^{-1}\frac{\partial^2 x_i}{\partial\bar{x}_1\,\partial\bar{x}_3}\,\frac{\partial x_i}{\partial\bar{x}_3}$$

schließlich

$$U^{-1}V^{-1}W^{-1}\frac{\partial}{\partial \bar{x}_1}(\bar{a}_1 VW).$$

Insgesamt wird nach Berücksichtigung zweier analoger anderer Terme für $\bar{a}_2$ und $\bar{a}_3$

$$\operatorname{div} \mathbf{a} = \frac{1}{UVW}\left[\frac{\partial}{\partial \bar{x}_1}(VW\bar{a}_1) + \frac{\partial}{\partial \bar{x}_2}(UW\bar{a}_2) + \frac{\partial}{\partial \bar{x}_3}(UV\bar{a}_3)\right]. \tag{1.4/18}$$

Wie wir im nächsten Kapitel sehen werden, kann diese Formel auch direkter abgeleitet werden.

Die Umrechnung des Laplaceoperators

$$\Delta\Phi := \operatorname{div}\operatorname{grad}\Phi \tag{1.4/19}$$

entsteht somit einfach durch Substitution der Komponenten von (1.4/17) statt der $\bar{a}_i$ in (1.4/18)

$$\Delta\Phi = \frac{1}{UVW}\left[\frac{\partial}{\partial \bar{x}_1}\left(\frac{VW}{U}\frac{\partial\Phi}{\partial \bar{x}_1}\right) + \frac{\partial}{\partial \bar{x}_2}\left(\frac{UW}{V}\frac{\partial\Phi}{\partial \bar{x}_2}\right) + \frac{\partial}{\partial \bar{x}_3}\left(\frac{UV}{W}\frac{\partial\Phi}{\partial \bar{x}_3}\right)\right]. \tag{1.4/20}$$

Speziell für das obige Beispiel (1.4/5) und (1.4/14) wird daraus für den Laplaceoperator in Kugelkoordinaten:

$$\Delta\Phi = r^{-2}\left[\frac{\partial}{\partial r}\left(r^2\frac{\partial\Phi}{\partial r}\right) + \frac{1}{\sin\theta}\frac{\partial}{\partial\theta}\left(\sin\theta\frac{\partial\Phi}{\partial\theta}\right) + \frac{1}{\sin^2\theta}\frac{\partial^2\Phi}{\partial\varphi^2}\right]. \tag{1.4/21}$$

Hingegen ergeben sich in Zylinderkoordinaten

$$\begin{aligned} x_1 &= \rho\cos\psi \\ x_2 &= \rho\sin\psi \\ x_3 &= z \end{aligned} \tag{1.4/22}$$

mit $\rho = \bar{x}_1$, $\psi = \bar{x}_2$, $z = \bar{x}_3$ auf Grund von (1.4/9) die Beziehungen

$$U = W = 1, \qquad V = \rho$$

und daher zufolge (1.4/20)

$$\Delta\Phi = \frac{1}{\rho}\frac{\partial}{\partial\rho}\left(\rho\frac{\partial\Phi}{\partial\rho}\right) + \frac{1}{\rho^2}\frac{\partial^2\Phi}{\partial\varphi^2} + \frac{\partial^2\Phi}{\partial z^2}. \tag{1.4/23}$$

1.5. Einfachste Differentialoperatoren

1.5.1. Die Divergenz und der Satz von Gauß

In Kap. 1.2.2 haben wir als Maß für die durch eine Fläche hindurchströmende Flüssigkeitsmenge den Fluß eingeführt. In gleicher Weise definiert man den Fluß Φ durch eine geschlossene Fläche

$$\Phi = \oint_F v_i\, df_i. \tag{1.5/1}$$

Das Flächenintegral (1.5/1) gibt nun an, welche Flüssigkeitsmenge in der Zeiteinheit durch die geschlossene Fläche F in Richtung der Flächennormalen austritt; ist diese ins „Äußere" der Fläche F gerichtet, so fließt im Falle $\Phi > 0$ offenbar mehr Flüssigkeit aus als ein, so daß die Sprechweise, in dem Volumen, das von F begrenzt wird, befinden sich *Quellen,* berechtigt ist. Im Falle $\Phi < 0$ tritt weniger aus als ein, so daß man von *Senken* spricht, denn es wird Flüssigkeit vernichtet. (1.5/1) ergibt somit ein Maß für die *Ergiebigkeit.*

Betrachten wir nun die Durchschnittsgröße über das von der Oberfläche O eingeschlossene Volumen $\Delta\tau$,

$$\overline{\text{div}\,\mathbf{v}} := \frac{1}{\Delta\tau} \oint_{O} v_i \, df_i. \tag{1.5/2}$$

Ziehen wir das Volumen $\Delta\tau$ stetig auf einen Punkt P_0 zusammen, was wir mit $\Delta\tau \to 0$ kennzeichnen, so ist es naheliegend, die Größe

$$\text{div}\,\mathbf{v} := \lim_{\Delta\tau \to 0} \frac{1}{\Delta\tau} \oint_{O} v_i \, df_i \tag{1.5/3}$$

als ein Maß für die Ergiebigkeit des Punktes P_0 anzusehen, oder, wie man sagt, ein Maß für die *Quelldichte**). div $\mathbf{v}_i$ heißt die Divergenz des Feldes $\mathbf{v}_i$: Die Namensgebung Divergenz soll auf das Divergieren oder Auseinanderströmen des Feldes bzw. der Feldlinien hindeuten.

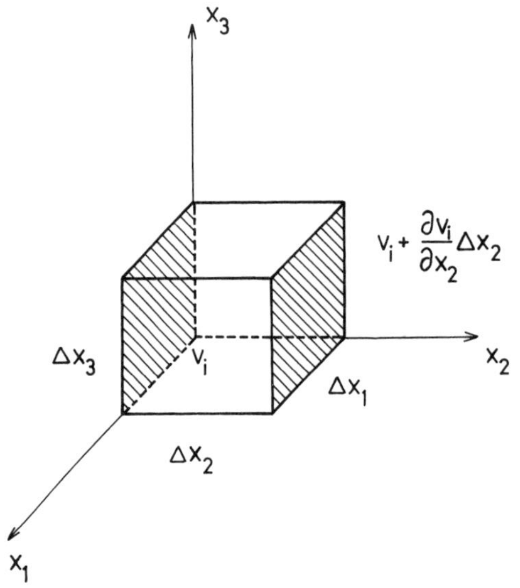

Abb. 1.13

Wir wenden nun (1.5/3) auf ein beliebig kleines Volumen mit den Kantenlängen Δx_1, Δx_2 und Δx_3 an. Wie aus Abb. 1.13 ersichtlich, ist der „Nettofluß" durch die schraffierten Flächen (wegen der nach *außen* gerichteten Flächennormale ist $df_1 = \Delta x_2 \Delta x_3$ rechts und $df_1 = -\Delta x_2 \Delta x_3$ links, das Volumen $\Delta\tau = \Delta x_1 \Delta x_2 \Delta x_3$)

$$v_1 df_1\Big|_{\text{links}} + v_1 df_1\Big|_{\text{rechts}} = -v_1 \Delta x_2 \Delta x_3 + \left(v_1 + \frac{\partial v_1}{\partial x_1} \Delta x_1 + O(|\Delta x_1|^{1+\epsilon})\right) \Delta x_2 \Delta x_3$$
$$= \frac{\partial v_1}{\partial x_1} \Delta\tau + O(|\Delta x_1|^{\epsilon})\, \Delta\tau.$$

*) In der Integralrechnung wird gezeigt, daß unter den gegebenen Voraussetzungen der Grenzwert (1.5/3) existiert, wenn das Feld v_i stetig ist.

Mit einer analogen Überlegung erhält man für die zwei anderen einander gegenüberliegenden Flächenpaare $(\partial v_2/\partial x_2)\,\Delta\tau + \Delta\tau\, O(|\Delta x_2|^\epsilon)$ und $(\partial v_3/\partial x_3)\,\Delta\tau + \Delta\tau\, O(|\Delta x_3|^\epsilon)$, damit aus (1.5/3)

$$\operatorname{div} \mathbf{v} = \partial_i v_i. \tag{1.5/4}$$

Multiplizieren wir nun (1.5/2) mit $\Delta\tau$ und summieren wir diese Gleichung über alle kleinen Volumina $\Delta\tau_\alpha$ wie in Abb. 1.14 gezeigt,

$$\sum_\alpha (\operatorname{div} \mathbf{v})_\alpha\, \Delta\tau_\alpha = \sum_\alpha \oint_{O_\alpha} v_i\, df_i,$$

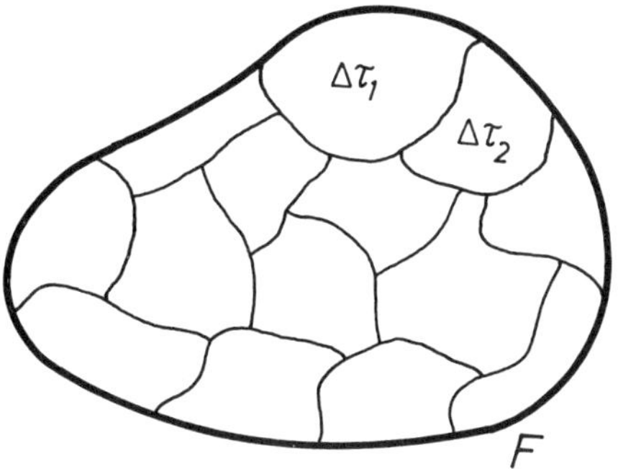

Abb. 1.14

so heben sich offenbar in der Summe rechts die Beiträge aller inneren Flächen weg, denn df_i ist für jedes Teilvolumen nach außen gerichtet, demnach entgegengesetzt dem Beitrag eines anliegenden Teilvolumens. Die Summe rechts erhält also nur Beiträge von jenen Flächenstücken der Volumina $\Delta\tau_\alpha$, die auf der äußeren Begrenzungsfläche F liegen. Wenn wir die Unterteilung des durch F begrenzten Volumens immer feiner machen, so geht die linke Seite in das Integral $\int_V \operatorname{div} \mathbf{v}\, d\tau$ über: Also wird für das Volumen V, das von der geschlossenen Fläche F begrenzt ist,

$$\int_V \operatorname{div} \mathbf{v}\, d\tau = \int_V \partial_i v_i\, d\tau = \oint_F v_i\, df_i. \tag{1.5/5}$$

Dabei zeigt die Normale der Fläche F in das Außengebiet von V. Dieser fundamentale Satz heißt der *Integralsatz von Gauß*

Wir hätten die gesamte Ableitung für ein ganz allgemeines Tensorfeld mit weiteren Indizes

$$v_i \to v_{ijk\ldots}$$

durchführen können, ohne daß sich an der Methode etwas geändert hätte,

$$\int_V \partial_i v_{ijk\ldots}\, d\tau = \oint_F v_{ijk\ldots}\, df_i, \tag{1.5/6}$$

denn die anderen Indizes sind nicht betroffen. Formal lautet der Gaußsche Satz daher auch

$$\int_V d\tau\, \partial_i = \oint_F df_i, \tag{1.5/7}$$

was natürlich nur in Anwendung auf ein allgemeines Tensorfeld sinnvoll ist.

Eine wichtige Anwendung des Gaußschen Satzes, die Greenschen Sätze, ergeben sich, wenn in (1.5/5) v_i durch $A\partial_i B$ ersetzt wird (*1. Greenscher Satz*):

$$\int_V (\partial_i A \partial_i B + A \partial_i \partial_i B)\, d\tau = \oint_F A \partial_i B\, df_i, \tag{1.5/8'}$$

oder, wenn man speziell $v_i = A\partial_i B - B\partial_i A$ nimmt (*2. Greenscher Satz*),

$$\int_V (A\Delta B - B\Delta A)\, d\tau = \oint_F (A\partial_i B - B\partial_i A)\, df_i. \tag{1.5/8''}$$

1.5.2. Die Rotation und der Satz von Stokes

In Kap. 1.2.1 haben wir das Kurvenintegral über eine geschlossene Kurve C eingeführt,

$$\Gamma = \oint_C v_i\, dx_i. \tag{1.5/9}$$

Wir nannten Γ die *Zirkulation* von v_i längs C. Diese Größe stellt ein Maß für die „Tendenz" einer Flüssigkeitsströmung mit dem Geschwindigkeitsfeld v_i dar, sich in einer „wirbelförmigen" Bewegung zu befinden. Wir versuchen nun in Analogie zu den Überlegungen für die Quelldichte in einem Punkt ein Maß für die *Wirbeldichte* in einem Punkt zu finden. Dazu denken wir uns zunächst ein von der Randkurve C umschlossenes, sehr kleines Flächenstück F mit dem Inhalt Δf, so daß C annähernd in einer Ebene liegt, deren Normale durch n_i bezeichnet sei. Die Größe L_i, der *Rotor* des Vektorfeldes $\mathbf{v}$,

$$n_i(\text{rot}\,\mathbf{v})_i := n_i L_i = \lim_{\Delta f \to 0} \frac{1}{\Delta f} \oint_C v_i\, dx_i, \tag{1.5/10}$$

beschreibt dann offenbar die *Wirbelstärke pro Flächeneinheit,* also die Wirbeldichte. Auch sie kann durch eine Differentialoperation ausgedrückt werden: Um diese herzuleiten, betrachten wir das Umlaufintegral (1.5/9) um das Rechteck mit der Fläche $\Delta f = 4\Delta x_2 \Delta x_3$ in der (x_2, x_3)-Ebene (Abb. 1.15).

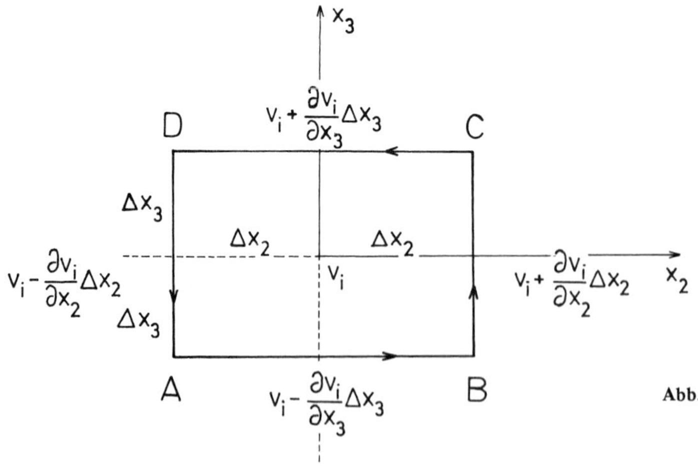

Abb. 1.15

Die Werte von v_i am Umfang des Rechtecks unterscheiden sich, wie in Abb. 1.15 angedeutet, dann nur um Terme erster Ordnung in Δx_2 und Δx_3 von den Werten in der Mitte. Entsprechend dem in Abb. 1.14 eingezeichneten Umlaufsinn erhält man also der Reihe nach bis auf Glieder höherer als zweiter Ordnung

$$\int_A^B v_i dx_i \simeq \int_{-\Delta x_2}^{\Delta x_2} \left(v_2 - \frac{\partial v_2}{\partial x_3} \Delta x_3 \right) dx_2 = 2 v_2 \Delta x_2 - 2 \frac{\partial v_2}{\partial x_3} \Delta x_2 \Delta x_3 ,$$

$$\int_B^C v_i dx_i \simeq \int_{-\Delta x_3}^{\Delta x_3} \left(v_3 + \frac{\partial v_3}{\partial x_2} \Delta x_2 \right) dx_3 = 2 v_3 \Delta x_3 + 2 \frac{\partial v_3}{\partial x_2} \Delta x_2 \Delta x_3 ,$$

$$\int_C^D v_i dx_i \simeq \int_{\Delta x_2}^{-\Delta x_2} \left(v_2 + \frac{\partial v_2}{\partial x_3} \Delta x_3 \right) dx_2 = - 2 v_2 \Delta x_2 - 2 \frac{\partial v_2}{\partial x_3} \Delta x_2 \Delta x_3 ,$$

$$\int_D^A v_i dx_i \simeq \int_{\Delta x_3}^{-\Delta x_3} \left(v_3 - \frac{\partial v_3}{\partial x_2} \Delta x_2 \right) dx_3 = - 2 v_3 \Delta x_3 + 2 \frac{\partial v_3}{\partial x_2} \Delta x_2 \Delta x_3 .$$

Durch Addition und nach Division durch $\Delta f = 4 \Delta x_2 \Delta x_3$ ergibt sich aus (1.5/10) die Komponente von L_i in der Richtung $n_i = (1, 0, 0)$

$$(\text{rot } \mathbf{v})_1 = L_1 = \frac{\partial v_3}{\partial x_2} - \frac{\partial v_2}{\partial x_3} .$$

Durch zyklische Permutation der Indizes resultieren die anderen Komponenten, so daß mit Berücksichtigung des ϵ-Tensors wie in (1.3/23)

$$(\text{rot } \mathbf{v})_i = \epsilon_{ijk} \partial_j v_k \tag{1.5/11'}$$

folgt, oder symbolisch

$$\text{rot } \mathbf{v} = \text{grad} \times \mathbf{v} = \nabla \times \mathbf{v} . \tag{1.5/11''}$$

Wie im letzten Kapitel erhalten wir auch hier einen Integralsatz, indem wir (1.5/10) vor Durchführung des Grenzübergangs

$$\oint_{C^\alpha} v_i dx_i = n_i^\alpha \Delta f^\alpha (\text{rot } \mathbf{v})_i = \Delta f_i^\alpha (\text{rot } \mathbf{v})_i^\alpha {}^{*)} \tag{1.5/12}$$

auf eine immer größer werdende Anzahl aneinanderliegender Umlaufintegrale anwenden (Abb. 1.16)

$$\sum_\alpha \oint_{C^\alpha} v_i dx_i = \sum_\alpha (\text{rot } \mathbf{v})_i^\alpha \Delta f_i^\alpha$$

d. h., indem wir (1.5/12) über alle derartigen kleinen Flächenstücke summieren. Die Beiträge der benachbarten gegenläufigen Kurvenintegrale heben sich im Inneren des Bereiches weg, es verbleibt

*) Hier ist über α nicht zu summieren!

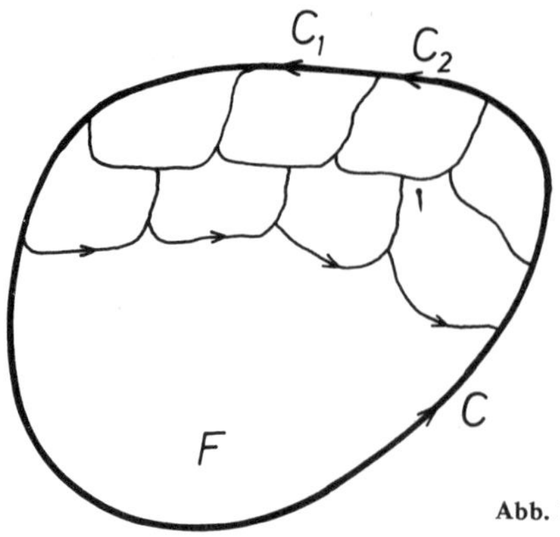

Abb. 1.16

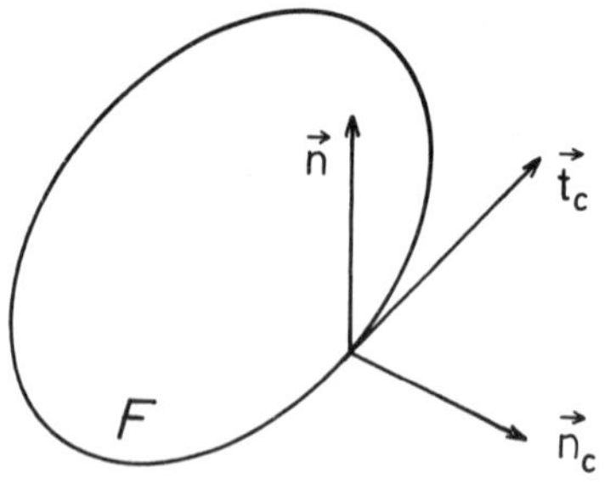

Abb. 1.17

links nur das Umlaufintegral um den äußeren Rand C von F. Rechts entsteht für eine immer feinere Unterteilung ein Flächenintegral

$$\oint_C v_i \, dx_i = \oint_F (\mathrm{rot}\, \mathbf{v})_i \, df_i. \qquad (1.5/13)$$

Dabei ist C so zu orientieren, daß beim Durchlauf von C die Flächennormale $\mathbf{n}$, die Kurvennormale $\mathbf{n}_C$ und die Kurventangente $\mathbf{t}_C$ ein positiv orientiertes Dreibein bilden (Abb. 1.17) (1.5/13) wird als *Satz von Stokes* bezeichnet.

1.5.3. Sprungflächenoperatoren

Obwohl es in der Natur niemals Unstetigkeiten zu geben scheint, ist insbesondere für die makroskopische Beschreibung sehr oft die Einführung von Sprungflächen, Flächenströmen (z. B. elektrische Oberflächenströme bei Supraleitern), Flächenladungen (Oberfläche eines ideal gedachten Leiters) etc. günstig. Auch die *Abwesenheit* z. B. eines echten Oberflächenstroms längs der Trennfläche zweier Medien kann gut im Rahmen sogenannter Sprungflächenoperatoren beschrieben werden.

Wenden wir dazu (1.5/2) auf ein schmales zylinderartiges Volumen der Höhe h, $\Delta\tau = h\,\Delta f$, an, das ein Stück einer Sprungfläche (wie z. B. in der Elektrostatik die Trennfläche zweier Medien 1 und 2 mit verschiedener Dielektrizitätskonstanten) umschließt (Abb. 1.18).

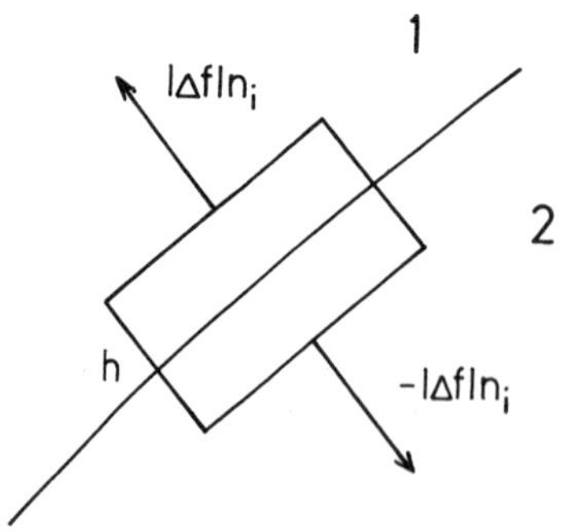

Abb. 1.18

Wir nehmen an, daß der Grenzwert

$$\mathrm{Div}\,\mathbf{v} = \nabla v_i := \lim_{h \to 0} (h\,\mathrm{div}\,\mathbf{v}) = \lim_{h \to 0} (h\,\partial_i v_i) \tag{1.5/14}$$

die sogenannte *Flächendivergenz*, endlich ist. Dann wird für eine kleine Fläche Δf

$$\nabla_i v_i = \lim_{\Delta f \to 0} \frac{1}{\Delta f} (\Delta f n_i \overset{1}{v}_i - \Delta f n_i \overset{2}{v}_i) = n_i (\overset{1}{v}_i - \overset{2}{v}_i), \tag{1.5/15}$$

worin $\overset{1}{v}_i$ und $\overset{2}{v}_i$ die linksseitigen bzw. rechtsseitigen Grenzwerte des Feldes v_i in den beiden Medien gegen die Trennfläche zu bedeuten. Das Flächenintegral über die Seitenwand des Zylinders mit der Grundfläche Δf haben wir in (1.5/15) vernachlässigen können, da es proportional zu h ist. Nach (1.5/15) ist die Flächendivergenz nichts anders als der Sprung der Normalkomponente $v^{\perp} = v_i n_i$ des Feldes v_i an der Grenzfläche. Zur Übung sei dem Leser empfohlen, aus div $\mathbf{D} = 4\pi\rho$ mit der Ladungsdichte ρ aus der Abwesenheit wahrer Flächenladungen abzuleiten, daß die Normalkomponente von D_i stetig durch die Trennfläche geht.

Die Ableitung der Flächendivergenz war unabhängig vom Tensorcharakter des Feldes; v_i könnte also auch durch einen Skalar Φ ersetzt werden. Der *Flächengradient*

$$D_i \Phi := n_i (\overset{2}{\Phi} - \overset{1}{\Phi}) \tag{1.5/16}$$

ist proportional dem Sprung des Feldes Φ.

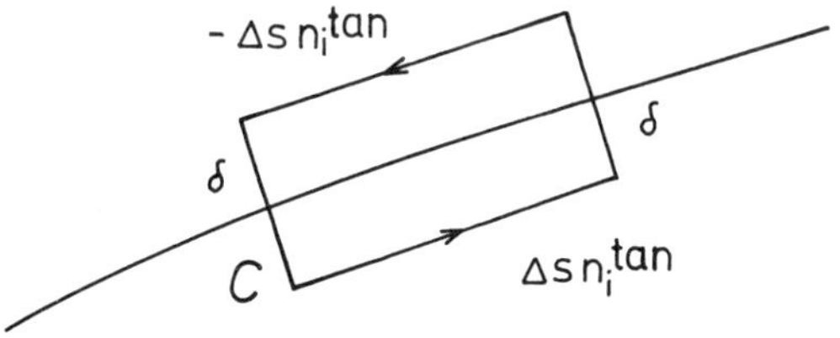

Abb. 1.19

Zur Ableitung des Flächenrotors betrachtet man das Linienintegral längs der Kurve *C* in Abb. 1.19 und läßt δ gegen Null gehen. Die Flächennormale auf die Fläche der Größe $\Delta f = \delta \Delta s$ zeigt – bei der in Abb. 1.19 gewählten Orientierung – aus der Zeichenebene heraus; ihre Richtung sei $n_i^{\perp}$. Aus der Definition der Projektion des Flächenrotors auf diese Richtung,

$$n_i^{\perp} (\mathrm{Rot}\,\mathbf{v})_i := \lim_{\delta \to 0} \delta n_i^{\perp} \epsilon_{ijk} \partial_j v_k, \tag{1.5/17}$$

erhält man somit aus (1.5/10)

$$n_i^{\perp} (\mathrm{Rot}\,\mathbf{v})_i = \{ n_i^{\tan} (\overset{1}{v}_i - \overset{2}{v}_i) \}, \tag{1.5/18}$$

also gerade den Sprung der Tangentialkomponente. Es bedeutet etwa das Verschwinden der Komponente des Flächenrotors in Richtung $n_i^{\perp}$, daß die Tangentialkomponente von v_i in bezug auf eine zu $n_i^{\perp}$ orthogonale, aber ebenfalls in der Trennfläche liegende Richtung stetig ist.

1.5.4. Divergenz und Rotor in krummlinigen Koordinaten

Die allgemeinen Formeln von Kap. 1.4 sind ausreichend, alle Differentialoperationen von Vektorfeldern in krummlinigen orthogonalen Koordinaten zu erfassen. Dies erfordert jedoch u. U. – wie am Beispiel der Divergenz (1.4/18) ersichtlich war – längere Ableitungen. Mit den Definitionen von Divergenz und Rotor als Grenzwerte von Integralen (1.5/3) bzw. (1.5/10) kann man diese Ableitungen beträchtlich abkürzen. Denn aus den Ausdrücken für die Flächen- und Volumsintegration

(1.4/10) und (1.4/11) in orthogonalen krummlinigen Koordinaten ergibt sich die Definition der Divergenz (1.5/3) in den Koordinaten $\bar{x}_i$ zu (ΔF bedeute die Oberfläche von $\Delta\bar{\tau}$)

$$\operatorname{div} \mathbf{v} = \lim_{\Delta\bar{\tau} \to 0} \frac{1}{UVW} \frac{1}{\Delta\bar{\tau}} \oint_{\Delta F} (\bar{v}_1 VW d\bar{f}_1 + \bar{v}_2 UW d\bar{f}_2 + \bar{v}_3 UV d\bar{f}_3). \tag{1.5/19}$$

Wiederholt man nun die zu (1.5/4) führenden Schritte, so tritt offenbar an Stelle von v_1 nun $\bar{v}_1 VW$ etc., wenn man etwa den Nettoüberschuß in Richtung $\bar{x}_1$, $(\partial/\partial\bar{x}_1)(\bar{v}_1 VW)\Delta\bar{\tau}$, ausrechnet. Nach Kürzen durch $\Delta\bar{\tau} = \Delta\bar{x}_1 \Delta\bar{x}_2 \Delta\bar{x}_3$ kommt man direkt auf (1.4/19), wenn wieder die Beiträge der drei Richtungen addiert werden. Die Vorgangsweise beim Rotor ist analog. Man verwendet in (1.5/10) die durch (1.4/10) gegebenen Ausdrücke für $d\bar{f}_i$ und für $d\bar{x}_i$ (1.4/16). Etwa für $n_i = (1, 0, 0)$, also für die erste Komponente, kommt man zu

$$(\operatorname{rot} \bar{v})_1 = \lim_{\Delta\bar{x}_2 \Delta\bar{x}_3 \to 0} \frac{1}{VW\Delta\bar{x}_2 \Delta\bar{x}_3} \int (\bar{v}_1 U d\bar{x}_1 + \bar{v}_2 V d\bar{x}_2 + \bar{v}_3 W d\bar{x}_3).$$

Nun folgt man wieder der Ableitung, wie sie zu (1.5/11') führte und hat daher dort nur

$$v_1 \to \bar{v}_1 U \text{ etc.}$$

zu ersetzen. Damit wird

$$(\operatorname{rot} \bar{v})_1 = \frac{1}{VW} \left\{ \frac{\partial}{\partial\bar{x}_2} (W\bar{v}_3) - \frac{\partial}{\partial\bar{x}_3} (V\bar{v}_2) \right\}. \tag{1.5/20}$$

Die analogen Formeln für die anderen Komponenten ergeben sich durch zyklische Permutation von 1, 2, 3 und U, V, W.

1.6. Übungsbeispiele zu Kap. 1

1.6.1: Man zeige, daß alle Drehungen in der Ebene durch

$$a_{ij} = \begin{pmatrix} \cos\varphi, & \sin\varphi \\ -\sin\varphi, & \cos\varphi \end{pmatrix}$$

mit dem Drehwinkel φ dargestellt werden können. Man verifiziere die Gruppeneigenschaften.

1.6.2: Man gebe die Transformationsmatrix (1.3/1) für eine Drehung um den Ursprung an, die den Übergang von einem x_i-Koordinatensystem in ein $\bar{x}_i$-Koordinatensystem beschreibt, so daß die $\bar{x}_3$-Achse in eine vorgegebene Richtung g_i fällt.

1.6.3: Man untersuche, ob

$$A_{ij} = \begin{pmatrix} -x_1 x_2, & x_2^2 \\ x_1^2, & x_1 x_2 \end{pmatrix}$$

ein Tensor zweiter Stufe gegenüber Drehungen, d. h. gegenüber Transformationen

$$\bar{x}_i = a_{ij} x_j$$

mit

$$a_{ij} = \begin{pmatrix} \cos\varphi, & \sin\varphi \\ -\sin\varphi, & \cos\varphi \end{pmatrix}$$

ist.

1.6.4: Man berechne $\epsilon_{ijk}\,\epsilon_{kpq}\,A_j\,B_p\,C_q$.

1.6.5: Man zeige

(i) $\epsilon_{ijk}\,\epsilon_{pjk} = 2\,\delta_{ip}$

(ii) $\epsilon_{ijk}\,\epsilon_{ijk} = 6$

(iii) $\det(A_{ij}) = \frac{1}{6}\,\epsilon_{ijk}\,\epsilon_{rst}\,A_{ir}\,A_{js}\,A_{kt}$

1.6.6: Man zeige, daß sich jeder Tensor zweiter Stufe A_{ij} in eindeutiger Weise als Summe eines symmetrischen Tensors S_{ij} und eines antisymmetrischen Tensors T_{ij} darstellen läßt, d. h.

$$A_{ij} = S_{ij} + T_{ij}, \quad S_{ij} = S_{ji}, \quad T_{ij} = -T_{ji}.$$

1.6.7: Man zeige, daß die folgenden krummlinigen Koordinatensysteme orthogonal sind und stelle den Maßtensor auf:

(i) Parabolische Zylinderkoordinaten

$$x_1 = \frac{1}{2}(u^2 - v^2)$$
$$x_2 = uv$$
$$x_3 = z$$

(ii) Rotationsparabolische Koordinaten

$$x_1 = uv\cos\varphi$$
$$x_2 = uv\sin\varphi$$
$$x_3 = \frac{1}{2}(u^2 - v^2)$$

(iii) Elliptische Zylinderkoordinaten

$$x_1 = \alpha\cosh u\cos v$$
$$x_2 = \alpha\sinh u\sin v$$
$$x_3 = z$$

(iv) Rotationselliptische Koordinaten

$$x_1 = \alpha\sqrt{u^2 - 1}\,\sqrt{1 - v^2}\,\cos\varphi$$
$$x_2 = \alpha\sqrt{u^2 - 1}\,\sqrt{1 - v^2}\,\sin\varphi$$
$$x_3 = \alpha uv$$

1.6.8: Stelle den Vektor

$$\mathbf{A} = x_3\mathbf{e}_{x_1} - 2x_2\mathbf{e}_{x_2} + x_2\mathbf{e}_{x_3}$$

in Zylinder- und Kugelkoordinaten dar.

1.6.9: Man zeige, daß $\det(g_{ij})$ invariant gegenüber Transformationen (1.3/1) ist.

1.6.10: Man berechne

(i) $\nabla \times (\nabla \cdot \Phi) = \text{rot grad}\,\Phi$,

(ii) $\nabla \times (\nabla \times \mathbf{A}) = \text{rot rot}\,\mathbf{A}$,

(iii) $\nabla \cdot (\nabla \times \mathbf{A}) = \text{div rot}\,\mathbf{A}$.

1.6.11: Man berechne

(i) $\nabla \cdot (\Phi \mathbf{A})$,
(ii) $\nabla \times (\Phi \mathbf{A})$,
(iii) $\nabla \cdot (\mathbf{A} \times \mathbf{B})$,
(iv) $\nabla \times (\mathbf{A} \times \mathbf{B})$,
(v) $\nabla \cdot (\mathbf{A} \cdot \mathbf{B})$,
(vi) $(\mathbf{A} \times \mathbf{B}) \cdot (\mathbf{C} \times \mathbf{D})$,
(vii) $(\mathbf{A} \times \mathbf{B}) \times (\mathbf{C} \times \mathbf{D})$.

1.6.12: Man berechne den Laplaceoperator in den Koordinaten von Beispiel 1.6.7.

1.6.13: Man berechne die Zirkulation des Geschwindigkeitsfeldes

$$v_i = \omega\, \epsilon_{ijk}\, e_j\, x_k, \qquad \omega \equiv \text{const.}, \qquad e_j e_j = 1$$

um die (feste) Achse e_j (am einfachsten entlang eines Kreises) und vergleiche das Resultat mit rot v_i.

2. Partielle Differentialgleichungen der Physik

2.1. Die Poissonsche Differentialgleichung

2.1.1. Beschreibung eines Feldes durch Quellen und Wirbel

Wir haben im ersten Kapitel einem beliebigen Feld zwei fundamentale Größen, nämlich die Divergenz und die Rotation zugeordnet. Diese Begriffe konnten wir als Quellstärke bzw. Wirbelstärke veranschaulichen.

Von besonderer Bedeutung sind jene Felder, die entweder keine Wirbel oder keine Quellen haben. Ein Feld **v** heißt in einem Gebiet G quellenfrei, wenn div **v** in G verschwindet, entsprechend heißt **v** wirbelfrei in G, wenn rot **v** in G Null ist. Ein Feld b_i, das sowohl quellenfrei als auch wirbelfrei ist, heißt ein *Laplacefeld:*

$$(\text{rot } \mathbf{b})_i = \epsilon_{ijk} \, \partial_j b_k \equiv 0, \tag{2.1/1}$$

$$\text{div } \mathbf{b} = \partial_i b_i \equiv 0. \tag{2.1/2}$$

(2.1/1) bedeutet, daß die Integrabilitätsbedingungen (1.2/16) erfüllt sind. Daher läßt sich b_i als Gradient eines skalaren Feldes φ darstellen,

$$b_i = -\,\partial_i\varphi, \quad \text{bzw.} \quad \mathbf{b} = -\,\text{grad } \varphi. \tag{2.1/3}$$

φ ist dabei nur bis auf eine Konstante c festgelegt; sei nämlich $\varphi' = \varphi + c$, dann gilt offenbar auch

$$\text{grad } \varphi' = \text{grad } (\varphi + c) = \text{grad } \varphi. \tag{2.1/4}$$

Setzt man (2.1/3) in (2.1/2) ein, so erhält man die *Laplacegleichung*

$$\text{div grad } \varphi = \partial_i \partial_i \varphi = \Delta\varphi = 0 \tag{2.1/5}$$

für das skalare Potential φ. Demnach ist ein in einem Gebiet G quellen- und wirbelfreies Feld durch das Gradientenfeld eines Skalarfeldes darstellbar; dieses genügt in G der Laplaceschen Differentialgleichung.

Ebenso hätte man mit (2.1/2) beginnen können. Ein *Vektorpotential* **a** in

$$\mathbf{b} = \text{rot } \mathbf{a} \tag{2.1/6}$$

erfüllt wegen

$$\text{div rot } \mathbf{a} = 0 \tag{2.1/7}$$

die Gleichungen (2.1/2). Das Vektorpotential **a** ist ebenfalls nicht völlig bestimmt; für eine skalare Funktion ψ ist nämlich

$$\text{rot grad } \psi = 0.$$

Damit folgt für $\mathbf{a}' = \mathbf{a} + \text{grad } \psi$

$$\text{rot } \mathbf{a}' = \text{rot } (\mathbf{a} + \text{grad } \psi) = \text{rot } \mathbf{a}. \tag{2.1/8}$$

Setzt man (2.1/6) in (2.1/1) ein, so ergibt sich mit

$$\text{rot rot } \mathbf{a} = \text{grad div } \mathbf{a} - \Delta \mathbf{a} = 0 \tag{2.1/9}$$

ein System partieller Differentialgleichungen zweiter Ordnung für die Komponenten des Vektorpotentials **a**. Die durch den Umstand, daß das Feld **a** bis auf ein Gradientenfeld bestimmt ist, gegebene Freiheit wird nun üblicherweise dazu benützt, um

$$\text{div } \mathbf{a}' = \text{div } \mathbf{a} + \text{div grad } \psi = \text{div } \mathbf{a} + \Delta \psi = 0 \tag{2.1/10}$$

festzulegen. Aus (2.1/9) wird dann

$$\Delta \mathbf{a}' = 0, \quad \text{bzw.} \quad \partial_i \partial_i a_j' = 0, \tag{2.1/11}$$

da (2.1/9) ebenso für $\mathbf{a}'$ gilt. Man erhält somit ein System von Laplacegleichungen, wenn man (2.1/9) mit der Nebenbedingung div $\mathbf{a}' = 0$ löst.

Kehren wir nun zum allgemeinen Feld **b** zurück, dessen Wirbel **c** und Quellen ρ durch

$$\text{rot}\, \mathbf{b} = \mathbf{c}, \tag{2.1/12}$$

$$\text{div}\, \mathbf{b} = \rho \tag{2.1/13}$$

vorgegeben sind. Nach obigem ist es naheliegend, einen aus (2.1/3) und (2.1/6) kombinierten Ansatz

$$\mathbf{b} = -\,\text{grad}\, \varphi + \text{rot}\, \mathbf{a} \tag{2.1/14}$$

zu versuchen. Setzt man (2.1/14) in (2.1/13) ein, so folgt

$$\Delta \varphi = -\rho; \tag{2.1/15}$$

andererseits ergibt sich aus (2.1/12) und (2.1/14), falls wieder div $\mathbf{a} = 0$ festgelegt wird,

$$\Delta \mathbf{a} = -\mathbf{c}. \tag{2.1/16}$$

Sowohl (2.1/15) als auch (2.1/16) sind Versionen der *Poissonschen Differentialgleichung* (inhomogene Laplacegleichung), die an vielen Stellen der Physik auftritt: Im Falle des elektrostatischen Feldes **E** bei Vorhandensein einer Ladungsdichte ρ ist $\mathbf{b} = \mathbf{E}$ mit verschwindender Wirbeldichte **c**; dasselbe gilt in der klassischen Newtonschen Theorie der Gravitation. Dagegen wird das Magnetfeld $\mathbf{b} = \mathbf{H}$ stationärer Stromdichten $\mathbf{g} = \mathbf{c}$ durch (2.1/12) und (2.1/13) mit $\rho = 0$ beschrieben.

2.1.2. Eindeutigkeit der Lösung. Randbedingungen

Nehmen wir an, wir hätten aus den Quellen und Wirbeln eines Feldes dieses selbst bestimmt, d. h. die zugrundeliegenden (partiellen) Differentialgleichungen (2.1/15) und (2.1/16) integriert. Dann erhebt sich die Frage, ob (und in welchem Sinne) diese Lösungen eindeutig sind, physikalisch ausgedrückt, ob es nicht (wesentlich) verschiedene Felder mit den gleichen Quellen und Wirbeln geben kann. Daß dies nicht der Fall ist, wollen wir am Beispiel der Poissonschen Differentialgleichung (2.1/15) zeigen, da hier der Eindeutigkeitsbeweis nicht nur sehr einfach, sondern auch sehr instruktiv ist.

Angenommen, wir haben zwei Lösungen φ_1, φ_2 von (2.1/15); ihre Differenz $\varphi = \varphi_1 - \varphi_2$ erfüllt die (homogene) Laplacegleichung

$$\Delta \varphi = \Delta(\varphi_1 - \varphi_2) = \Delta \varphi_1 - \Delta \varphi_2 = -\rho + \rho \equiv 0. \tag{2.1/17}$$

Wegen des 1. Greenschen Satzes (1.5/8′) für $A = B = \varphi$ gilt

$$\int_V (\text{grad}\, \varphi)^2\, d\tau = \oint_F \varphi\, \text{grad}\, \varphi \cdot d\mathbf{f}. \tag{2.1/18}$$

Falls demnach die beiden Lösungen φ_1 und φ_2 auf der Berandungsfläche F des betrachteten Raumgebietes dieselben Randwerte annehmen,

$$\varphi_1\big|_F = \varphi_2\big|_F, \tag{2.1/19}$$

oder, falls dort die Projektionen der Gradienten auf die Flächennormale **n** übereinstimmen,

$$\mathbf{n} \cdot \text{grad}\, \varphi_1\big|_F = \mathbf{n} \cdot \text{grad}\, \varphi_2\big|_F, \tag{2.1/20}$$

so verschwindet die rechte Seite von (2.1/18). Da der Integrand auf der linken Seite von (2.1/18) positiv und stetig ist, muß

$$\operatorname{grad} \varphi = 0$$

oder

$$\varphi = \varphi_1 - \varphi_2 \equiv \text{const.} \tag{2.1/21}$$

sein. Wie aus (2.1/5) ersichtlich, ist aber eine additive Konstante in φ_1 irrelevant. Zwei Lösungen, die entweder dieselben Randwerte haben (Randwertproblem 1. Art, (2.1/19)) oder dieselben Ableitungen in Richtung der Normalen (Randwertproblem 2. Art, (2.1/20)), sind demnach identisch, im zweiten Fall bis auf eine unwesentliche Konstante (vgl. Kap. 6.1.9). Die Vorgabe derartiger Randbedingungen bestimmt also die Lösung der Poissongleichung in eindeutiger Weise, was die aus φ_1 zu berechnenden Felder betrifft.

2.2. Die partielle Differentialgleichung von Schwingungsvorgängen

2.2.1 Die schwingende Saite

Der einfachste Schwingungsvorgang der klassischen Mechanik liegt vor, wenn ein Massenpunkt mit der Masse m einer ihn in seine Ruhelage rücktreibenden Kraft unterworfen ist, die linear mit dem Abstand $u(t)$ von der Ruhelage zunimmt (Proportionalitätskonstante $m\omega_0^2$),

$$m\ddot{u} = -m\omega_0^2 u. \tag{2.2/1}$$

Die Lösung dieser gewöhnlichen Differentialgleichung ist durch

$$u(t) = A\cos\omega_0 t + B\sin\omega_0 t \tag{2.2/2}$$

gegeben.

Wir betrachten nun eine an beiden Enden fest eingespannte Saite und bringen sie aus ihrer Ruhelage. In völliger Analogie zu dem oben betrachteten Modell stellt sich dann eine rücktreibende Kraft ein, die die Saite schwingen läßt. Wir wollen nun versuchen, den Schwingungsvorgang durch eine Differentialgleichung zu beschreiben.

Dazu denken wir uns die in Richtung $z = x_3$ schwingende Saite mit der Ruhelage $z = 0$ in der x-Achse $(x = x_1)$ in kleine Stücke der Länge ds,

$$ds = \sqrt{1 + \left(\frac{\partial u}{\partial x}\right)^2}\, dx, \quad u = u(x, t), \tag{2.2/3}$$

zerlegt.

Die Newtonsche Bewegungsgleichung lautet für ein Saitenstück ds der Dichte ρ mit dem Querschnitt F

$$\rho F ds \frac{\partial^2 u}{\partial t^2} = \rho F \sqrt{1 + \left(\frac{\partial u}{\partial x}\right)^2}\, \frac{\partial^2 u}{\partial t^2}\, dx = dk, \tag{2.2/4}$$

worin dk die auf das kleine Stück der Saite wirkende Kraft in Richtung der z-Achse darstellt. Wenn wir kleine Auslenkungen betrachten, können wir in (2.2/4) Terme vernachlässigen, die von höherer als erster Ordnung verschwinden, d. h. $ds \simeq dx$. Die rücktreibende Kraft k ist die Saitenspannung S. Nehmen wir an, daß die Saite total biegsam ist, so wirkt S genau in Richtung des Saitenstücks ds, also in Richtung der Tangente (Abb. 2.1). Die rücktreibende Kraft $k(x)$ parallel zur z-Richtung an der Stelle x in Abb. 2.1 ist dann

$$SF\sin\alpha.$$

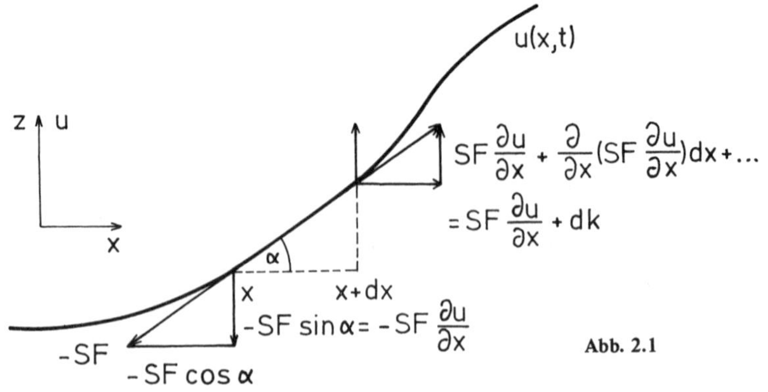

Abb. 2.1

Andererseits gilt

$$\tan\alpha = \frac{\partial u}{\partial x};$$

wenn die Auslenkung klein ist, bleibt auch α klein, sodaß in guter Näherung $\sin\alpha \simeq \tan\alpha \simeq \alpha$ geschrieben werden kann, somit

$$k(x) = SF\,\frac{\partial u}{\partial x}.$$

Auf das Saitenstück der Länge $ds \simeq dx$ wirkt somit die Differenz der Kräfte in $x + dx$ und in x

$$dk = k(x + dx) - k(x) \simeq \frac{\partial}{\partial x}\left(SF\,\frac{\partial u}{\partial x}\right) dx, \qquad (2.2/5)$$

sodaß sich mit (2.2/4) die partielle Differentialgleichung

$$\frac{\partial}{\partial x}\left(SF\,\frac{\partial u}{\partial x}\right) = \rho F\,\frac{\partial^2 u}{\partial t^2}$$

ergibt.

Nun ist natürlich die Voraussetzung, daß die Saite der Biegung keinen Widerstand entgegensetzt, nie erfüllt. Sie stellt eine Idealisierung für verschwindende Querschnitte dar, in der Form, daß dabei SF, die tatsächlich wirkende Kraft, endlich ist. Damit ist SF stets konstant, wir nehmen auch $\rho F = \text{const}$. Wir können daher, bevor wir den Grenzwert $F \to 0$ bilden, durch F dividieren und erhalten die Differentialgleichung der schwingenden Saite,

$$\frac{S}{\rho}\,\frac{\partial^2 u}{\partial x^2} = \frac{\partial^2 u}{\partial t^2}. \qquad (2.2/6)$$

Die Größe $\sqrt{\frac{S}{\rho}}$ hat die Dimension einer Geschwindigkeit.

Bei Stäben (mit endlichem Querschnitt F), die der Biegung Widerstand entgegensetzen, erhält man für die sogenannte „Biegelinie" die partielle Differentialgleichung vierter Ordnung*)

$$-\frac{\partial^2}{\partial x^2}\left(EJ\,\frac{\partial^2 u}{\partial x^2}\right) = \rho F\,\frac{\partial^2 u}{\partial t^2}; \qquad (2.2/7')$$

dabei bedeutet E den Elastizitätsmodul und J das Trägheitsmoment um die zur Biegeebene senkrechte Achse. Ist EJ konstant, so kann (2.2/7') in der Form**)

$$-v^2\,\frac{\partial^4 u}{\partial x^4} = \frac{\partial^2 u}{\partial t^2}, \quad v^2 = \frac{EJ}{\rho F}, \qquad (2.2/7'')$$

geschrieben werden.

---

*) Vgl. Parkus [7].

**) u (x, t) bedeutet die Verschiebung in der z-Richtung, also senkrecht zur Richtung der Stabachse.

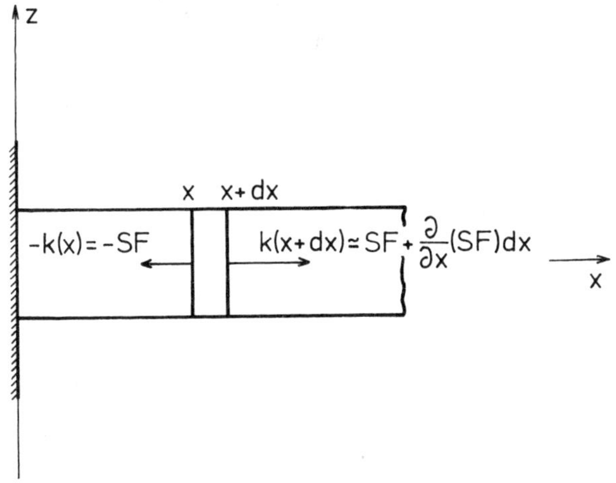

Abb. 2.2

Hingegen werden Schwingungsvorgänge, die sich in der Stabachse fortsetzen (Longitudinalschwingungen), durch eine Differentialgleichung zweiter Ordnung beschrieben. Entsprechend der Abb. 2.2 ist die Kraft in Richtung der Stabachse auf eine Scheibe der Fläche F und der Dicke dx

$$\frac{\partial}{\partial x}(FS)\,dx, \tag{2.2/8}$$

worin die Zugspannung S in der x-Richtung wegen des Hookeschen Gesetzes

$$S = E\frac{\partial u}{\partial x} = E\epsilon_x \tag{2.2/9}$$

mit der Dehnung $\epsilon_x = \frac{\partial u}{\partial x}$ zusammenhängt. Der von der Trägheit herrührende Anteil ist für diese Scheibe

$$dm\frac{\partial^2 u}{\partial t^2} = F\rho\frac{\partial^2 u}{\partial t^2}\,dx. \tag{2.2/10}$$

Durch Gleichsetzen von (2.2/8) mit (2.2/10) kommt man unter Berücksichtigung von (2.2/9) zu

$$\frac{\partial}{\partial x}\left(EF\frac{\partial u}{\partial x}\right) = F\rho\frac{\partial^2 u}{\partial t^2}. \tag{2.2/11'}$$

Diese Differentialgleichung ist genau von der Gestalt (2.2/6) und kann bei konstantem E wie bei konstanter Querschnittsfläche F in der Form

$$\frac{E}{\rho}\frac{\partial^2 u}{\partial x^2} = \frac{\partial^2 u}{\partial t^2} \tag{2.2/11''}$$

geschrieben werden. Auch hier hat $\sqrt{\frac{E}{\rho}}$ die Dimension einer Geschwindigkeit.

Neben der rücktreibenden Kraft könnte auch eine äußere Kraft $k^a(x, t)$ mit der Kraftdichte $K(x, t)$ auf jedes Saitenstück der Länge dx wirken,

$$dk^a = KFdx. \tag{2.2/12}$$

Dann erhalten wir die *inhomogene Wellengleichung*

$$\frac{S}{\rho}\frac{\partial^2 u}{\partial x^2} = \frac{\partial^2 u}{\partial t^2} - \frac{K}{\rho}. \tag{2.2/13}$$

Zur Differentialgleichung (2.2/6) bzw. (2.2/13) müssen wir offenbar *Randbedingungen* vorschreiben. Eine Saite kann beidseitig für alle Zeiten eingespannt sein, etwa an den Stellen $x = 0$ bzw. $x = l$:

$$u(0, t) = u(l, t) = 0. \tag{2.2/14}$$

Sie kann sich aber auch einseitig oder beidseitig bis ins „Unendliche"*) erstrecken.

Außerdem sind bei der Lösung von (2.2/6) bzw. (2.2/13) auch *Anfangswerte* anzugeben. Wie wir aus der physikalischen Anschauung wissen, ist die Art der Saitenschwingung bestimmt, wenn wir der Saite eine bestimmte Anfangsauslenkung geben, ohne daß zum Anfangszeitpunkt t_0 jedoch eine Geschwindigkeit vorliegt,

$$u(x, t_0) = u_0(x), \quad \frac{\partial u}{\partial t}(x, t_0) = 0. \tag{2.2/15}$$

Umgekehrt kann die Saite auch „geschlagen" werden: Dann ist die Anfangsauslenkung zwar Null, aber die Anfangsgeschwindigkeit vorzugeben,

$$u(x, t_0) = 0, \quad \frac{\partial u}{\partial t}(x, t_0) = \dot{u}_0(x). \tag{2.2/16}$$

Auch eine Kombination von (2.2/15) und (2.2/16),

$$u(x, t_0) = u_0(x), \quad \frac{\partial u}{\partial t}(x, t_0) = \dot{u}_0(x), \tag{2.2/17}$$

ist denkbar.

Die Tatsache, daß zwei Anfangsbedingungen (Anfangsauslenkung und -geschwindigkeit) festgelegt sein müssen, ist auch aus der Ordnung der Differentialgleichung (2.2/6) bezüglich der Zeitableitung ersichtlich. Für ein festes x ist (2.2/6) eine Differentialgleichung zweiter Ordnung in der Zeitvariable; die Theorie der Differentialgleichungen lehrt, daß für die eindeutige Lösung der Anfangswertaufgabe alle jene Ableitungen zum Anfangszeitpunkt vorgegeben sein müssen, mit deren Hilfe aus der Differentialgleichung (durch Differentiation) alle weiteren berechnet werden können. Bei einer Differentialgleichung zweiter Ordnung bestimmt sich die zweite Ableitung offenbar durch Vorgabe der nullten und ersten Ableitung, alle weiteren durch Differentiation der Gleichung unter Heranziehung der bereits berechneten Ableitung niedrigerer Ordnung.

2.2.2. Die schwingende Membran und räumliche Schwingungen

Ein kleines Flächenstück einer unendlich biegsamen Membran gehorcht bei kleinen Auslenkungen u**) einer Newtonschen Bewegungsgleichung ähnlich (2.2/4)

$$dm \frac{\partial^2 u}{\partial t^2} = dk, \tag{2.2/18}$$

wobei nun die Masse dm des Membranstückes mit der Fläche $df = dx_1\, dx_2$ von der Dichte ρ und der Dicke h der Membran abhängt,

$$dm = \rho h df. \tag{2.2/19}$$

*) Eine im mathematischen Sinne unendlich lange Saite ist physikalisch natürlich nie realisiert. Eine sehr lange Saite kann aber näherungsweise wie die „unendlich lange" Saite behandelt werden; solange die Effekte der Saitenenden vernachlässigbar sind.

**) Wir nehmen die Ruhelage der Membran in der (x_1, x_2)-Ebene an; die Auslenkung in die x_3-Richtung sei wiederum $u(x_1, x_2, t)$.

Zur Berechnung der rücktreibenden Kraft dk benützt man (2.2/5) für eine der Richtungen x_1, x_2, z. B. für die Richtung x_1, mit der Fläche

$$F = hdx_2$$

senkrecht zur x_1-Richtung:

$$dk_1 = k(x_1 + dx_1, x_2) - k(x_1, x_2) = \frac{\partial}{\partial x_1}\left(Sh\frac{\partial u}{\partial x_1}dx_2\right)dx_1 = \frac{\partial}{\partial x_1}\left(Sh\frac{\partial u}{\partial x_1}\right)df,$$

desgleichen (2.2/20)

$$dk_2 = k(x_1, x_2 + dx_2) - k(x_1, x_2) = \frac{\partial}{\partial x_2}\left(Sh\frac{\partial u}{\partial x_2}\right)df. \qquad (2.2/21)$$

Für kleine Auslenkungen ist dk in (2.2/18) die Summe der Beiträge (2.2/20) und (2.2/21), d. h.

$$\frac{\partial}{\partial x_1}\left(Sh\frac{\partial u}{\partial x_1}\right)df + \frac{\partial}{\partial x_2}\left(Sh\frac{\partial u}{\partial x_2}\right)df = \rho h\frac{\partial^2 u}{\partial t^2}df;$$

dabei ist wieder S, h und ρ vom Ort unabhängig. Damit ergibt sich

$$\frac{\partial^2 u}{\partial x_1^2} + \frac{\partial^2 u}{\partial x_2^2} = \frac{1}{v^2}\frac{\partial^2 u}{\partial t^2}, \quad v = \sqrt{\frac{S}{\rho}}. \qquad (2.2/22)$$

Der Vergleich von (2.2/6) mit (2.2/22) zeigt, wie die Verallgemeinerung auf räumliche Schwingungen aussehen muß:

$$\frac{\partial^2 u}{\partial x_1^2} + \frac{\partial^2 u}{\partial x_2^2} + \frac{\partial^2 u}{\partial x_3^2} = \Delta u = \frac{1}{v^2}\frac{\partial^2 u}{\partial t^2}, \qquad (2.2/23)$$

oder bei Anwesenheit äußerer Kräfte

$$\Delta u = \frac{1}{v^2}\frac{\partial^2 u}{\partial t^2} - q, \qquad (2.2/24)$$

worin nun q eine i. a. zeitabhängige „Quellfunktion" darstellt. (2.2/24) heißt die inhomogene *Wellengleichung.*

Eine mechanische Schwingung der Form (2.2/23) ist etwa gegeben, wenn u kleine Druckabweichungen vom mittleren Druck p_0,

$$u = p - p_0,$$

in einem isotropen homogenen Medium bedeutet. I. a. können durch (2.2/24) transversale und longitudinale Schwingungen (mit $v = v_t$ oder $v = v_l$) beschrieben werden. Ersetzt man v durch die Lichtgeschwindigkeit c, so ist (2.2/23) identisch mit der Wellengleichung für elektromagnetische Feldgrößen im Vakuum, die sich aus den Maxwellschen Gleichungen ableitet.

Alle Überlegungen betreffend Anfangs- und Randwerte können unmittelbar vom letzten Abschnitt übertragen werden. Wir werden neben den Randwerten auch hier die *beiden* Anfangswerte

$$u(x_1, x_2, x_3, t_0) = u_0(x_1, x_2, x_3),$$
$$\frac{\partial u}{\partial t}(x_1, x_2, x_3, t_0) = \dot{u}_0(x_1, x_3, x_3) \qquad (2.2/25)$$

vorzuschreiben haben.

2.3. Die Differentialgleichungen der Diffusion und Wärmeleitung

Die Beschreibung aller Transportprozesse, die eine der Quantität nach erhaltene Größe betreffen, führen in der Näherung, daß die Stromdichte dieser Größe linear mit dem Gefälle zunimmt, zu einer Differentialgleichung gleichen Typs. Bei der transportierten Größe kann es sich um Wärme (Wärmeleitung), um Moleküle oder Atome einer Substanz in einem Trägermedium (Diffusion) handeln oder auch um diffundierende Neutronen in einem Kernreaktor.

Betrachten wir etwa die Wärmeleitung. Der gesamte Wärmefluß durch die Oberfläche F eines bestimmten Volumens V in der Zeit dt ist durch den Wärmestrom $\mathbf{q} = \mathbf{q}(\mathbf{x}, t)$ pro Zeit- und Flächeneinheit ausgedrückt (vgl. (1.2/24), $d\tau = dx_1\, dx_2\, dx_3$)*),

$$\oint_F \mathbf{q} \cdot d\mathbf{f}\, dt = \int_V \operatorname{div} \mathbf{q}\; d\tau\, dt. \tag{2.3/1}$$

Die pro Volums- und Zeiteinheit (z. B. durch einen elektrischen Heizdraht) erzeugte Wärmemenge $\eta(x, t)$, summiert über das ganze Volumen V, kann nur nach außen abfließen, (2.3/1), oder das Volumen erwärmen. Der letztere Beitrag bestimmt sich aus der spezifischen Wärme c_v (z. B. bei konstantem Volumen) für ein Volumselement $d\tau$ mit der Dichte ρ bei einer Temperaturzunahme du zu

$$dQ = \rho c_v\, du\, d\tau = \rho c_v \frac{\partial u}{\partial t}\, d\tau\, dt. \tag{2.3/2}$$

Die „Bilanzgleichung"

$$\int_V \eta\, d\tau\, dt = \int_V \operatorname{div} \mathbf{q}\; d\tau\, dt + \int_V c_v \rho \frac{\partial u}{\partial t}\, d\tau\, dt$$

muß für jedes beliebige Volumen gelten, somit ist

$$\operatorname{div} \mathbf{q} + c_v \rho \frac{\partial u}{\partial t} = \eta. \tag{2.3/3}$$

Falls die Wärmestromdichte wie in (1.1/25) linear mit dem Temperaturgefälle zusammenhängt,

$$\mathbf{q} = -l \operatorname{grad} u, \tag{2.3/4}$$

ergibt sich bei räumlich konstanten Größen c_v, ρ, l die *Differentialgleichung der Wärmeleitung* aus (2.3/3), (2.3/4) zu

$$\Delta u - \frac{1}{\kappa^2} \frac{\partial u}{\partial t} = -\frac{\eta}{l} \tag{2.3/5}$$

mit der Wärmeleitungszahl

$$\kappa^2 = \frac{l}{\rho c_v}. \tag{2.3/6}$$

Die Diffusionsgleichung wird völlig analog abgeleitet. Die Bilanzgleichung für die Ausbreitung des diffundierenden Materials der Konzentration $c(\mathbf{x}, t)$ enthält die pro Volums- und Zeiteinheit erzeugte Menge $\sigma(\mathbf{x}, t)$ des Stoffes,

$$\int_V \sigma\, d\tau\, dt,$$

*) $\mathbf{q} \cdot d\mathbf{f}$ ist jene Wärmemenge, die pro Zeiteinheit durch das Flächenelement $df = |d\mathbf{f}|$ nach außen (oder innen) strömt.

der der Fluß durch die Oberfläche (Flußdichte $\mathbf{w}(\mathbf{x}, t)$)

$$\int_V \operatorname{div} \mathbf{w}\, d\tau dt$$

und die Zunahme von c in jedem Volumselement in der Zeit dt

$$\int_V \frac{\partial c}{\partial t}\, d\tau dt$$

das Gleichgewicht hält. Durch den linearen Zusammenhang zwischen $\mathbf{w}$ und dem Gefälle von c,

$$\mathbf{w} = -D \operatorname{grad} c, \tag{2.3/7}$$

wird hier eine Diffusionskonstante D bestimmt. Daraus ergibt sich wieder eine Differentialgleichung wie (2.3/5), die *Diffusionsgleichung*

$$\Delta c - \frac{1}{D}\frac{\partial c}{\partial t} = -\frac{\sigma}{D}\,. \tag{2.3/8}$$

Bei einem bestimmten physikalischen Problem sind, wie etwa für die Wärmeleitungsgleichung (2.3/5), noch Randwerte vorgegeben. Ein Körper, in dem sich ein Wärmeleitungsprozeß abspielt, kann z. B. in ein Wärmebad eingebettet sein, das die Temperatur auf der Oberfläche konstant hält; dies bedeutet*)

$$u\Big|_F = \tilde{u} = \text{const.} \tag{2.3/9}$$

Die Oberfläche kann aber auch völlig gegen die Umgebung wärmeisoliert sein, sodaß kein Wärmestrom durch sie hindurchtritt; dies wiederum heißt**)

$$\mathbf{n}\cdot\mathbf{q}\Big|_F = -l\,\mathbf{n}\cdot\operatorname{grad} u = 0; \tag{2.3/10}$$

dabei ist $\mathbf{n}$ die Flächennormale.

Eine weitere Möglichkeit ist die Abstrahlung von der Oberfläche. Das einfachste (Newtonsche) Abstrahlungsgesetz besagt, daß der Wärmestrom von der Oberfläche linear mit dem Temperaturgefälle zur Umgebungstemperatur $\tilde{u}$ zunimmt,

$$\mathbf{n}\cdot\mathbf{q}\Big|_F = \chi(u - \tilde{u}), \tag{2.3/11}$$

worin χ eine phänomenologische Konstante darstellt. In den Fällen, die durch (2.3/9) bzw. (2.3/11) charakterisiert sind, können wir übrigens immer $\tilde{u} = 0$ setzen; dies bedeutet nur, daß die Umgebungstemperatur als Nullpunkt der Temperaturskala angenommen wird. Dann wird aus (2.3/11) mit (2.3/4)

$$-\mathbf{n}\cdot\operatorname{grad} u = \frac{\chi}{l}\,u. \tag{2.3/12}$$

Den drei „Randbedingungen" (2.3/9–12) entsprechen die Randwertprobleme 1., 2. und 3. Art.

Aus der physikalischen Anschauung ist uns auch geläufig, daß durch die Vorgabe der Temperaturverteilung

$$u(\mathbf{x}, t_0) = u_0(\mathbf{x}) \tag{2.3/13}$$

---

*) Man spricht von einer „isothermen" Randbedingung.

**) Eine solche Bedingung wird auch als „adiabatische" Randbedingung bezeichnet.

zu einem Anfangszeitpunkt t_0 – zusammen mit den Randwerten – die Temperatur zu allen späteren Zeiten bestimmt ist. Dies sieht man auch aus der Differentialgleichung. Zum Unterschied von der Wellengleichung enthält sie nur *eine* Zeitableitung. Mit sinngemäßer Modifizierung der Überlegungen in Kap. 2.2 ist die anfängliche Temperaturverteilung allein ausreichend, um alle höheren Zeitableitungen und damit das Verhalten für alle Zeiten zu bestimmen.

2.4. Einfachste Differentialgleichungen der Quantenmechanik

Die Wellengleichung des Lichtes ((2.2/23) mit v = c) ist nicht imstande, die korpuskularen Aspekte der Lichtquanten zu beschreiben, die in der berühmten Planckschen Beziehung

$$E = h\nu = \frac{h}{2\pi}\,\omega = \hbar\omega \tag{2.4/1}$$

zwischen der Energie E des Lichtquants, der Frequenz ν und der *Planckschen Konstante h* ihren ersten Ausdruck fanden. De BROGLIE wagte 1924 den kühnen umgekehrten Schritt, bekannten Korpuskeln (Elementarteilchen), wie dem Elektron, vermöge (2.4/1) Wellenphänomene zuzuordnen. Nach der speziellen Relativitätstheorie ist der Impulsbetrag $p = |\mathbf{p}|$ eines Lichtquants der Energie E durch

$$p = \frac{E}{c} \tag{2.4/2}$$

gegeben. Mit dem Wellenvektor **k** vom Betrag

$$|\mathbf{k}| = k = \frac{\omega}{c} \tag{2.4/3}$$

erhält man die zu (2.4/1) analoge Beziehung

$$\mathbf{p} = \hbar\mathbf{k}. \tag{2.4/4}$$

Die Gültigkeit von (2.4/1) und (2.4/4) wird nun nicht nur für das Lichtquant, sondern auch für die „Wellen" angenommen, die anderen Elementarteilchen (z. B. Elektronen) zuzuordnen sind.

Soweit sich diese Überlegung auf Wellenvariable (Frequenz etc.) beziehen, beruhen sie auf der Betrachtung ebener Wellen in der Wellengleichung (2.2/23), d. h. einer besonderen Lösung der Form

$$u(x, t) = e^{i\mathbf{k}\cdot\mathbf{x} - i\omega t}. \tag{2.4/5}$$

Geht man mit dem Ansatz (2.4/5) in die Wellengleichung (2.2/23) für v = c, so ergibt sich tatsächlich der Zusammenhang (2.4/3). Es gilt nun eine Differentialgleichung zu finden, die ebenfalls *ebene Wellen*

$$u(\mathbf{x}, t) = e^{\frac{i}{\hbar}(\mathbf{p}\cdot\mathbf{x} - Et)} \tag{2.4/6}$$

als Lösung besitzt. Zwischen Impuls **p**, potentieller Energie V und der Gesamtenergie E soll aber statt (2.4/3) die für massive Korpuskeln im nichtrelativistischen Fall gültige Relation

$$\frac{\mathbf{p}^2}{2m} + V = E \tag{2.4/7}$$

gelten, bzw. aus der relativistischen Mechanik*) (Energiesatz)

$$\mathbf{p}^2 c^2 + m_0^2 c^4 = (E - V)^2, \tag{2.4/8}$$

falls es sich um ein relativistisches Problem handelt. $\mathbf{p}^2$ in (2.4/7) wird durch zweimaliges Differenzieren von (2.4/6) nach **x** gewonnen, E durch einmalige Ableitung nach der Zeit. Mit den richtig

*) Denn es gilt $(E/c)^2 - \mathbf{p}^2 = m_0^2 c^4$, worin m_0 die Ruhemasse des Teilchens ist.

angepaßten Faktoren und einer allgemeinen Wellenfunktion $\psi(x, t)$ statt der speziellen Lösung $u(x, t)$ schloß SCHRÖDINGER 1925 aus (2.4/7) auf die Gültigkeit der nach ihm benannten Gleichung

$$\left(-\frac{\hbar^2}{2m}\Delta + V\right)\psi = -\frac{\hbar}{i}\frac{\partial\psi}{\partial t}\,. \tag{2.4/9}$$

Für den relativistischen Fall leitete er auch aus (2.4/8) als erster – unabhängig von den späteren Wiederentdeckern KLEIN und GORDON – mit derselben induktiven Überlegung die *Klein-Gordon-Gleichung*

$$(-\hbar^2 c^2 \Delta + m^2 c^4)\,\psi = \left(-\hbar^2 \frac{\partial^2}{\partial t^2} + 2V\frac{\hbar}{i}\frac{\partial}{\partial t} + V^2\right)\psi \tag{2.4./10}$$

ab. Insbesondere für $V = 0$ ist die letztere Gleichung heute für die Beschreibung massiver skalarer Elementarteilchen (z. B. Mesonen) von großer Bedeutung. Die Schrödingergleichung (2.4/9) hat, was Rand- und Anfangswertaufgabe betrifft, Ähnlichkeit mit der Diffusionsgleichung, allerdings mit imaginärer Wärmeleitzahl; (2.4/10) verhält sich wegen der zweiten Zeitableitung wie die Wellengleichung.

2.5. Übungsbeispiele zu Kap. 2

2.5.1: Man berechne das Vektorpotential a der Feldgröße

$$\mathbf{b} = \begin{pmatrix} x(z^2 - y^2) \\ y(x^2 - z^2) \\ z(y^2 - x^2) \end{pmatrix}.$$

Hinweis: Man setze zunächst eine Komponente von a gleich Null.

2.5.2: Man zeige, daß für zweimal stetig differenzierbare Funktionen $f(x)$ stets

$$u(\mathbf{x}, t) = f(\mathbf{n}\cdot\mathbf{x} - vt), \quad |\mathbf{n}| = 1,$$

Lösung der Wellengleichung (2.2/23) ist.

2.5.3: Ist $f(r, \theta, \varphi)$ eine zweimal stetig differenzierbare Funktion, so ist ebenfalls

$$\int_0^{2\pi} d\varphi \int_0^{\pi} f(x_1 \sin\theta\cos\varphi + x_2 \sin\theta\sin\varphi + x_3\cos\theta - vt, \theta, \varphi)\, d\theta$$

eine Lösung der Wellengleichung (2.2/23), im besonderen

$$\int_0^{2\pi} d\varphi \int_0^{\pi} e^{i(R\cos\Phi - vt)}\, F(\theta, \varphi)\, d\theta,$$

mit $R\cos\Phi = x_1 \sin\theta\cos\varphi + x_2\sin\theta\sin\varphi + x_3\cos\theta$, $R = \sqrt{\mathbf{x}\cdot\mathbf{x}}$ und einer beliebigen (stetigen) Funktion $F(\theta, \varphi)$.

2.5.4.: Man leite eine quantenmechanische Differentialgleichung zum klassischen Energieausdruck

$$E = (1 - a^2\mathbf{x}^2)\,\mathbf{p}^2 + b(\mathbf{x}\cdot\mathbf{p}) + c\mathbf{x}^2$$

ab.

2.5.5:* Ein Seil vom spezifischen Gewicht ρ sei an einem Ende aufgehängt und aus seiner Ruhelage gebracht. Man leite die Differentialgleichung der Seilbewegung

$$\rho\frac{\partial^2 u}{\partial t^2} = g\frac{\partial}{\partial x}\left(\rho x\frac{\partial u}{\partial x}\right)$$

(x ... Entfernung vom Aufhängepunkt, g ... Erdbeschleunigung, $u(x, t)$ ... Auslenkung) ab.

3. Lösungsansätze für partielle Differentialgleichungen

3.1. Trennung der Variablen

In Kap. 2 haben wir typische Differentialgleichungen der Physik kennengelernt. Es sind partielle Differentialgleichungen der Form

$$L(u) = \rho(x, t); \tag{3.1./1}$$

dabei nennen wir L einen *Differentialoperator.* Alle von uns bisher betrachteten Differentialoperatoren sind *linear,* d. h. für beliebige Funktionen u_1, u_2 und u gilt

$$L(u_1 + u_2) = L(u_1) + L(u_2) \tag{3.1/2}$$

und, wenn λ eine (reelle oder komplexe) Zahl ist,

$$L(\lambda u) = \lambda L(u). \tag{3.1/3}$$

Ist $\rho = 0$, so nennt man die partielle Differentialgleichung (3.1/1) *homogen,* andernfalls wird sie als *inhomogen* bezeichnet. Beispiele dafür sind die Laplacegleichung (2.1/5) bzw. die Poissongleichung (2.1/15).

Die Linearität hat wichtige physikalische Konsequenzen. Sind $u_i(x)$ Lösungen einer homogenen linearen Differentialgleichung (3.1/1), die gewisse „Elementarvorgänge" beschreiben können, so lassen sich durch *Superposition:* $u = \Sigma\, u_i(x)$ weitere Lösungen konstruieren, d. h. in physikalischer Interpretation, daß ein Vorgang wie er durch (3.1/1) beschrieben wird, die Summenwirkung solcher elementarer Vorgänge sein kann.

Der Differentialoperator L kann auch auf Funktionen u von mehreren unabhängigen Variablen $x_1, x_2, \ldots, x_n$, unter denen sich auch die Zeitvariable t befinden kann, wirken. Wir werden dies jedoch stets ausdrücklich betonen.

Wir wollen uns hier auf die in Kap. 2 gefundenen Gleichungstypen linearer partieller Differentialgleichungen zweiter Ordnung beschränken, d. h. auf Differentialoperatoren der allgemeinen Gestalt

$$L = \sum_{i,k=1}^{n} l_{ik}(x_p) \frac{\partial^2}{\partial x_i \partial x_k} + \sum_{i=1}^{n} l_i(x_p) \frac{\partial}{\partial x_i} + l(x_p). \tag{3.1/4}$$

Ist in der Variablen x_i die Zeit enthalten, so enthält (3.1/4) als Spezialfälle die Differentialoperatoren der Laplacegleichung (2.1/5), der Wellengleichung (2.2/23), der Wärmeleitungs- oder Diffusionsgleichung (2.3/5) bzw. (2.3/8) etc. Man beachte dabei, daß auch die Transformation eines Operators L auf krummlinige Koordinaten (z. B. für den Laplaceoperator (1.4/20)) wieder einen Differentialoperator der Form (3.1/4) ergibt.

Unter den Aufgaben, die zu den Differentialgleichungen des letzten Kapitels führten, kamen auch zeitunabhängige Probleme vor. Sie entsprachen einer reinen *Randwertaufgabe.* In diesem Fall sucht man eine Lösung der Differentialgleichung

$$L(u) = \rho(x_p), \tag{3.1/5}$$

in der $u(x_p)$ am Rand eines Gebietes G der Ortsvariablen x_p gewissen Bedingungen, sogenannten *Randbedingungen,* unterworfen ist.

Besteht hingegen auch eine Zeitabhängigkeit, so haben wir es mit einer *Anfangsrandwertaufgabe* zu tun. Wir schreiben dann t getrennt von den anderen Variablen in der spezielleren Differentialgleichung

$$L(u) = a(t)\frac{\partial^2 u}{\partial t^2} + b(t)\frac{\partial u}{\partial t} + c(t)\,u + \rho(x_p, t), \tag{3.1/6}$$

wo L nur Ortsableitungen enthält. Dabei seien $a(t)$, $b(t)$ und $c(t)$ stetige Funktionen von t. Die gesuchte Lösung soll für $t = t_0$ gewisse vorgegebene Anfangswerte annehmen,

$$u(x_p, t_0) = u_0(x_p), \tag{3.1/7}$$

und, wenn $a(t_0) \not\equiv 0$ gilt,

$$\frac{\partial u}{\partial t}(x_p, t_0) = \dot{u}_0(x_p). \tag{3.1/8}$$

Man sieht, daß (3.1/7) die Anfangslage, (3.1/8) die Anfangsgeschwindigkeit der „Bewegung" festlegt. Ferner hat die Lösung $u(x_p, t)$ am Rand von G noch gewissen Randbedingungen zu genügen. Das Auftreten von Anfangsbedingungen (3.1/7) bzw. (3.1/8) zusammen mit Randbedingungen ist typisch für partielle Differentialgleichungen (3.1/1). Beispiele hierfür sind die Wellengleichung (2.2/24) und die Wärmeleitungsgleichung (2.3/5).

Diese beiden Aufgabestellungen, Randwert- und Anfangsrandwertprobleme, sind physikalisch grundsätzlich zu unterscheiden, doch läßt sich eine Verwandtschaft beider Aufgaben erkennen, wenn man versucht, die Zeitabhängigkeit abzuspalten. Zu diesem Zweck betrachten wir die Differentialgleichung (3.1/6) mit $\rho(x_p, t) \equiv 0$ und setzen

$$u(x_p, t) = X(x_p)\,T(t). \tag{3.1/9}$$

Man bezeichnet diese Methode *Trennung* oder *Separation der Variablen.*

Setzt man (3.1/9) in (3.1/6) mit $\rho \equiv 0$ ein, so ergibt dies

$$T L(X) = X(a(t)\,T'' + b(t)\,T' + c(t)\,T)$$

oder

$$\frac{L(X)}{X} = \frac{a(t)\,T'' + b(t)\,T' + c(t)\,T}{T}. \tag{3.1/10}$$

Die linke Seite ist eine Funktion der Ortsvariablen x_p allein, während die rechte Seite nur von t abhängig ist. Die Gleichheit für alle $x_p \in G$ und $t \geqslant t_0$ kann nur dann bestehen, wenn sowohl die linke als auch die rechte Seite konstant ist, d. h.

$$\frac{L(X)}{X} = \lambda = \frac{a(t)\,T'' + b(t)\,T' + c(t)\,T}{T}. \tag{3.1/11}$$

Daraus gewinnen wir die Differentialgleichungen

$$L(X) = \lambda X \tag{3.1/12}$$

und

$$a(t)\,T'' + b(t)\,T' + (c(t) - \lambda)\,T = 0. \tag{3.1/13}$$

Unser Ansatz bewirkte, daß die Gleichung (3.1/6) in zwei Differentialgleichungen zerfällt, nämlich in eine gewöhnliche Differentialgleichung (3.1/13) und eine i. a. partielle Differentialgleichung (3.1/12).

Die Konstante λ, die wir uns durch den Separationsansatz eingehandelt haben, nennt man *Separationskonstante.* Wir werden sie in Kap. 4 als einen sogenannten *Eigenwert* charakterisieren, nämlich als eine (reelle oder komplexe) Zahl, zu der eine von Null verschiedene Lösung $X(x_p, \lambda)$ der Gleichung

$$L(X) = \lambda X, \quad x_p \epsilon G, \tag{3.1/14}$$

existiert, die den vorgeschriebenen Randbedingungen genügt. Eine solche Aufgabe heißt *Eigenwertaufgabe.*

Der Separationsansatz läßt sich auch zur Trennung von Ortsvariablen in (3.1/14) durchführen; die möglichen Werte der dabei auftretenden weiteren Separationsparameter können sehr unterschiedlich charakterisiert sein und hängen eng mit der speziellen Randwertaufgabe zusammen. Zum einen können sie durch die Eindeutigkeit*) der Lösung bestimmt sein, zum anderen durch die Nullstellen gewisser Funktionen. Auch die Forderung, $X(x_p)$ sei am Rand von G stetig, kann den Separationsparameter bisweilen festlegen (vgl. Kap. 6). Außerdem können aus physikalischen Gründen nur Lösungen von (3.1/13) genommen werden, die für $t \to \infty$ beschränkt sind. Auch dies führt zu Einschränkungen.

Sei z. B. in (3.1/6) und (3.1/13) $a = v^{-2}$ mit $b = c = 0$, so folgt für $T(t)$ eine Differentialgleichung, wie sie bei der Separation der Wellengleichung (2.2/23) auftritt,

$$T'' - \lambda v^2 T = 0. \tag{3.1/15}$$

Für beliebiges (komplexes) λ ergibt sich ihre allgemeine Lösung zu

$$T(t) = A\, e^{vt\sqrt{\lambda}} + B\, e^{-vt\sqrt{\lambda}}. \tag{3.1/16}$$

Für $\mathrm{Re}\sqrt{\lambda} \neq 0$ wächst eine der beiden Fundamentallösungen von (3.1/15) für $t \to \infty$ über alle Grenzen. In allen Fällen widerspricht dies den physikalischen Prinzipien: Es sind in (3.1/16) nur diejenigen Fundamentallösungen zu nehmen, die für $t \to \infty$ beschränkt sind.

Natürlich können wir a priori nicht hoffen, durch spezielle Lösungen vom Typ des Separationsansatzes (3.1/9) eine allgemeine Lösung für die partielle Differentialgleichung zu finden. Doch wird sich in den nächsten Abschnitten herausstellen, daß diese Methode trotzdem für eine umfangreiche Klasse von Randwertproblemen zielführend ist.

3.2. Die Laplacegleichung

3.2.1. Die Laplacegleichung für ein Rechteck

Wir wollen nun den Separationsansatz zur Trennung der Ortsvariablen verwenden. Zur Lösung der Laplacegleichung (2.1/5) in der Ebene,

$$\Delta\varphi = \frac{\partial^2\varphi}{\partial x_1^2} + \frac{\partial^2\varphi}{\partial x_2^2} = 0, \tag{3.2/1}$$

gehen wir mit dem Ansatz

$$\varphi(x_1, x_2) = X_1(x_1)\, X_2(x_2) \tag{3.2/2}$$

in (3.2/1), was auf das System der gewöhnlichen Differentialgleichungen

$$X_1'' + \lambda X_1 = 0, \quad X_2'' - \lambda X_2 = 0 \tag{3.2/3}$$

---

*) Dies ist nicht zu verwechseln mit „eindeutiger Lösbarkeit". Hier ist vielmehr ein Fall gemeint, wie etwa bei einer Lösung $u(r, \varphi)$ in ebenen Polarkoordinaten für den gesamten Winkelbereich $0 \leqslant \varphi \leqslant 2\pi$. Dort ist bei festem r $u(r, \varphi + 2\pi) = u(r, \varphi)$ zu fordern (vgl. Kap. 3.2.2).

führt, wenn λ den Separationsparameter bedeutet. Die allgemeine Lösung der Differentialgleichungen (3.2/3) ist

$$X_1(x_1) = A_1 e^{ix_1\sqrt{\lambda}} + A_2 e^{-ix_1\sqrt{\lambda}}, \quad X_2(x_2) = B_1 e^{x_2\sqrt{\lambda}} + B_2 e^{-x_2\sqrt{\lambda}}, \tag{3.2/4}$$

wenn A_1, A_2, B_1 und B_2 beliebige Konstante sind. Damit wird

$$\begin{aligned}\varphi(x_1, x_2) = {} & A(\lambda)\, e^{i\sqrt{\lambda}(x_1 - ix_2)} + B(\lambda)\, e^{i\sqrt{\lambda}(x_1 + ix_2)} + \\ & + C(\lambda)\, e^{-i\sqrt{\lambda}(x_1 - ix_2)} + D(\lambda)\, e^{-i\sqrt{\lambda}(x_1 + ix_2)},\end{aligned} \tag{3.2/5}$$

wenn wir aus Gründen der Allgemeinheit die Konstanten (in willkürlicher Weise) von λ abhängig machen. Aus der Linearität des Laplaceoperators folgt nun, daß sicherlich auch

$$\begin{aligned}u(x_1, x_2) = \int_\Lambda \{ & A(\lambda)\, e^{i\sqrt{\lambda}(x_1 - ix_2)} + B(\lambda)\, e^{i\sqrt{\lambda}(x_1 + ix_2)} + \\ & + C(\lambda)\, e^{-i\sqrt{\lambda}(x_1 - ix_2)} + B(\lambda)\, e^{-i\sqrt{\lambda}(x_1 + ix_2)}\}\, d\lambda\end{aligned} \tag{3.2/6}$$

eine Lösung von (3.2/1) darstellt, wenn Λ ein beschränktes Intervall ist. Das Auftreten allgemeiner Funktionen $A(\lambda)$, $B(\lambda)$, $C(\lambda)$ und $D(\lambda)$ ist ein erster Hinweis darauf, daß durch (3.2/6) eine sehr allgemeine Klasse von Lösungen erfaßt wird.

3.2.2. Die Laplacegleichung in Polarkoordinaten

Wir wollen die im vorigen Paragraphen gemachten Überlegungen in ebenen Polarkoordinaten wiederholen. Aus (1.4/23) mit $r = \rho$ erhält man die partielle Differentialgleichung

$$\Delta u = \left(r \frac{\partial}{\partial r} \left(r \frac{\partial}{\partial r} \right) + \frac{\partial^2}{\partial \varphi^2} \right) u(r, \varphi) = 0. \tag{3.2/7}$$

Wir setzen

$$u(r, \varphi) = R(r)\, \Phi(\varphi) \tag{3.2/8}$$

in (3.2/7) und erhalten

$$r \frac{1}{R} \frac{d}{dr} \left(r \frac{dR}{dr} \right) = - \frac{1}{\Phi} \frac{d^2\Phi}{d\varphi^2} \tag{3.2/9}$$

(3.2/9) kann nur dann erfüllt sein, wenn beide Seiten konstant sind, d. h. wenn

$$r \frac{1}{R} \frac{d}{dr} \left(r \frac{dR}{dr} \right) = \lambda = - \frac{1}{\Phi} \frac{d^2\Phi}{d\varphi^2}$$

gilt. Dies führt wieder auf zwei gewöhnliche lineare Differentialgleichungen

$$\begin{aligned} & r \frac{d}{dr} \left(r \frac{dR}{dr} \right) - \lambda R = 0, \\ & \frac{d^2\Phi}{d\varphi^2} + \lambda \Phi = 0. \end{aligned} \tag{3.2/10}$$

Die zweite Gleichung (3.2/10) hat die allgemeine Lösung

$$\Phi(\varphi) = A\, e^{i\varphi\sqrt{\lambda}} + B\, e^{-i\varphi\sqrt{\lambda}}. \tag{3.2/11}$$

Suchen wir eine Lösung für den ganzen Winkelbereich, so muß wegen der Eindeutigkeit der gesuchten Lösung $u(r, \varphi)$ die Funktion $\Phi(\varphi)$ periodisch mit der Periode 2π sein. Diese Periodizitätsforderung*)

$$\Phi(\varphi) = \Phi(\varphi + 2\pi)$$

kann auch als Randbedingung aufgefaßt werden,

$$\Phi(0) - \Phi(2\pi) = 0, \qquad \Phi'(0) - \Phi'(2\pi) = 0, \tag{3.2/12}$$

wie sich der Leser leicht überlegt. Für $\lambda \neq 0$ gibt dies das lineare homogene Gleichungssystem

$$\Phi(0) - \Phi(2\pi) = A(1 - e^{2\pi i\sqrt{\lambda}}) + B(1 - e^{-2\pi i\sqrt{\lambda}}) = 0,$$

$$\Phi'(0) - \Phi'(2\pi) = i\alpha[A(1 - e^{2\pi i\sqrt{\lambda}}) - B(1 - e^{-2\pi i\sqrt{\lambda}})] = 0$$

für A und B, das nur dann eine nichtriviale Lösung besitzt, wenn die Koeffizientendeterminante verschwindet,

$$0 = \begin{vmatrix} 1 - e^{2\pi i\sqrt{\lambda}}, & 1 - e^{-2\pi i\sqrt{\lambda}} \\ 1 - e^{2\pi i\sqrt{\lambda}}, & -1 + e^{-2\pi i\sqrt{\lambda}} \end{vmatrix} = 4(\cos 2\pi\sqrt{\lambda} - 1) = -8\sin^2\pi\sqrt{\lambda}.$$

Daraus folgt sofort

$$\pi\sqrt{\lambda} = m\pi, \qquad m = \pm 1, \pm 2, \ldots,$$

also

$$\lambda = m^2, \qquad m = 1, 2, \ldots$$

Für $\lambda = 0$ muß die Lösung

$$\Phi(\varphi) = B_0\varphi + A_0$$

an die Randbedingungen (3.2/12) angepaßt werden; dies gibt $B_0 = 0$, sodaß wir schließlich als Lösung

$$\Phi_0(\varphi) = A_0, \qquad \Phi_m(\varphi) = A_m \cos m\varphi + B_m \sin m\varphi, \qquad m = 1, 2, .., \tag{3.2/13}$$

erhalten. Die Differentialgleichung für $R(r)$ mit dem Separationsparameter $\lambda = m^2$ nimmt dann die Gestalt

$$r^2R'' + rR' - m^2R = 0 \tag{3.2/14}$$

an. (3.2/14) ist eine Eulersche Differentialgleichung. Man findet mit dem Ansatz $r = r^\omega$ für jede natürliche Zahl $m = 1, 2, \ldots$ die allgemeine Lösung

$$R_m(r) = C_m r^m + D_m r^{-m}, \qquad m = 1, 2, \ldots. \tag{3.2/15}$$

Der Fall $m = 0$ muß gesondert behandelt werden; man erhält

$$R_0(r) = C_0 + D_0 \ln r. \tag{3.2/16}$$

Wegen der Linearität des Laplaceoperators ist daher auch die Summe

$$u(r, \varphi) = \sum_{m \in M} R_m(r)\Phi_m(\varphi)$$

$$= A_0(C_0 + D_0 \ln r) + \sum_{m \in M} (C_m r^m + D_m r^{-m})(A_m \cos m\varphi + B_m \sin m\varphi) \tag{3.2/17}$$

---

*) Vgl. Fußnote auf Seite 48. Wird die Lösung von (3.2/7) für einen Sektor $\varphi_1 \leqslant \varphi \leqslant \varphi_2$ gesucht, ergibt sich diese Forderung naturgemäß nicht.

Lösung von (3.2/7), wenn $M \subseteq \mathbb{N}$ eine *endliche* Menge natürlicher Zahlen ist. Liegt der Punkt $r = 0$ im Gebiet G, für das wir die Randwertaufgabe lösen wollen, so muß $D_m = 0$ für $m = 0, 1, \ldots$ gesetzt werden, da $\ln r$ und r^{-m} für $r = 0$ singulär sind. Für das Innere eines Kreises ergibt sich also aus (3.2/7)

$$u(r, \varphi) = A_0' + \sum_{m \in M} r^m (A_m' \cos m\varphi + B_m' \sin m\varphi). \tag{3.2/18'}$$

Für das Außengebiet ist hingegen

$$u(r, \varphi) = A_0'' + \sum_{m \in M} r^{-m} (A_m'' \cos m\varphi + B_m'' \sin m\varphi) \tag{3.2/18''}$$

zu nehmen, da $u(r, \varphi)$ i. a. für $r \to \infty$ verschwinden muß*). In einem kreisringförmigen Gebiet $\rho_1 \leqslant r \leqslant \rho_2$ wäre die *ganze* Lösung (3.2/17) heranzuziehen.

3.3. Die schwingende Saite

3.3.1. Die beidseitig eingespannte schwingende Saite

Mit Hilfe der Methode der Variablentrennung können auch die Transversalschwingungen einer an den Enden fest eingespannten Saite der Länge l behandelt werden. Wir haben die Differentialgleichung (2.2/6) mit den Randbedingungen

$$u(0, t) = u(l, t) = 0 \tag{3.3/1}$$

zu lösen. Der Separationsansatz

$$u(x, t) = X(x)\, T(t) \tag{3.3/2}$$

führt uns auf die (gewöhnlichen) Differentialgleichungen

$$X'' + \lambda X = 0, \qquad T'' + \lambda v^2 T = 0, \qquad v^2 = \frac{S}{\rho}. \tag{3.3/3}$$

Die allgemeinen Lösungen von (3.3/3) sind

$$\begin{aligned} X(x) &= A_1 \sin x\sqrt{\lambda} + A_2 \cos x\sqrt{\lambda}, \\ T(t) &= B_1 \sin vt\sqrt{\lambda} + B_2 \cos vt\sqrt{\lambda}. \end{aligned} \tag{3.3/4}$$

Die Berücksichtigung der Randbedingungen (3.3/1) erfordert

$$X(0) = X(l) = 0, \tag{3.3/5}$$

was auf das homogene lineare Gleichungssystem

$$\begin{aligned} &A_2 = 0, \\ &A_1 \sin l\sqrt{\lambda} + A_2 \cos l\sqrt{\lambda} = 0 \end{aligned} \tag{3.3/6}$$

führt. Wieder muß die Koeffizientendeterminante verschwinden:

$$0 = \begin{vmatrix} 0, & 1 \\ \sin l\sqrt{\lambda}, & \cos l\sqrt{\lambda} \end{vmatrix} = -\sin l\sqrt{\lambda} = 0. \tag{3.3/7}$$

Daraus folgt offensichtlich mit $\lambda = \lambda_n$

$$\sqrt{\lambda_n}\, l = n\pi, \qquad n = \pm 1, \pm 2, \ldots, \tag{3.3/8}$$

---

*) Vgl. aber Beispiel 3.4.3.

und daher aus (3.3/4)

$$X_n(x) = c_n \sin \frac{n\pi x}{l},$$

$$T_n(t) = a_n \cos \frac{n\pi vt}{l} + b_n \sin \frac{n\pi vt}{l}, \qquad n = 1, 2, \ldots, \tag{3.3/9}$$

mit willkürlichen Konstanten c_n, a_n, b_n. Somit erhalten wir Lösungen von (2.2/6) in der Gestalt

$$u_n(x, t) = \sin \frac{n\pi x}{l} \left(A_n \cos \frac{n\pi vt}{l} + B_n \sin \frac{n\pi vt}{l}\right), \qquad n = 1, 2, \ldots, \tag{3.3/10}$$

wenn wir die Konstanten geeignet zusammenfassen. Durch Superposition der Lösungen (3.3/10) lassen sich weitere Lösungen

$$u_M(x, t) = \sum_{n\epsilon M} u_n(x, t) = \sum_{n\epsilon M} \sin \frac{n\pi x}{l} \left(A_n \sin \frac{n\pi vt}{l} + B_n \cos \frac{n\pi vt}{l}\right) \tag{3.3/11}$$

gewinnen, wenn dabei $M \subseteq \mathbb{N}$ eine endliche Menge natürlicher Zahlen bedeutet.

Wieder haben wir also mit der Separationsmethode eine sehr große Klasse von Lösungen gefunden, die den geforderten Randwerten genügen. Allerdings sind die Anfangsbedingungen unberücksichtigt. Diese Aufgabe werden wir in Kap. 4 lösen.

3.3.2. Die d'Alembertsche Lösung der schwingenden Saite

Es ist möglich, den Spezialfall der beidseitig fest eingespannten Saite und den Fall freier Schwingungen einer unendlich langen Saite von einem etwas allgemeineren Standpunkt aus zu betrachten. Wir formen mit Hilfe der Beziehungen

$$\sin \sigma x \sin \tau x = \tfrac{1}{2} [\cos(\sigma - \tau) x - \cos(\sigma + \tau) x]$$

$$\sin \sigma x \cos \tau x = \tfrac{1}{2} [\sin(\sigma - \tau) x + \sin(\sigma + \tau) x]$$

die Lösung (3.3/11) von (2.2/6) um: Es ergibt sich, wenn wieder M eine endliche Teilmenge natürlicher Zahlen bedeutet,

$$\begin{aligned} u(x, t) = \frac{1}{2} \sum_{n\epsilon M} A_n \left(\cos \frac{n\pi}{l}(x - vt) - \cos \frac{n\pi}{l}(x + vt)\right) + \\ + \frac{1}{2} \sum_{n\epsilon M} B_n \left(\sin \frac{n\pi}{l}(x - vt) + \sin \frac{n\pi}{l}(x + vt)\right). \end{aligned} \tag{3.3/12}$$

Mit

$$f(\zeta) = \frac{1}{2} \sum_{n\epsilon M} A_n \cos \frac{n\pi\zeta}{l} + \frac{1}{2} \sum_{n\epsilon M} B_n \sin \frac{n\pi\zeta}{l},$$

$$g(\zeta) = -\frac{1}{2} \sum_{n\epsilon M} A_n \cos \frac{n\pi\zeta}{l} + \frac{1}{2} \sum_{n\epsilon M} B_n \sin \frac{n\pi\zeta}{l}$$

ist demnach

$$u(x, t) = f(x - vt) + g(x + vt). \tag{3.3/13}$$

Dies lehrt uns, daß die Lösung (3.3/11) als Summe zweier Funktionen mit den Argumenten $x - vt$ und $x + vt$ darstellbar ist und läßt vermuten, daß jede Funktion (3.3/13) mit zweimal stetig differenzierbaren willkürlichen Funktionen f und g Lösung von (2.2/6) ist. Es erhebt sich nun die Frage, ob sich umgekert jede Lösung von (2.2/6) in dieser Form schreiben läßt. Um dies zu zeigen, führen wir zwei neue unabhängige Variable ein,

$$\xi = x - vt, \qquad \eta = x + vt^{*}), \tag{3.3/14'}$$

mit der Umkehrung

$$x = \frac{1}{2}(\xi + \eta), \qquad t = \frac{1}{2v}(\eta - \xi). \tag{3.3/14''}$$

Faßt man $u(x, t)$ als $u[x(\xi, \eta), t(\xi, \eta)] = \widetilde{u}(\xi, \eta)$ auf, so geht (2.2/6) in

$$4\,\frac{\partial^2 \widetilde{u}}{\partial\xi\partial\eta} = 0 \tag{3.3/15}$$

über*). Schreibt man dann (3.3/15) in der Form

$$\frac{\partial}{\partial\eta}\left(\frac{\partial\widetilde{u}}{\partial\xi}\right) = 0,$$

so sieht man unmittelbar, daß $\widetilde{u}_\xi(\xi, \eta)$ nur eine Funktion von ξ allein sein kann, d. h.

$$\frac{\partial\widetilde{u}}{\partial\xi} = h(\xi).$$

Nochmalige unbestimmte Integration liefert dann

$$\widetilde{u}(\xi, \eta) = \int^{\xi} h(\xi')\, d\xi' + h_2(\eta) = h_1(\xi) + h_2(\eta)$$

mit einer weiteren Funktion $h_2(\eta)$.

Drückt man die so gewonnene Lösung $\widetilde{u}(\xi, \eta)$ durch die alten Variablen (3.3/14′) aus, so wird

$$u(x, t) = h_1(x - vt) + h_2(x + vt), \tag{3.3/16}$$

was mit (3.3/13) übereinstimmt.

Welche physikalische Deutung läßt nun die Lösung (3.3/13) zu? Man sieht, daß ein fester Funktionswert f sich an verschiedenen Orten x zu verschiedenen Zeit t findet, für die

$$x - vt = \text{const.}$$

gilt, d. h., daß sich Stellen gleicher Werte der Funktion $f(x - vt)$ mit der Geschwindigkeit $v = dx/dt > 0$ entlang der x-Achse von links nach rechts bewegen. Ebenso sieht man, daß sich gleiche Funktionswerte $g(x + vt)$ mit der Geschwindigkeit v von rechts nach links bewegen.

Durch Superposition der beiden laufenden „Wellen" ergibt sich die Schwingung der Saite (Abb. 3.1).

Zur Beschreibung des Schwingungsvorganges der unendlich langen Saite können wir daher eine Lösung in der Form (3.3/13) ansetzen und versuchen, diese Lösung an die Anfangsbedingungen anzupassen, womit die Funktionen f und g eindeutig bestimmt werden**). Setzen wir dazu (3.3/13) in die Anfangsbedingungen (2.2/17) ein, so folgt

$$u_0(x) = f(x) + g(x), \qquad \frac{1}{v}\,\dot{u}_0(x) = -f'(x) + g'(x).$$

---

*) Man nennt dies auch „Transformation der Differentialgleichung auf Normalform" (vgl. Smirnow [8], Bd. 4).

**) Man beachte, daß für die unendlich lange Saite keine Randbedingungen gefordert werden können.

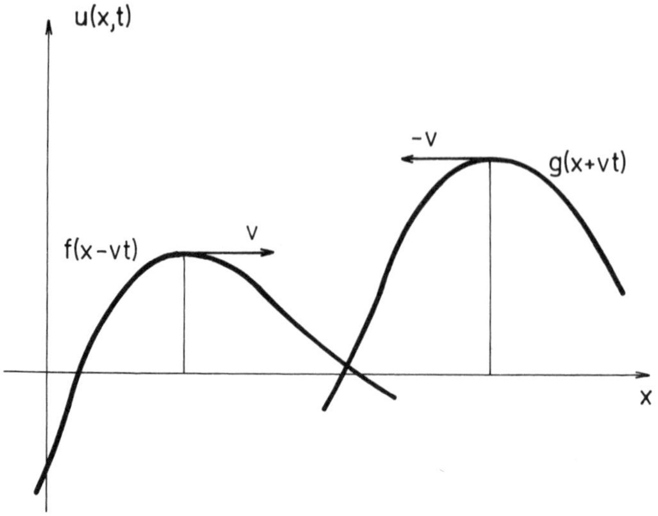

Abb. 3.1

Aus der zweiten Gleichung wird durch Integration

$$f(x) = g(x) - \frac{1}{v}\int_0^x \dot{u}_0(z)\,dz + f(0) - g(0);$$

wir erhalten somit ein Gleichungssystem für die Funktionen f(x) und g(x),

$$f(x) + g(x) = u_0(x),$$

$$f(x) - g(x) = -\frac{1}{v}\int_0^x \dot{u}_0(z)\,dz + f(0) - g(0),$$

das eine eindeutige Lösung

$$f(x) = \frac{1}{2}u_0(x) - \frac{1}{2v}\int_0^x \dot{u}_0(z)\,dz + \frac{1}{2}(f(0) - g(0)),$$

$$g(x) = \frac{1}{2}u_0(x) + \frac{1}{2v}\int_0^x \dot{u}_0(z)\,dz - \frac{1}{2}(f(0) - g(0))$$

besitzt. Setzen wir dieses Ergebnis in (3.3/13) ein, so folgt

$$u(x, t) = \frac{1}{2}[u_0(x - vt) + u_0(x + vt)] + \frac{1}{2v}\int_{x-vt}^{x+vt} \dot{u}_0(z)\,dz. \qquad (3.3/17)$$

(3.3/17) wird als die „d'Alembertsche Lösung" der schwingenden Saite bezeichnet.

Abschließend wollen wir noch die Eindeutigkeit der Lösung der Anfangsrandwertaufgabe (2.2/6) zeigen. Ähnlich wie bei der Poissongleichung in Kap. 2.1.2 nehmen wir an, daß es zwei (verschiedene) Lösungen $u_1(x, t)$ und $u_2(x, t)$ des Problems gibt. Sind diese

$$u_i(x, t) = f_i(x - vt) + g_i(x + vt), \qquad i = 1, 2,$$

die beide den Rand- und Anfangsbedingungen

$$u_i(0, t) = u_i(l, t) = 0,$$

$$u_i(x, 0) = u_0(x), \qquad \frac{\partial u_i}{\partial t}(x, 0) = \dot{u}_0(x)$$

genügen, so erfüllt offenbar die Differenz $u(x, t) = u_1(x, t) - u_2(x, t)$ die homogenen Rand- und Anfangsbedingungen

$$u(0, t) = u(l, t) = 0,$$

$$u(x, 0) = 0, \qquad \frac{\partial u}{\partial t}(x, 0) = 0.$$

Setzt man

$$u(x, t) = f(x - vt) + g(x + vt)$$

mit

$$f(\zeta) = f_1(\zeta) - f_2(\zeta), \qquad g(\zeta) = g_1(\zeta) - g_2(\zeta),$$

so folgt aus den Anfangsbedingungen

$$f(x) + g(x) = 0, \qquad -vf'(x) + vg'(x) = 0 \tag{3.3/18}$$

und aus den Randbedingungen

$$f(-vt) + g(vt) = 0.$$

Integration der zweiten Gleichung (3.3/18) gibt

$$-f(x) + g(x) \equiv c$$

und daher

$$c \equiv -2f(x).$$

Dies bedeutet aber

$$u(x, t) = \text{const.},$$

was mit $u(x, 0) = 0$ schließlich $u_1(x, t) \equiv u_2(x, t)$ ergibt.

3.4. Übungsbeispiele zu Kap. 3

3.4.1: Man separiere die Laplacegleichung und die Wellengleichung für die speziellen Koordinaten von Beispiel 1.6.7.

3.4.2.: Man zeige, daß die d'Alembertsche Lösung (3.3/17) mit der Randbedingung

$$u(0, t) = u(l, t) = 0, \qquad t \geqslant t_0,$$

eine $2l$-periodische Lösung

$$u(x, t) = f(x - vt) - f(-x - vt), \qquad f(z + 2l) = f(z)$$

ergibt.

3.4.3: Man bestimme die Strömungsverteilung einer quellen- und wirbelfreien Flüssigkeit um einen unendlichen Zylinder mit dem Radius a (die Zylinderachse falle mit der x_3-Achse zusammen).

Hinweis: die Randbedingungen sind

$$u\Big|_{r=\infty} = vx_1 = vr\cos\varphi, \qquad \frac{\partial u}{\partial r}\Big|_{r=a} = 0.$$

4. Rand und Eigenwertaufgaben

4.1. Problemstellung

Wir haben in Kap. 3.3 mit Hilfe des Separationsansatzes Lösungen der Wellengleichung (2.2/6) in Gestalt der Funktionen

$$u_M(x, t) = \sum_{n \in M} \left(A_n \sin \frac{n\pi v}{l} t + B_n \cos \frac{n\pi v}{l} t \right) \sin \frac{n\pi x}{l}, \quad v = \sqrt{\frac{\rho}{S}}, \tag{3.3/11}$$

gefunden; diese (endlichen) Summen erfüllen auch die gegebenen Randbedingungen (2.2/14). Die vollständige Lösung der Aufgabe erfordert noch die Anpassung der Lösungen (3.3/11) an die Anfangsbedingungen (2.2/17) zur Bestimmung der Koeffizienten A_n und B_n, d. h. es müssen die Beziehungen

$$u(x, 0) = u_0(x) = \sum_{n \in M} B_n \sin \frac{n\pi x}{l}, \quad 0 \leqslant x \leqslant l, \tag{4.1/1'}$$

und

$$u_t(x, 0) = \dot{u}_0(x) = \sum_{n \in M} \frac{n\pi v}{l} A_n \sin \frac{n\pi x}{l}, \quad 0 \leqslant x \leqslant l, \tag{4.1/1''}$$

erfüllt werden. Man sieht sofort, daß man hiefür mit einer endlichen Menge M natürlicher Zahlen nicht das Auslangen finden kann, es sei denn, die Funktionen $u_0(x)$ und $\dot{u}_0(x)$ sind trigonometrische Polynome des Argumentes $\frac{\pi x}{l}$, was naturgemäß nicht immer der Fall ist.

Ein formaler Lösungsweg bietet sich an, wenn man die Funktionen $u_0(x)$ und $\dot{u}_0(x)$ in ihre Fourierschen Sinusreihen entwickelt,*)

$$u_0(x) = \sum_{n=1}^{\infty} \alpha_n \sin \frac{n\pi x}{l}, \quad \alpha_n = \frac{2}{l} \int_0^l u_0(\xi) \sin \frac{n\pi\xi}{l} d\xi, \tag{4.1/2'}$$

$$\dot{u}_0(x) = \sum_{n=1}^{\infty} \beta_n \sin \frac{n\pi x}{l}, \quad \beta_n = \frac{2}{l} \int_0^l \dot{u}_0(\xi) \sin \frac{n\pi\xi}{l} d\xi. \tag{4.1/2''}$$

Der Vergleich mit (4.1/1) zieht dann notwendigerweise nach sich, daß für die Menge M die Menge der natürlichen Zahlen genommen werden muß und daß

$$B_n = \alpha_n, \quad A_n = \frac{l}{n\pi v} \beta_n, \quad n = 1, 2, \ldots, \tag{4.1/3}$$

zu gelten hat, was mit (3.3/11) schließlich auf die „Lösung"

$$u(x, t) = \sum_{n=1}^{\infty} \left(\alpha_n \cos \frac{n\pi v}{l} t + \beta_n \frac{l}{n\pi v} \sin \frac{n\pi v}{l} t \right) \sin \frac{n\pi x}{l} \tag{4.1/4}$$

führt.

---

*) Man erhält diese, indem man $u_0(x)$ und $\dot{u}_0(x)$ *ungerade* auf $[-l, 0[$ durch $u_0(x) = -u_0(-x)$ bzw. $\dot{u}_0(x) = -\dot{u}_0(-x)$ fortsetzt; vgl. S. 78.

Dieses formal gewonnene Ergebnis, das uns die Lösung der Aufgabe in Form der unendlichen Reihe (4.1/4) bringt, wirft zum einen die Frage nach der Konvergenz der Reihe (4.1./4) für $0 \leqslant x \leqslant l$, $t \geqslant 0$ auf, zum anderen, ob die Reihe (4.1/4), sofern sie überhaupt konvergiert, Lösung der Differentialgleichung (2.2/6) ist. Letzteres kann nämlich nicht so ohne weiteres behauptet werden, da die Reihe (4.1/4) für eine große Klasse (sogar stetiger) Funktionen $u_0(x)$ und $\dot{u}_0(x)$ sicher nicht zweimal gliedweise differenzierbar ist*).

Die hier praktizierte Vorgangsweise, die auf der Entwicklung der Funktionen $u_0(x)$ und $\dot{u}_0(x)$ in Fouriersche Reihen beruht, versagt, wenn die durch den Separationsansatz gewonnenen Lösungen hinsichtlich der Ortsvariablen x nicht aus trigonometrischen Funktionen aufgebaut sind, sodaß ein Koeffizientenvergleich wie oben nicht durchgeführt werden kann. So geht z. B. die Differentialgleichung (2.2/11′) der Longitudinalschwingungen eines Balkens mit *nicht* konstanten Größen $E(x)$, $F(x)$ und $\rho(x)$ durch den Separationsansatz $u(x, t) = X(x)\,T(t)$ in die beiden gewöhnlichen Differentialgleichungen

$$-\frac{1}{F\rho}\frac{d}{dx}\left(EF\frac{dX}{dx}\right) = \lambda X \tag{4.1/5}$$

und

$$\frac{d^2T}{dt^2} + \lambda T = 0 \tag{4.1/6}$$

über. (4.1/5) hat i. a. keine die Randbedingungen erfüllenden Lösungen vom Typ (3.3/11), die in der Ortsvariablen x aus trigonometrischen Funktionen aufgebaut sind.

Offensichtlich benötigt man zur Aufrechterhaltung der besprochenen Methode zur Konstruktion einer Lösung wie (4.1/4) für allgemeinere Aufgaben des Typs (4.1/5) Entwicklungen der Funktionen $u_0(x)$ und $\dot{u}_0(x)$ in Reihen nach jenen Funktionen, aus denen wie in (3.3/11) die Randbedingungen erfüllende Lösungen aufgebaut sind. Ein solcher „Entwicklungssatz" steht an zentraler Stelle dieses Kapitels.

Es wird sich zeigen, daß dieser Entwicklungssatz auch das Mittel zur Rechtfertigung der obigen formalen Methode ist und damit die beiden gestellten Fragen beantwortet.

4.2. Sturm-Liouville-Differentialoperatoren

4.2.1. Selbstadjungierte Differentialoperatoren

Die uns hauptsächlich interessierenden partiellen Differentialgleichungen sind von zweiter Ordnung, desgleichen auch die aus ihnen durch Separation hervorgehenden gewöhnlichen Differentialgleichungen. Wir betrachten daher im folgenden Differentialoperatoren zweiter Ordnung

$$L(y) := a(x)\,y'' + b(x)\,y' + c(x)\,y \tag{4.2/1}$$

mit auf einem Intervall $[A, B]$ stetigen (reellwertigen) Funktionen $a(x)$, $b(x)$ und $c(x)$; dabei sei noch $a(x) \neq 0$ im Intervall $]A, B[$ vorausgesetzt**).

Wir definieren weiters den zu L *adjungierten* Differentialoperator

$$L^\dagger(y) := \frac{d^2}{dx^2}\Big(a(x)\,y\Big) - \frac{d}{dx}\Big(b(x)\,y\Big) + c(x)\,y, \tag{4.2/2}$$

*) Vgl. Kap. 4.4, Seite 82.

**) $[A, B]$ bedeutet das abgeschlossene Intervall $A \leqslant x \leqslant B$, $]A, B[$ das offene Intervall $A < x < B$.

der durch folgende wichtige Beziehung mit (4.2/1) zusammenhängt: Sind $y_1(x)$ und $y_2(x)$ zwei beliebige zweimal stetig differenzierbare Funktionen, so wird

$$y_1 L(y_2) - y_2 L^\dagger(y_1) = \frac{d}{dx}[a y_1 y_2' + b y_1 y_2 - y_2 (a y_1)'] = \frac{d}{dx} Q(x; y_1, y_2)$$

und daher

$$\int_A^B [y_1 L(y_2) - y_2 L^\dagger(y_1)]\, dx = Q(B; y_1, y_2) - Q(A; y_1, y_2). \qquad (4.2/3)$$

Ein Differentialoperator (4.2/1) heißt *selbstadjungiert*, wenn

$$L^\dagger(y) = L(y) \qquad (4.2/4)$$

für jede zweimal stetig differenzierbare Funktion $y(x)$ gilt; dafür ist offenbar die Bedingung

$$b(x) \equiv a'(x) \qquad (4.2/5)$$

notwendig und hinreichend. Man erhält in diesem Fall

$$Q(x; y_1, y_2) = y_1 (a y_2)' - y_2 (a y_1)' = a(x)\, W(x; y_1, y_2), \qquad (4.2/6)$$

worin

$$W(x; y_1, y_2) = \begin{vmatrix} y_1, y_2 \\ y_1', y_2' \end{vmatrix} \qquad (4.2/7)$$

die *Wronskische Determinante* der Funktionen $y_1(x)$ und $y_2(x)$ ist. (4.2/7) verschwindet für zwei Lösungen $y_1(x)$ und $y_2(x)$ der Differentialgleichung $L(y) = 0$ identisch auf dem Intervall]A, B[, wenn die Funktionen $y_1(x)$ und $y_2(x)$ linear abhängig sind, d. h. wenn eine Beziehung der Form

$$y_1(x) = k y_2(x), \qquad x \in\,]A, B[, \qquad (4.2/8)$$

mit einer geeigneten Konstanten k besteht*). Sind $y_1(x)$ und $y_2(x)$ linear unabhänig, so gibt es keine derartige Konstante und die Wronskische Determinante dieser Funktionen verschwindet in keinem Punkt von]A, B[. Dem Leser wird der Nachweis empfohlen, daß die Wronskische Determinante zweier Lösungen $y_1(x)$ und $y_2(x)$ der Differentialgleichung $L(y) = 0$ die From

$$W(x, y_1, y_2) = C\, e^{-\int \frac{b(x)}{a(x)} dx} \qquad (4.2/9')$$

hat**); dabei ist C eine Konstante. Ist der Differentialoperator selbstadjungiert, so folgt aus (4.2/5) und (4.2/9')

$$W(x; y_1, y_2) = \frac{C}{a(x)}. \qquad (4.2/9'')$$

Man beachte dabei, daß die Wronskische Determinante zweier Lösungen der Differentialgleichung $L(y) = 0$ durch die Koeffizienten der beiden höchsten Ableitungen bis auf eine Konstante bestimmt ist und im Falle $b(x) \equiv 0$ konstant ist.

Mit (4.2/5) läßt sich ein selbstadjungierter Differentialoperator (4.2/1) auch in der Gestalt

$$L = \frac{d}{dx}\left[a(x)\frac{d}{dx}\right] + c(x) \qquad (4.2/10)$$

---

*) Vgl. Smirnow [8], Bd. 2.

**) Man leite die Differentialgleichung $W'(x; y_1, y_2) = -\frac{b(x)}{a(x)} W(x; y_1, y_2)$ her.

schreiben; doch auch ein nicht selbstadjungierter Differentialoperator (4.2/1) läßt sich durch Multiplikation mit einer geeigneten Funktion in eine (4.2/10) ähnliche Form bringen. Versuchen wir nämlich eine Darstellung

$$L(y) = ay'' + by' + cy = \frac{1}{p(x)}\left[-\frac{d}{dx}\left(f(x)\frac{dy}{dx}\right) + g(x)\,y\right],$$

so erhalten wir die Beziehungen

$$a(x) = -\frac{f(x)}{p(x)}, \qquad b(x) = -\frac{f'(x)}{p(x)}, \qquad c(x) = \frac{g(x)}{p(x)},$$

aus denen sich die Funktionen f(x), p(x) und g(x) zu

$$f(x) = e^{\int \frac{b}{a}\,dx}, \qquad p(x) = -\frac{1}{a}\,e^{\int \frac{b}{a}\,dx}, \qquad g(x) = -\frac{c}{a}\,e^{\int \frac{b}{a}\,dx}$$

bestimmen.

Man nennt einen Differentialoperator

$$L = \frac{1}{p(x)}\left[-\frac{d}{dx}\left(f(x)\frac{d}{dx}\right) + g(x)\right], \tag{4.2/11}$$

worin die Funktion f(x), p(x) und g(x) auf einem Intervall [A, B] stetig, f(x) und p(x) auf]A, B[positiv sind und f(x) auf]A, B[stetig differenzierbar ist, einen *Sturm-Liouville-Differentialoperator* auf]A, B[. Man beachte, daß zufolge (4.2/11) stets p(x) L selbstadjungiert ist; für L trifft dies nur für $p(x) \equiv 1$ zu.

4.2.2. Sturm-Liouville-Randwertaufgaben

Es sei $\rho(x)$ eine stetige Funktion auf [A, B] und L ein Sturm-Liouville-Differentialoperator auf]A, B[. Dann bezeichnen wir die Aufgabe, eine Lösung der Differentialgleichung

$$L(y) = \rho(x) \tag{4.2/12}$$

zu ermitteln, welche darüber hinaus den Bedingungen

$$\begin{aligned} r_1(y) &= a_1 y(A) + a_2 y'(A) + a_3 y(B) + a_4 y'(B) = X \\ r_2(y) &= b_1 y(A) + b_2 y'(A) + b_3 y(B) + b_4 y'(B) = Y \end{aligned} \tag{4.2/13}$$

genügt, eine *Sturm-Liouville-Randwertaufgabe.* Die Bedingungen (4.2/13) heißen *Randbedingungen;* wir verlangen dabei selbstverständlich, daß

$$\text{Rang} \begin{bmatrix} a_1, a_2, a_3, a_4 \\ b_1, b_2, b_3, b_4 \end{bmatrix} = 2$$

ist.

Im besonderen heißen die Randbedingungen *homogen,* wenn X = Y = 0 ist, ansonsten *inhomogen.* Man spricht dann von einer homogenen Randwertaufgabe, wenn $\rho(x) \equiv 0$ gilt *und* die Randbedingungen homogen sind, andernfalls von einer inhomogenen Randwertaufgabe.

Es sei erwähnt, daß die inhomogene Randwertaufgabe keinesfalls lösbar sein muß. Wir werden jedoch sehen, daß sie eindeutig lösbar ist, wenn die homogene Aufgabe nur die triviale Lösung besitzt (vgl. Kap. 4.5).

4.2.3. Sturm-Liouville-Eigenwertaufgaben

Ist L ein Sturm-Liouville-Differentialoperator (4.2/11) auf]A, B[, so bezeichnen wir die Aufgabe, eine nicht identisch verschwindende Lösung der Differentialgleichung

$$L(y) = \lambda y \tag{4.2/14}$$

zu finden, die den *homogenen* Randbedingungen (4.2/13),

$$r_1(y) = r_2(y) = 0, \tag{4.2/15}$$

genügt, eine *Sturm-Liouville-Eigenwertaufgabe.* Gibt es eine reelle (oder komplexe) Zahl λ und eine auf [A, B] nicht identisch verschwindende Funktion $y(x, \lambda)$, die (4.2/14) und den Randbedingungen (4.2/15) genügt, so heißt λ ein *Eigenwert* und $y(x, \lambda)$ die zugehörige *Eigenfunktion* von (4.2/11).

Wir bemerken, daß an die Stelle der „quantitativen" Randbedingungen (4.2/15) auch „qualitative" treten können, wie z. B. die Forderung der Stetigkeit der Lösungen an den Endpunkten des betrachteten Intervalls. Eine solche Situation liegt vor, wenn $a(x) = -f(x)/p(x)$ an einem Endpunkt oder auch an beiden Endpunkten verschwindet. Dabei kann durchaus der Fall eintreten, daß $a(x)$ an einem Endpunkt verschwindet, etwa für $x = A$, jedoch am anderen Ende *eine* Bedingung (4.2/15) (in der dann die Koeffizienten von $y(A)$ und $y'(A)$ verschwinden) erfüllt sein soll.

In den meisten Aufgaben der mathematischen Physik haben die Randbedingungen (4.2/13) die etwas weniger allgemeine Gestalt

$$\begin{aligned} r_1(y) &= a_1 y(A) + a_2 y'(A) \\ r_2(y) &= b_3 y(B) + b_4 y'(B). \end{aligned} \tag{4.2/16}$$

Setzt man hier

$$\begin{aligned} a_1 &= \rho_1 \cos\alpha, & a_2 &= \rho_1 \sin\alpha, \\ b_3 &= \rho_2 \cos\beta, & b_4 &= \rho_2 \sin\beta, \end{aligned}$$

so gehen die Relationen (4.2/15) in

$$\begin{aligned} y(A)\cos\alpha + y'(A)\sin\alpha &= 0 \\ y(B)\cos\beta + y'(B)\sin\beta &= 0 \end{aligned}$$

über. Demnach erfüllt eine Funktion $y(x)$, die den Bedingungen

$$\begin{aligned} y(A) &= \sin\alpha, & y'(A) &= -\cos\alpha, \\ y(B) &= \sin\beta, & y'(B) &= -\cos\beta, \end{aligned} \tag{4.2/17}$$

genügt, die homogenen Randbedingungen (4.2/16)*). Die „Winkel" α und β, $0 \leqslant \alpha, \beta < 2\pi$, sind durch (4.2/16) eindeutig bestimmt. Wir werden daher für unsere theoretischen Betrachtungen die etwas handlichere Form (4.2/17) der Randbedingungen (4.2/16) heranziehen.

Legt man die Randbedingungen (4.2/16) zugrunde, so haben die zu verschiedenen Eigenwerten von λ gehörigen Eigenfunktionen eine fundamentale Eigenschaft. Sind $y_1(x)$ und $y_2(x)$ Eigenfunktionen von L zu den (verschiedenen) Eigenwerten λ_1 und λ_2, so folgt durch Multiplikation der

---

*) Erfüllt umgekehrt $y(x)$ eine homogene Randbedingung (4.2/16), so genügt sie der entsprechenden Relation (4.2/17), wenn $y(x)$ mit einem geeigneten Faktor multipliziert wird. Auf diesen Faktor kommt es bei Eigenwertaufgaben offensichtlich nicht an.

Identität (4.2/14) für die Eigenfunktion $y_1(x)$ mit $y_2(x)\,p(x)$ nach Subtraktion desselben Ausdruckes mit vertauschten Zeigern

$$(\lambda_2-\lambda_1)\int_A^B p(x)\,y_1(x)\,y_2(x)\,dx=\int_A^B p(x)\,[y_1 L(y_2)-y_2 L(y_1)]\,dx \qquad (4.2/18)$$

$$=f(A)\,W(A;y_1,y_2)-f(B)\,W(B;y_1,y_2)=0$$

auf Grund der elementaren Rechenregeln für Determinanten. Diese Eigenschaft der Eigenfunktionen heißt *Orthogonalität bezüglich $p(x)$* im Intervall [A, B]. Wie man durch eine weniger einfache Rechnung feststellen kann, gilt (4.2/18) auch für die allgemeinen homogenen Randbedingungen (4.2/15), wenn zusätzlich die Bedingung

$$f(A)\begin{vmatrix}a_3, a_4\\ b_3, b_4\end{vmatrix}=f(B)\begin{vmatrix}a_1, a_2\\ b_1, b_2\end{vmatrix} \qquad (4.2/19)$$

erfüllt ist.

Die sich durch den Separationsansatz aus den partiellen Differentialgleichungen ergebenden gewöhnlichen Differentialgleichungen sind ausschließlich Eigenwertaufgaben dieses Typs. Als Beispiel haben wir bereits die Differentialgleichung (2.2/6) der schwingenden Saite in Kap. 3.3.1 vorweggenommen. Tatsächlich fanden wir mit (3.3/8) und (3.3/9) abzählbar unendlich viele Eigenwerte und Eigenfunktionen der Eigenwertaufgabe $-y''=\lambda y$, $y(0)=y(l)=0$, in (3.3/3).

4.2.4. Die Sturm-Liouville-Transformation

Bevor wir auf die Existenz von Eigenwerten des Sturm-Liouville-Differentialoperators (4.2/11) eingehen, transformieren wir die Differentialgleichung (4.2/14), indem wir eine neue abhängige Veränderliche Y und eine neue unabhängige Veränderliche ξ einführen,

$$\xi=h(x),\qquad y(x)=Y\big(h(x)\big)\,H(x)=Y(\xi)\,H(x). \qquad (4.2/20)$$

Nach Bildung sämtlicher Ableitungen folgt damit aus (4.2/14) die Differentialgleichung

$$L(y)-\frac{1}{p(x)}\Big[-Y''(\xi)\,fh'^2H+Y'(\xi)\big(-H(fh')'-2fh'H'\big)+Y(\xi)\big(gH-(fh')'\big)\Big]=\lambda Y(\xi)\,H.$$

Unser Ziel ist es, die Funktionen $h(x)$ und $H(x)$ so zu bestimmen, daß diese Gleichung in

$$\hat{L}(Y)=-Y''(\xi)+\hat{g}(\xi)\,Y(\xi)=\lambda Y(\xi) \qquad (4.2./21)$$

mit einer geeigneten Funktion $\hat{g}(\xi)$ übergeht. Daraus resultieren für $h(x)$ und $H(x)$ die Differentialgleichungen

$$fh'^2=p \qquad (4.2/22)$$

bzw.

$$H\frac{d}{dx}\left(f\frac{dh}{dx}\right)+2f\frac{dh}{dx}\frac{dH}{dx}=0 \qquad (4.2/23)$$

mit der Lösung

$$\xi=h(x)=\pm\int_C^x\sqrt{\frac{p(z)}{f(z)}}\,dz,\qquad C\epsilon[A,B], \qquad (4.2/24)$$

für (4.2/22). Setzt man (4.2/24) in (4.2/23) ein, so folgt

$$H \frac{d}{dx} \sqrt{pf} + 2\sqrt{pf}\,\frac{dH}{dx} = 0$$

oder

$$-\frac{1}{2}\,\frac{\frac{d}{dx}\sqrt{pf}}{\sqrt{pf}} = \frac{1}{H}\,\frac{dH}{dx} \qquad (4.2/25)$$

mit der Lösung

$$H(x) = \frac{1}{\sqrt[4]{pf}}. \qquad (4.2/26)$$

Dabei haben wir die Integrationskonstante unterdrückt, da wir ja nur irgendeine Lösung von (4.2/23) benötigen. Damit wird in (4.2/21)

$$\hat{g}(\xi) = \hat{g}(h(x)) = \sqrt[4]{pf}\,L\left[\frac{1}{\sqrt[4]{pf}}\right] = \frac{1}{p}\left(g - \sqrt[4]{pf}\,\frac{d}{dx}\left[f\,\frac{d}{dx}\,\frac{1}{\sqrt[4]{pf}}\right]\right) \ . \qquad (4.2/27)$$

Die Transformation (4.2/20) mit den Funktionen (4.2/24) und (4.2/26) heißt *Sturm-Liouville-Transformation.* Ist $Y(\xi)$ eine Lösung von (4.2/21), so ist $y(x) = Y(h(x))\,H(x)$ eine Lösung von (4.2/14).

Die Sturm-Liouville-Transformation (4.2/20) setzt voraus, daß die Funktionen $p(x)$ und $f(x)$ auf dem Intervall $[A, B]$ zweimal stetig differenzierbar sind, ferner, daß der Quotient $-a(x) = f(x)/p(x) > 0$ auf $]A, B[$ ist. Damit ist auch gleichzeitig gewährleistet, daß die Transformation der unabhängigen Veränderlichen $\xi = h(x)$ umkehrbar eindeutig ist, da dann $h(x)$ streng monoton steigend oder fallend ist, je nachdem wie die Wurzel in (4.2/24) gezogen wird.

Wie schon erwähnt, kann $a(x)$ in den Enden des Intervalles $[A, B]$ verschwinden. Existieren dann im Falle, daß nicht gleichzeitig auch $p(x)$ von entsprechender Ordnung verschwindet, die sicherlich uneigentlichen Integrale

$$a = \int_C^A \sqrt{\frac{p}{f}}\,dz < \infty, \qquad b = \int_C^B \sqrt{\frac{p}{f}}\,dz < \infty, \qquad (4.2/28)$$

so transformiert sich das Intervall $]A, B[$ unter der Transformation (4.2/24) auf das Intervall $]a, b[$, welches wieder ein beschränktes Intervall ist. Andernfalls wird das Bildintervall unbeschränkt.

Wie man aus (4.2/27) erkennt, kann es in solchen Fällen geschehen, daß $\hat{g}(\xi)$ in den Endpunkten eines allenfalls beschränkten Bildintervalls eine Unendlichkeitsstelle hat, insbesondere auch, wenn $p(x)$ in den Endpunkten verschwindet. Wir nennen einen Sturm-Liouville-Differentialoperator (4.2/11) auf dem Intervall $]A, B[$ *regulär,* wenn bei der Sturm-Liouville-Transformation (4.2/20) das Intervall $]A, B[$ auf ein beschränktes Intervall $]a, b[$ abgebildet wird und die Funktion $\hat{g}(\xi)$ auf $[a, b]$ stetig ist. Andernfalls heißt (4.2/11) ein auf $]A, B[$ *singulärer* Operator.

Der Differentialoperator (4.1/5) der Longitudinalschwingungen eines Balkens unter der Annahme nicht konstanter Massendichte $\rho(x)$ und nicht konstanten Elastizitätsmoduls $E(x)$ ist beispielsweise auf $]0, l[$ ein regulärer Sturm-Liouville-Differentialoperator, da mit $p(x) = F\rho(x) > 0$, $f(x) = FE(x) > 0$ und

$$\xi = h(x) = \int_0^x \sqrt{\frac{\rho(z)}{E(z)}}\,dz, \qquad a = 0, \qquad b = \int_0^l \sqrt{\frac{\rho(z)}{E(z)}}\,dz$$

tatsächlich $\hat{g}(\xi)$ nach (4.2/27) auf dem (beschränkten) Bildintervall [a, b] stetig ist.

Hingegen ist

$$L = -x \frac{d}{dx}\left(x \frac{d}{dx}\right), \qquad 0 < x < l, \tag{4.2/29}$$

ein singulärer Differentialoperator, denn das Intervall $]0, l[$ wird mit

$$p(x) = \frac{1}{x}, \qquad f(x) = x, \qquad \xi = h(x) = \int_l^x \frac{dx}{x} = \ln \frac{x}{l}$$

auf das Intervall $]-\infty, 0[$ abgebildet. Die Gleichung $L(y) = \lambda y$ selbst geht in

$$-Y'' = \lambda Y$$

über. Der Differentialoperator

$$L = -\frac{1}{x}\left[\frac{d}{dx}\left(x \frac{d}{dx}\right) - \frac{\nu^2}{x}\right], \qquad 0 < x < l, \qquad \nu \in \mathbb{C}, \tag{4.2/30}$$

ist auf $]0, l[$ für $\nu \neq 1/2$ ebenfalls singulär; zwar wird das Intervall $]0, l[$ auf sich selbst abgebildet, doch die Funktion $\hat{g}(\xi)$ der transformierten Gleichung (4.2/21),

$$-Y'' + \left(\nu^2 - \frac{1}{4}\right)\frac{1}{\xi^2} Y = \lambda Y, \qquad 0 < \xi < l,$$

ist für $\xi = 0$, $\nu \neq 1/2$ nicht stetig. Dasselbe gilt für den Differentialoperator

$$L = -\frac{d}{dx}\left[(1 - x^2)\frac{d}{dx}\right], \qquad -1 < x < 1, \tag{4.2/31}$$

für welchen die Funktion $f(x) = 1 - x^2$ sogar an beiden Intervallenden verschwindet. Die Gleichung $L(y) = \lambda y$ wird mit

$$\xi = h(x) = -\int_1^x \frac{dx'}{\sqrt{1 - x'^2}} = \arccos x$$

auf

$$-Y'' - \frac{1}{2}\left(1 + \frac{1}{2}\,\mathrm{ctg}^2\,\xi\right) Y = \lambda Y, \qquad 0 < \xi < \pi,$$

transformiert.

Die Eigenwertgleichung (4.2/14) mit den Differentialoperatoren (4.2/30) bzw. (4.2/31) werden wir mit der Bezeichnung *Besselsche* bzw. *Legendresche* Differentialgleichung weiter unten noch ausführlich behandeln. (4.2/14) mit (4.2/29) ist eine *Eulersche Differentialgleichung.* Die Sturm-Liouville-Transformation ist dabei die bekannte Methode, eine Eulersche Differentialgleichung in eine Differentialgleichung mit konstanten Koeffizienten überzuführen.

Wir erwähnen die offensichtliche Tatsache, daß bei der Sturm-Liouville-Transformation (4.2/20) die Randbedingungen (4.2/13) bzw. (4.2/15) wieder in Relationen dieser Typs übergehen, insbesondere auch, wenn sie von der speziellen Gestalt (4.2/16) sind. Desgleichen bestätigt man, daß (4.2/19) invariant gegenüber der Sturm-Liouville-Transformation ist, d. h., daß die transformierten Randbedingungen (mit $f(x) \equiv 1$) wieder eine Relation (4.2/19) erfüllen.

4.3. Der Entwicklungssatz

Wir wollen nun den Nachweis erbringen, daß das Eigenwertproblem (4.2/14) für einen regulären Sturm-Liouville-Differentialoperator (4.2/11) auf]A, B[, den wir durch die Sturm-Liouville-Transformation (4.2/20) auf die Form (4.2/21) transformiert haben, abzählbar unendlich viele Eigenwerte und Eigenfunktionen ergibt, wenn wir die Randbedingungen (4.2/16) zugrunde legen. Wir bemerken an dieser Stelle, daß die Ergebnisse auf den Fall der allgemeinen Randbedingungen (4.2/15) übertragen werden können, wenn wieder die Bedingung (4.2/19) erfüllt ist.

Die zum Beginn dieses Kapitels am Spezialfall der Fourierschen Reihen aufgeworfene Frage, ob es möglich ist, willkürliche Funktionen in gewisse Reihen – nämlich Reihen nach Eigenfunktionen – zu entwickeln, werden wir anschließend positiv beantworten*).

4.3.1. Eigenwerte und Eigenfunktionen

Wir legen den regulären Sturm-Liouville-Differentialoperator

$$L(y) = -y'' + g(x)\,y \tag{4.3/1}$$

mit einer auf [a, b] stetigen Funktion $g(x)$ zugrunde und betrachten das Eigenwertproblem

$$L(y) = \lambda y \tag{4.3/2}$$

mit den Randbedingungen (4.2/16). Zu den durch diese eindeutig bestimmten Winkel α und β bestimmen wir zwei Lösungen $y_1(x, \lambda)$ und $y_2(x, \lambda)$ von (4.3/2), die den Bedingungen

$$y_1(a, \lambda) = \sin\alpha, \qquad y_1'(a, \lambda) = -\cos\alpha \tag{4.3/3'}$$

bzw.

$$y_2(b, \lambda) = \sin\beta, \qquad y_2'(b, \lambda) = -\cos\beta \tag{4.3/3''}$$

genügen; sie sind auf Grund des Existenz- und Eindeutigkeitssatzes für gewöhnliche Differentialgleichungen**) eindeutig bestimmt und ganze Funktionen in λ***).

Die Lösungen $y_1(x, \lambda)$ und $y_2(x, \lambda)$ erfüllen jeweils *eine* Randbedingung (4.2/16) und sind genau dann linear unabhängig, also eine Integralbasis von (4.3/2), wenn die Wronskische Determinante

$$W(x; y_1, y_2) = \begin{vmatrix} y_1(x, \lambda), & y_2(x, \lambda) \\ y_1'(x, \lambda), & y_2'(x, \lambda) \end{vmatrix}$$

im Intervall]a, b[an keiner Stelle verschwindet. Wegen (4.2/9') ist $W(x; y_1, y_2)$ konstant, d. h., da $y_1(x, \lambda)$ und $y_2(x, \lambda)$ von λ abhängig sind,

$$\omega(\lambda) := W(x; y_1, y_2). \tag{4.3/4}$$

Offensichtlich ist auch $\omega(\lambda)$ eine ganze Funktion von λ.

Betrachten wir eine Nullstelle λ_0 von $\omega(\lambda)$. Die Lösungen $y_1(x, \lambda_0)$ und $y_2(x, \lambda_0)$ sind dann linear abhängig, d. h. nach (4.2/8)

$$y_2(x, \lambda_0) \equiv c\, y_1(x, \lambda_0), \qquad c \neq 0, \tag{4.3/5}$$

sodaß nun jede der Lösungen $y_1(x, \lambda)$ *beide* Randbedingungen (4.2/16) erfüllt. Damit ist λ_0 Eigenwert von (4.3/1) und jede der Funktionen $y_i(x, \lambda_0)$ zugehörige Eigenfunktion. Man überlegt sich unschwer, daß auch umgekehrt jeder Eigenwert von (4.3/1) Nullstelle von $\omega(\lambda)$ sein muß. Sei

---

*) Vgl.: für das folgende Titchmarsh [9], Vol. I.

**) Vgl. Smirnow [8], Bd. 2.

***) Vgl. Titchmarsh [9], Vol. I.

nämlich λ_0 Eigenwert von L und $\omega(\lambda_0) \neq 0$. Damit ist $y_1(x, \lambda_0)$ und $y_2(x, \lambda_0)$ ein Fundamentalsystem der Differentialgleichung (4.3/2); auch ist keine dieser Funktionen Eigenfunktion von L, denn es folgt mit (4.3/4) für $x = a$

$$0 \neq \omega(\lambda_0) = \begin{vmatrix} y_1(a, \lambda_0), & y_2(a, \lambda_0) \\ y_1'(a, \lambda_0), & y_2'(a, \lambda_0) \end{vmatrix} = y_2(a, \lambda_0) \cos\alpha + y_2'(a, \lambda_0) \sin\alpha = \frac{1}{\rho} r_1(y_2),$$

$$\rho = \sqrt{a_1^2 + a_2^2} \neq 0,$$

sodaß $r_1(y_2) \neq 0$ (und analog $r_2(y_1) \neq 0$) gilt. Als Lösung der Differentialgleichung (4.3/2) läßt sich dann die zu λ_0 gehörige Eigenfunktion $y_0(x)$ in der Form

$$y_0(x) = c_1 y_1(x, \lambda_0) + c_2 y_2(x, \lambda_0)$$

darstellen, wobei die Koeffizienten c_1 und c_2 nicht beide gleich Null sein können. Da $y_0(x)$ den Randbedingungen genügen muß,

$$r_1(y_0) = c_2 r_1(y_2) = 0, \qquad r_2(y_0) = c_1 r_2(y_1) = 0,$$

folgt $c_1 = c_2 = 0$ und daher $y_0(x) \equiv 0$: Damit wäre aber $y_0(x)$ keine Eigenfunktion. Dieser Widerspruch zeigt, daß jeder Eigenwert von L eine Nullstelle von $\omega(\lambda)$ ist.

Wir wollen nun zeigen, daß $\omega(\lambda)$ bei beliebigem α und β stets abzählbar unendlich viele einfache reelle Nullstellen λ_n, $n = 1, 2, \ldots$, besitzt; sie bilden eine streng monoton wachsende unbeschränkte Folge

$$\lambda_1 < \lambda_2 < \lambda_3 < \ldots < \lambda_n < \ldots;$$

dies bedeutet die bestimmte Divergenz

$$\lim_{n \to \infty} \lambda_n = \infty. \tag{4.3/6}$$

(4.3/6) weist darauf hin, daß höchstens endlich viele Eigenwerte negativ sein können.

Ein wesentlicher Teil dieser Behauptung stützt sich auf das Verhalten von $\omega(\lambda)$ für große Werte des Argumentes. Um dieses zu studieren, kann man zufolge (4.3/4) über die Kenntnis des asymptotischen Verhaltens der Funktionen $y_i(x, \lambda)$ und deren Ableitungen vorgehen.

Mit $\lambda = s^2$ erhält man zunächst durch zweimalige partielle Integration unter Berücksichtigung von (4.3/3')

$$\int_a^x \sin s(x-\xi)\, y_1''(\xi, \lambda)\, d\xi = s\, y_1(x, \lambda) + \sin s(x-a) \cos\alpha -$$

$$- s \cos s(x-a) \sin\alpha - s^2 \int_a^x \sin s(x-\xi)\, y_1(\xi, \lambda)\, d\xi;$$

setzt man darin mit Hilfe von (4.3/2) für $y_1''(x, \lambda)$ ein, so folgt

$$y_1(x, \lambda) = \cos s(x-a) \sin\alpha - \frac{\sin s(x-a)}{s} \cos\alpha + \frac{1}{s} \int_a^x \sin s(x-\xi)\, g(\xi)\, y_1(\xi, \lambda)\, d\xi. \tag{4.3/7'}$$

Wir beweisen nun für $\sin\alpha \neq 0$ und komplexes $s = \sigma + i\tau$ die asymptotischen Formeln

$$y_1(x, \lambda) = \cos s(x-a) \sin\alpha + O\left[\frac{e^{|\tau|(x-a)}}{|s|}\right], \qquad s \to \infty, \tag{4.3/8'}$$

bzw. für $\sin\alpha = 0$

$$y_1(x, \lambda) = -\frac{\sin s(x-a)}{|s|}\cos\alpha + O\left[\frac{e^{|\tau|(x-a)}}{|s|^2}\right], \qquad s \to \infty. \tag{4.3/8''}$$

Im Falle $\sin\alpha \neq 0$ gehen wir dafür von der etwas schwächeren Aussage

$$y_1(x, \lambda) = O\,[e^{|\tau|(x-a)}], \qquad s \to \infty, \tag{4.3/9'}$$

aus, die wir durch direkte Abschätzung der Funktion

$$\theta(x) := e^{-|\tau|(x-a)}\, y_1(x, \lambda)$$

beweisen können: Setzt man

$$\theta_0 := \max_{a \leqslant x \leqslant b} |\theta(x)|, \qquad \gamma := \max_{a \leqslant x \leqslant b} |g(x)|,$$

so folgt aus (4.3/7′) nach Multiplikation mit $e^{-|\tau|(x-a)}$ die Ungleichung

$$|\theta(x)| \leqslant e^{-|\tau|(x-a)}\,|\cos s(x-a)|\,|\sin\alpha| + e^{-|\tau|(x-a)}\left|\frac{\sin s(x-a)}{s}\right||\cos\alpha| +$$

$$+\gamma\frac{1}{|s|}e^{-|\tau|(x-a)}\int_a^x |\sin s(x-\xi)|\,|y_1(\xi, \lambda)|\,d\xi, \qquad a \leqslant x \leqslant b.$$

Nun ist einerseits für $x \geqslant a$

$$e^{-|\tau|(x-a)}\,|e^{\pm is(x-a)}| = e^{-(x-a)(|\tau| \pm \tau)} \leqslant 1$$

und daher

$$e^{-|\tau|(x-a)}|\cos s(x-a)| \leqslant 1, \qquad e^{-|\tau|(x-a)}|\sin s(x-a)| \leqslant 1,$$

andererseits für $a \leqslant \xi \leqslant x$

$$e^{-|\tau|(x-a)}\,|e^{\pm is(x-\xi)}| \leqslant e^{-|\tau|(\xi-a)},$$

somit

$$e^{-|\tau|(x-a)}\,|\sin s(x-\xi)| \leqslant e^{-|\tau|(\xi-a)}.$$

Aus diesen Abschätzungen folgt schließlich

$$|\theta(x)| \leqslant |\sin\alpha| + \frac{|\cos\alpha|}{|s|} + \frac{\gamma}{|s|}\int_a^x |\theta(\xi)|\,d\xi \quad \leqslant |\sin\alpha| + \frac{|\cos\alpha|}{|s|} + \theta_0\gamma\frac{b-a}{|s|}$$

oder

$$|\theta(x)| \leqslant \theta_0 \leqslant \frac{|s|\,|\sin\alpha| + |\cos\alpha|}{|s| - \gamma(b-a)},$$

soferne nur $|s| > \gamma(b-a)$ ist. Damit ist (4.3/9′) gezeigt. Beachtet man nun

$$\int_a^x \sin s(x-\xi)\,g(\xi)\,y_1(\xi, \lambda)\,d\xi = \int_a^x \sin s(x-\xi)\,g(\xi)\,O(e^{|\tau|(\xi-a)})\,d\xi = O\,(e^{|\tau|(x-a)}),$$

so ergibt sich aus (4.3/7′) gerade die asymptotische Formel (4.3/8′). Zum Beweis von (4.3/8″) zeigt man zunächst

$$y_1(x, \lambda) = O\left[\frac{e^{|\tau|(x-a)}}{|s|}\right], \qquad s \to \infty, \tag{4.3/9″}$$

und schließt wie oben unmittelbar auf die Behauptung.

Analoge asymptotische Darstellungen erhält man für $y_2(x, \lambda)$: Für $\sin\beta \neq 0$ gilt

$$y_2(x, \lambda) = \cos s(b-x)\sin\beta + O\left[\frac{e^{|\tau|(b-x)}}{|s|}\right], \qquad s \to \infty, \tag{4.3/10′}$$

für $\sin\beta = 0$ dagegen

$$y_2(x, \lambda) = \frac{\sin s(b-x)}{s}\cos\beta + O\left[\frac{e^{|\tau|(b-x)}}{|s|^2}\right], \qquad s \to \infty. \tag{4.3/10″}$$

Ausgangspunkt dafür ist eine (4.3/7′) entsprechende Beziehung

$$y_2(x, \lambda) = \cos s(b-x)\sin\beta + \frac{\sin s(b-x)}{s}\cos\beta + \frac{1}{s}\int_x^b \sin s(\xi - x)\, g(\xi)\, y_2(\xi, \lambda)\, d\xi. \tag{4.3/7″}$$

In gleicher Weise erhält man asymptotische Formeln für die Ableitungen $y_1'(x, \lambda)$ und $y_2'(x, \lambda)$ durch Differentiation von (4.3/7). Es gilt im Falle $\sin\alpha \neq 0$

$$y_1'(x, \lambda) = -s\sin s(x-a)\sin\alpha + O(e^{|\tau|(x-a)}), \qquad s \to \infty, \tag{4.3/11′}$$

im Falle $\sin\alpha = 0$

$$y_1'(x, \lambda) = -\cos s(x-a)\cos\alpha + O\left[\frac{e^{|\tau|(x-a)}}{|s|}\right], \qquad s \to \infty, \tag{4.3/11″}$$

für $\sin\beta \neq 0$

$$y_2'(x, \lambda) = s\sin s(b-x)\sin\beta + O(e^{|\tau|(b-x)}), \qquad s \to \infty, \tag{4.3/12′}$$

und für $\sin\beta = 0$

$$y_2'(x, \lambda) = -\cos s(b-x)\cos\beta + O\left[\frac{e^{|\tau|(b-x)}}{|s|}\right], \qquad s \to \infty. \tag{4.3/12″}$$

Setzt man diese Ergebnisse in die rechte Seite von (4.3/4) ein, so erhält man der Reihe nach ($\lambda = s^2$, $s = \sigma + i\tau$) für

$\sin\alpha \neq 0, \quad \sin\beta \neq 0$:

$$\omega(\lambda) = s\sin s(b-a)\sin\alpha\sin\beta + O(e^{|\tau|(b-a)}),$$

$\sin\alpha \neq 0, \quad \sin\beta = 0$:

$$\omega(\lambda) = -\cos s(b-a)\sin\alpha\cos\beta + O\left[\frac{e^{|\tau|(b-a)}}{|s|}\right],$$

$\sin\alpha = 0, \quad \sin\beta \neq 0$: $\qquad s \to \infty. \qquad$ (4.3/13)

$$\omega(\lambda) = \cos s(b-a)\cos\alpha\sin\beta + O\left[\frac{e^{|\tau|(b-a)}}{|s|}\right],$$

$\sin\alpha = 0, \quad \sin\beta = 0$:

$$\omega(\lambda) = \frac{\sin s(b-a)}{s}\cos\alpha\cos\beta + O\left[\frac{e^{|\tau|(b-a)}}{|s|^2}\right].$$

Damit sind wir nun in der Lage, die Existenz von Nullstellen der Funktion $\omega(\lambda)$ nachzuweisen. Sei z. B. $\sin\alpha \neq 0$, $\sin\beta \neq 0$ und setzt man

$$f(\lambda) = \sin\alpha \sin\beta \sum_{n=0}^{\infty} \frac{(-1)^n (b-a)^{2n+1}}{(2n+1)!} \lambda^{n+1} = s \sin s(b-a) \sin\alpha \sin\beta,$$

$$g(\lambda) = \omega(\lambda) - f(\lambda) = O(e^{|\tau|(b-a)}),$$

so gilt auf jedem Kreis in der λ-Ebene von hinreichend großem Radius $R = \left[\frac{\left(n+\frac{1}{2}\right)\pi}{b-a}\right]^2$

$$|f(\lambda)| = |s \sin s(b-a) \sin\alpha \sin\beta| > |\omega(\lambda) - f(\lambda)|, \qquad \lambda = R\, e^{i\varphi},$$

so daß für diese die Voraussetzungen des Satzes von Rouché*) erfüllt sind. Daher hat $\omega(\lambda)$ abzählbar unendlich viele Nullstellen λ_n, $n = 1, 2, \ldots$, da $f(\lambda)$ an den Stellen $\left(\frac{n\pi}{b-a}\right)^2$, $n = 0, 1, \ldots$, verschwindet. In allen anderen Fällen (4.3/13) schließt man analog.

Wir zeigen als nächstes, daß sämtliche Nullstellen von $\omega(\lambda)$ reell sind. Dazu nehmen wir an, es sei λ_0, $\mathrm{Im}(\lambda_0) \neq 0$, eine komplexe Nullstelle von $\omega(\lambda)$. Da $g(x)$ eine reellwertige Funktion ist, gilt $\overline{y_1(x, \lambda)} = y_1(x, \overline{\lambda})$ und desgleichen $\overline{y_2(x, \lambda)} = y_2(x, \overline{\lambda})$, also auch $\overline{\omega(\lambda)} = \omega(\overline{\lambda})$: Daher ist mit λ_0 auch $\overline{\lambda}_0$ eine Nullstelle von $\omega(\lambda)$. Da weiters $y_1(x, \lambda_0)$ und $y_2(x, \lambda_0)$ linear abhängig sind – denn es ist $W(x; y_1, y_2) = \omega(\lambda_0) = 0$ –, gilt (4.3/5) mit einer geeigneten von Null verschiedenen Konstanten c. Bilden wir dann das Integral

$$\int_a^b [\overline{y}_1 L(y_1) - y_1 L(\overline{y}_1)]\, dx = [y_1'(x, \overline{\lambda}_0)\, y_1(x, \lambda_0) - y_1(x, \overline{\lambda}_0)\, y_1'(x, \lambda_0)]|_a^b$$

$$= y_1'(b, \overline{\lambda}_0)\, y_1(b, \lambda_0) - y_1(b, \overline{\lambda}_0)\, y_1'(b, \lambda_0), \qquad (4.3/14)$$

so folgt einerseits aus (4.3/5) für $x = b$

$$\int_a^b [\overline{y}_1 L(y_1) - y_1 L(\overline{y}_1)]\, dx = 0,$$

andererseits aus $L(\overline{y}_1) = \overline{\lambda}_0 \overline{y}_1$

$$\int_a^b [\overline{y}_1 L(y_1) - y_1 L(\overline{y}_1)]\, dx = (\lambda_0 - \overline{\lambda}_0) \int_a^b |y_1(x, \lambda_0)|^2\, dx,$$

was auf den Widerspruch $\lambda_0 - \overline{\lambda}_0 = 2i\, \mathrm{Im}(\lambda_0) = 0$ führt. Somit kann $\omega(\lambda)$ nur reelle Nullstellen haben.

Beachtet man weiter, daß $f(\lambda)$ für $\mathrm{Re}(\lambda) < 0$ nicht verschwindet, so sind in der obigen Notation die Voraussetzungen des Satzes von Rouché für jeden Kreis in der Halbebene $\mathrm{Re}(\lambda) < 0$ von geeignetem Radius, dessen Mittelpunkt auf der negativen reellen Achse nur hinreichend weit links vom Ursprung liegt, wiederum erfüllt, was schließlich bedeutet, daß es eine reelle Zahl Λ geben muß mit der Eigenschaft

$$\Lambda < \lambda_n, \qquad n = 1, 2, \ldots,$$

Es kann daher $\omega(\lambda)$ nur endlich viele negative Nullstellen haben.

---

*) Siehe Anhang A, Seite 208.

Es verbleibt noch zu zeigen, daß sämtliche Nullstellen λ_n einfach sind. Mit der indirekten Beweisführung nehmen wir wieder an, es sei λ_0 eine k-fache Nullstelle von $\omega(\lambda)$,

$$\omega(\lambda) = (\lambda - \lambda_0)^k\, \tilde{\omega}(\lambda), \qquad \tilde{\omega}(\lambda_0) \neq 0, \qquad k \geqslant 2. \tag{4.3/15}$$

Setzen wir für reelles μ: $\lambda_1 = \lambda_0 - i\mu$, $\lambda_2 = \lambda_0 + i\mu$, so bedeutet (4.3/15) offenbar

$$\omega(\lambda_i) = O(\mu^k), \qquad \mu \to 0. \tag{4.3/16}$$

Mit $\varphi_i(x) = y_1(x, \lambda_i)$, $i = 1, 2$, folgt dann aus (4.2/3), (4.3/1) und (4.3/3')

$$\int_a^b [\varphi_1 L(\varphi_2) - \varphi_2 L(\varphi_1)]\, dx = \varphi_1'(b)\, \varphi_2(b) - \varphi_1(b)\, \varphi_2'(b) = 2i\mu \int_a^b \varphi_1(x)\, \varphi_2(x)\, dx. \tag{4.3/17}$$

Wegen (4.3/3'') ist

$$\omega(\lambda_i) = y_1(b, \lambda_i)\, y_2'(b, \lambda_i) - y_1'(b, \lambda_i)\, y_2(b, \lambda_i) = -\varphi_i(b)\cos\beta - \varphi_i'(b)\sin\beta$$

und daher für $\sin\beta \neq 0$

$$\varphi_i'(b) = -\frac{1}{\sin\beta}\, [\varphi_i(b)\cos\beta + \omega(\lambda_i)]$$

bzw. für $\sin\beta = 0$

$$\varphi_i(b) = -\frac{\omega(\lambda_i)}{\sin\beta}.$$

Also wird für $\sin\beta \neq 0$

$$\int_a^b [\varphi_1 L(\varphi_2) - \varphi_2 L(\varphi_1)]\, dx = \frac{\varphi_1(b)\, \omega(\lambda_2) - \varphi_2(b)\, \omega(\lambda_1)}{\sin\beta}$$

und für $\sin\beta = 0$

$$\int_a^b [\varphi_1 L(\varphi_2) - \varphi_2 L(\varphi_1)]\, dx = \frac{\varphi_2'(b)\, \omega(\lambda_1) - \varphi_1'(b)\, \omega(\lambda_2)}{\cos\beta};$$

auf Grund von (4.3/16) ist daher in jedem Falle

$$\int_a^b [\varphi_1 L(\varphi_2) - \varphi_2 L(\varphi_1)]\, dx = O(\mu^k), \qquad \mu \to 0, \tag{4.3/18}$$

was für $k \geqslant 2$ ein Widerspruch zu (4.3/17) ist. Daher müssen die Nullstellen von $\omega(\lambda)$ sämtlich einfach sein.

Damit haben wir alle angekündigten Eigenschaften der Nullstellen von $\omega(\lambda)$ bewiesen. Die Funktionen $y_1(x, \lambda_n)$, $n = 1, 2, \ldots$, sind die Eigenfunktionen von (4.3/1). Wegen (4.2/18) und $p(x) \equiv 1$ schreibt sich die Orthogonalität der Eigenfunktionen

$$\int_a^b y_1(x, \lambda_n)\, y_1(x, \lambda_m)\, dx = 0, \qquad n \neq m. \tag{4.3/19}$$

Sind c_n, $n = 1, 2, \ldots$, die sich aus (4.3/5) für jeden Eigenwert λ_n ergebenden von Null verschiedenen Konstanten und setzt man*)

$$Y_n(x) = \sqrt{\frac{c_n}{\omega'(\lambda_n)}}\, y_1(x, \lambda_n), \tag{4.3/20}$$

so resultieren die *Orthonormalitätsrelationen*

$$\int_a^b Y_n(x)\, Y_m(x)\, dx = \delta_{n,m}. \tag{4.3/21}$$

Die Funktionen $Y_n(x)$ heißen die *normierten Eigenfunktionen* von (4.3/1).

Offensichtlich genügt es, den Nachweis für $n = m$ zu führen: Bildet man für beliebiges $\lambda \neq \lambda_n$

$$(\lambda - \lambda_n) \int_a^b y_1(x, \lambda_n)\, y_1(x, \lambda)\, dx = \int_a^b [y_1(x, \lambda_n)\, L(y_1(x, \lambda)) - y_1(x, \lambda)\, L(y_1(x, \lambda_n))]\, dx$$

$$= -y_1(b, \lambda)\frac{\cos\beta}{c_n} - y_1'(b, \lambda)\frac{\sin\beta}{c_n} = \frac{\omega(\lambda)}{c_n} = \frac{\omega(\lambda) - \omega(\lambda_n)}{c_n}$$

und multipliziert mit $(\lambda - \lambda_n)^{-1}$, so folgt in der Grenze $\lambda \to \lambda_n$

$$\frac{\omega'(\lambda_n)}{c_n} = \frac{1}{c_n} \lim_{\lambda \to \lambda_n} \frac{\omega(\lambda) - \omega(\lambda_n)}{\lambda - \lambda_n} = \lim_{\lambda \to \lambda_n} \int_a^b y_1(x, \lambda_n)\, y_1(x, \lambda)\, dx = \int_a^b [y_1(x, \lambda_n)]^2\, dx.$$

Eine bemerkenswerte Eigenschaft der Eigenfunktionen können wir aus (4.3/8) ablesen: Wir erkennen im Falle $\sin\alpha \neq 0$

$$y_1(x, \lambda_n) = \cos\sqrt{\lambda_n}\,(x - a)\sin\alpha + O\left[\frac{1}{\sqrt{\lambda_n}}\right], \qquad n \to \infty, \tag{4.3/22'}$$

bzw. im Falle $\sin\alpha = 0$

$$y_1(x, \lambda_n) = -\frac{\sin\sqrt{\lambda_n}\,(x - a)}{\sqrt{\lambda_n}}\cos\alpha + O\left[\frac{1}{\lambda_n}\right], \qquad n \to \infty. \tag{4.3/22''}$$

Diese asymptotischen Darstellungen für große Eigenwerte schreibt man auch in der Form

$$\begin{aligned} y_1(x, \lambda_n) &\sim \cos\sqrt{\lambda_n}\,(x - a)\sin\alpha, && \sin\alpha \neq 0,\\ y_1(x, \lambda_n) &\sim -\frac{\sin\sqrt{\lambda_n}\,(x - a)}{\sqrt{\lambda_n}}\cos\alpha. && \sin\alpha = 0. \end{aligned} \tag{4.3/23}$$

Sie zeigen, daß sich die zu großen Eigenwerten gehörigen Eigenfunktionen wie trigonometrische Funktion verhalten, welche die Eigenfunktionen des Sturm-Liouville-Differentialoperators $L = -d^2/dx^2$ (für $\alpha, \beta = 0$ bzw. für $\alpha, \beta = \pi/2$) sind.

Ein ähnlicher Zusammenhang läßt sich auch für die Eigenwerte λ_n (wiederum mit Hilfe des Satzes von Rouché) herstellen, deren asymptotisches Verhalten durch

$$\lim_{n \to \infty} \frac{\lambda_n}{\left(\frac{n\pi}{b - a}\right)^2} = 1 \tag{4.3/24'}$$

*) Man beachte, daß $\omega'(\lambda_n) \neq 0$ gilt, da λ_n einfache Nullstelle ist.

oder

$$\lambda_n \sim \left(\frac{n\pi}{b-a}\right)^2 \tag{4.3/24''}$$

gekennzeichnet ist*).

4.3.2. Der Entwicklungssatz für beschränkte Intervalle.

Es sei F (x) eine auf dem Intervall [a, b] integrierbare Funktion, die nach den Eigenfunktionen des Differentialoperators (4.3/1) entwickelt werden soll:

$$F(x) = \sum_{n=1}^{\infty} \gamma_n Y_n(x).$$

Die grundlegende Idee zum Studium der Konvergenz und der Summe dieser Reihe, insbesondere die Bestimmung der Entwicklungskoeffizienten γ_n, liegt in der Konstruktion einer meromorphen**) Funktion $\Psi(x, \lambda)$, deren Residuen für die einfachen Pole $\lambda = \lambda_n$, den Eigenwerten von (4.3/1), gerade die Summanden

$$\gamma_n Y_n(x)$$

sind: Eine solche hat die Gestalt

$$\Psi(x, \lambda) = \sum_{n=1}^{\infty} \frac{\gamma_n Y_n(x)}{\lambda - \lambda_n}.$$

Daher wäre die Summe der zu untersuchenden Reihe nach dem Residuensatz**)

$$\lim_{R \to \infty} \frac{1}{2\pi i} \oint_{K_R} \Psi(x, \lambda)\, d\lambda,$$

vorausgesetzt, daß dieser Grenzwert existiert (dabei bedeutet K_R einen Kreis vom Radius R). Andererseits steht, wie eine formale Rechnung zeigt, die Funktion $\Psi(x, \lambda)$ mit dem Differentialoperator (4.3/1) und der Funktion F (x) im Zusammenhang

$$-L(\Psi) + \lambda \Psi = F.$$

Diese Differentialgleichung hat nur für stetige Funktionen einen Sinn, doch wird die Funktion

$$\Phi(x, \lambda) = \frac{y_2(x, \lambda)}{\omega(\lambda)} \int_a^x y_1(\xi, \lambda) F(\xi)\, d\xi + \frac{y_1(x, \lambda)}{\omega(\lambda)} \int_x^b y_2(\xi, \lambda) F(\xi)\, d\xi, \tag{4.3/25}$$

die für stetiges F (x) eine Lösung ist, auch für unstetige Funktionen F (x) für die folgenden Untersuchungen sinnvoll.

Unsere bisherigen Ergebnisse zeigen, daß $\Phi(x, \lambda)$ wegen des Nenners $\omega(\lambda)$ tatsächlich eine meromorphe Funktion in λ mit einfachen Polen für $\lambda = \lambda_n$ ist. Wir berechnen nun das Integral

$$\frac{1}{2\pi i} \oint_{K_R} \Phi(x, \lambda)\, d\lambda \tag{4.3/26}$$

---

*) Vgl. Titchmarsh [9], Vol. I.

**) Vgl. Anhang A.

über einen beliebig großen Kreis K_R : $|\lambda| = R$. Dieses Integral ist die Summe der Residuen $\kappa_n(x)$ aller jener Pole $\lambda = \lambda_n$ von $\Phi(x, \lambda)$, die im Inneren des Kreises K_R liegen, für die also $|\lambda_n| < R$ ist. Natürlich setzen wir $\lambda_n \neq R$ für alle $n = 1, 2, \ldots$ voraus und nehmen an, daß R so groß gewählt ist, daß $-R < \lambda_1$ ist und es eine natürliche Zahl m gibt mit $\lambda_m < R, \lambda_{m+1} > R$; dabei haben wir die Eigenwerte gemäß

$$\lambda_1 < \lambda_2 < \ldots < \lambda_k \leqslant 0 < \lambda_{k+1} < \ldots < \lambda_m < \lambda_{m+1} < \ldots$$

durchnumeriert. Das Residuum von $\Phi(x, \lambda)$ für $\lambda = \lambda_n$ berechnet sich mit (4.3/20) zu

$$\kappa_n(x) = \lim_{\lambda \to \lambda_n} (\lambda - \lambda_n)\, \Phi(x, \lambda) =$$

$$\lim_{\lambda \to \lambda_n} \frac{\lambda - \lambda_n}{\omega(\lambda)} \left[y_2(x, \lambda_n) \int_a^x y_1(\xi, \lambda_n)\, F(\xi)\, d\xi + y_1(x, \lambda_n) \int_x^b y_2(\xi, \lambda_n)\, F(\xi)\, d\xi \right]$$

$$= \lim_{\lambda \to \lambda_n} \frac{\lambda - \lambda_n}{\omega(\lambda) - \omega(\lambda_n)}\, \omega'(\lambda_n)\, Y_n(x) \int_a^b Y_n(\xi)\, F(\xi)\, d\xi$$

$$= Y_n(x) \int_a^b Y_n(\xi)\, F(\xi)\, d\xi;$$

das heißt nun, daß die Koeffizienten γ_n durch

$$\gamma_n = \int_a^b Y_n(\xi)\, F(\xi)\, d\xi \tag{4.3/27}$$

bestimmt sind. Damit folgt

$$\frac{1}{2\pi i} \oint_{K_R} \Phi(x, \lambda)\, d\lambda = \sum_{n=1}^{m} Y_n(x) \int_a^b Y_n(\xi)\, F(\xi)\, d\xi, \tag{4.3/28}$$

woraus sich

$$\lim_{R \to \infty} \frac{1}{2\pi i} \oint_{K_R} \Phi(x, \lambda)\, d\lambda = \sum_{n=1}^{\infty} Y_n(x) \int_a^b Y_n(\xi)\, F(\xi)\, d\xi \tag{4.3/29}$$

ergebe, sofern der Grenzwert in (4.3/29) existiert. Wie wir nun sehen werden, ist dies unter gewissen Voraussetzungen über $F(x)$ stets der Fall, und zwar wird (4.3/29)

$$\lim_{R \to \infty} \frac{1}{2\pi i} \oint_{K_R} \Phi(x, \lambda)\, d\lambda = \frac{1}{2}\, [F(x+) + F(x-)], \qquad a < x < b; \tag{4.3/30}$$

somit konvergiert die Reihe (4.3/30) und ihre Summe ist

$$\sum_{n=1}^{\infty} Y_n(x) \int_a^b Y_n(\xi)\, F(\xi)\, d\xi = \frac{1}{2}\, [F(x+) + F(x-)], \qquad a < x < b. \tag{4.3/31}$$

(4.3/31) heißt der *Entwicklungssatz* nach Eigenfunktionen von (4.3/1). Wir bemerken, daß die Stetigkeit von F(x) für die Konvergenz der Reihe (4.3/31) keine notwendige Forderung ist, doch sind als Unstetigkeiten für F(x) nur Sprungstellen zugelassen.

Zum Beweis von (4.3/30) berechnet man für hinreichend großes $|s|$ aus (4.3/8), (4.3/10′) und (4.3/13) z. B. für $\sin\alpha \neq 0$, $\sin\beta \neq 0$*)

$$\frac{y_2(x,\lambda)}{\omega(\lambda)}\, y_1(\xi,\lambda) = \frac{\cos s(b-x)\cos s(\xi-a)}{s\sin s(b-a)} + O\left[\frac{e^{|\tau|(\xi-x)}}{|s|^2}\right], \qquad s\to\infty,$$

desgleichen

$$\frac{y_1(x,\lambda)}{\omega(\lambda)}\, y_2(\xi,\lambda) = \frac{\cos s(x-a)\cos s(b-\xi)}{s\sin s(b-a)} + O\left[\frac{e^{|\tau|(x-\xi)}}{|s|^2}\right], \qquad s\to\infty,$$

sodaß

$$\Phi(x,\lambda) = \hat\Phi(x,\lambda) + O\left[\frac{1}{|s|^2}\int_a^x e^{|\tau|(\xi-x)}|F(\xi)|\,d\xi\right] + O\left[\frac{1}{|s|^2}\int_x^b e^{|\tau|(x-\xi)}\,|F(\xi)|\,d\xi\right]$$

gilt, wobei (4.3/32)

$$\hat\Phi(x,\lambda) = \int_a^x \frac{\cos s(b-x)\cos s(\xi-a)}{s\sin s(b-a)}\,F(\xi)\,d\xi + \int_x^b \frac{\cos s(x-a)\cos s(b-\xi)}{s\sin s(b-a)}\,F(\xi)\,d\xi$$

gesetzt wurde. Beim Einsetzen von (4.3/32) in die linke Seite von (4.3/28) ergibt sich für ein x mit $a+\delta_1 \leqslant x \leqslant b-\delta_2$, wo $\delta_i > 0$, $i = 1, 2$, beliebig kleine positive Zahlen sind**),

$$\frac{1}{2\pi i}\oint_{K_R}\Phi(x,\lambda)\,d\lambda = \frac{1}{2\pi i}\oint_{K_R}\hat\Phi(x,\lambda)\,d\lambda + o(1), \qquad R\to\infty. \tag{4.3/33}$$

Wir müssen also das Integral über die Funktion $\hat\Phi(x,\lambda)$ berechnen. Wegen

$$\cos sA = \sum_{\nu=0}^{\infty}\frac{(-1)^\nu}{(2\nu)!}\lambda^\nu A^{2\nu}, \qquad s\sin s(b-a) = \lambda\sum_{\nu=0}^{\infty}\frac{(-1)^\nu}{(2\nu+1)!}\lambda^\nu(b-a)^{2\nu+1}$$

für $A = (b-x)$, etc. ist $\hat\Phi(x,\lambda)$ eine meromorphe Funktion mit den einfachen Polen

$$\hat\lambda_n = \left(\frac{n\pi}{b-a}\right)^2, \qquad n = 0, 1, \ldots, \tag{4.3/34}$$

den Nullstellen von $s\sin s(b-a)$. Daher folgt, wenn $\hat\kappa_n(x)$ das Residuum von $\hat\Phi(x,\lambda)$ für $\lambda = \hat\lambda_n$ bedeutet,

$$\frac{1}{2\pi i}\oint_{K_R}\hat\Phi(x,\lambda)\,d\lambda = \Sigma\,\hat\kappa_n(x). \tag{4.3/35}$$

---

*) Analoge Ausdrücke erhält man in allen anderen Fällen.

**) Vgl. Titchmarsh [9], Vol. I.

Dabei ist die Summe rechts über alle diejenigen Residuen von $\hat{\Phi}(x, \lambda)$ zu erstrecken, für die $\hat{\lambda}_n < R$ gilt. Die Residuen $\hat{\kappa}_n(x)$ berechnen wir wieder auf die gewohnte Art,

$$\hat{\kappa}_n(x) = \lim_{\lambda \to \hat{\lambda}_n} \frac{\lambda - \hat{\lambda}_n}{s \sin s(b-a)} \left[\int_a^x \cos n\pi \frac{b-x}{b-a} \cos n\pi \frac{\xi - a}{b-a} F(\xi)\, d\xi + \right.$$

$$\left. + \int_x^b \cos n\pi \frac{x-a}{b-a} \cos n\pi \frac{b-\xi}{b-a} F(\xi)\, d\xi \right] =$$

$$= \begin{cases} \dfrac{1}{b-a} \displaystyle\int_a^b F(\xi)\, d\xi, & n = 0, \\ \dfrac{2}{b-a} \cos n\pi \dfrac{x-a}{b-a} \displaystyle\int_a^b \cos n\pi \dfrac{\xi - a}{b-a} F(\xi)\, d\xi, & n = 1, 2, \ldots \end{cases} \tag{4.3/36}$$

Daher gilt für $a + \delta_1 \leqslant x \leqslant b - \delta_2$, wenn $\hat{\lambda}_{m'} < R < \hat{\lambda}_{m'+1}$ ist,

$$\frac{1}{2\pi i} \oint_{K_R} \Phi(x, \lambda)\, d\lambda = \frac{1}{b-a} \int_a^b F(\xi)\, d\xi$$
$$+ \frac{2}{b-a} \sum_{n=1}^{m'} \cos n\pi \frac{x-a}{b-a} \int_a^b \cos n\pi \frac{\xi - a}{b-a} F(\xi)\, d\xi + o(1), \qquad R \to \infty. \tag{4.3/37}$$

Wir bemerken, daß mit $R \to \infty$ sowohl m als auch m' beliebig groß werden.

Wir transformieren nun die in (4.3/37) auftretenden Integrale mit

$$\pi \frac{\xi - a}{b-a} = \xi', \qquad \tilde{F}(\xi') = F\left(a + \frac{b-a}{\pi} \xi'\right),$$

und erhalten

$$\frac{2}{b-a} \int_a^b \cos n\pi \frac{\xi - a}{b-a} F(\xi)\, d\xi = \frac{2}{\pi} \int_0^\pi \cos n\xi' \tilde{F}(\xi')\, d\xi'.$$

Setzen wir nun auch $x' = \pi(a-x)/(b-a)$, so folgt

$$\frac{1}{2\pi i} \oint_{K_R} \hat{\Phi}\left(a + \frac{b-a}{\pi} x', \lambda\right) d\lambda = \frac{2}{\pi} \int_0^\pi \left[\frac{1}{2} + \sum_{n=1}^{m'} \cos n\xi' \cos nx'\right] \tilde{F}(\xi')\, d\xi'. \tag{4.3/38}$$

Die Funktion $\tilde{F}(\xi')$ setzen wir nun von $[0, \pi]$ auf $]-\pi, 0[$ gerade fort, indem wir für $-\pi < \xi' < 0$

$$\tilde{F}(\xi') = \tilde{F}(-\xi')$$

definieren. Durch periodische Fortsetzung

$$\tilde{F}(\xi' + 2\pi) = \tilde{F}(\xi')$$

ist die Funktion $\widetilde{F}(\xi')$ schließlich auf der ganzen Zahlengeraden erklärt. Wir erhalten dadurch

$$\frac{2}{\pi}\int_0^{\pi} \widetilde{F}(\xi')\cos n\xi'\,d\xi' = \frac{1}{\pi}\int_{-\pi}^{\pi} \widetilde{F}(\xi')\cos n\xi'\,d\xi'.$$

Beachten wir nun, daß $\widetilde{F}(\xi')$ eine gerade Funktion ist, so folgt mit

$$\frac{1}{\pi}\int_{-\pi}^{\pi} \widetilde{F}(\xi')\sin n\xi'\,d\xi' = 0$$

aus (4.3/38)

$$\frac{1}{2\pi i}\oint_{K_R} \hat{\Phi}(a + \frac{b-a}{\pi}x', \lambda)\,d\lambda = \frac{1}{\pi}\int_{-\pi}^{\pi}\left[\frac{1}{2} + \sum_{n=1}^{m'} \cos n(\xi' - x')\right]\widetilde{F}(\xi')\,d\xi'.$$

Aus der bekannten Formel

$$\frac{1}{2} + \sum_{k=1}^{n} \cos kt = \frac{\sin(2n+1)\frac{t}{2}}{2\sin\frac{t}{2}} \tag{4.3/39}$$

folgern wir

$$\frac{1}{2\pi i}\oint_{K_R} \hat{\Phi}\left(a + \frac{b-a}{\pi}x', \lambda\right)d\lambda = \frac{1}{2\pi}\int_{-\pi}^{\pi} \widetilde{F}(\xi')\frac{\sin(2m'+1)\frac{\xi'-x'}{2}}{\sin\frac{\xi'-x'}{2}}\,d\xi'.$$

Setzen wir im Integral rechts $\xi' - x' = 2u$, so ergibt sich weiter

$$\frac{1}{2\pi}\int_{-\pi}^{\pi} \widetilde{F}(\xi')\frac{\sin(2m'+1)\frac{\xi'-x'}{2}}{\sin\frac{\xi'-x'}{2}}\,d\xi' = \frac{1}{\pi}\int_{\frac{\pi}{2}}^{0} \widetilde{F}(x'+2u)\frac{\sin(2m'+1)u}{\sin u}\,du +$$

$$+ \frac{1}{\pi}\int_0^{-\frac{\pi}{2}} \widetilde{F}(x'+2u)\frac{\sin(2m'+1)u}{\sin u}\,du =$$

$$= \frac{2}{\pi}\int_0^{\frac{\pi}{2}} \frac{\widetilde{F}(x'+2u)+\widetilde{F}(x'-2u)}{2}\,\frac{\sin(2m'+1)u}{\sin u}\,du.$$

Das letzte Integral ist ein sogenanntes „Dirichletsches Integral"

$$I_n = \frac{2}{\pi}\int_0^{A} \Psi(t)\frac{\sin nt}{\sin t}\,dt, \qquad A > 0,$$

von dem sich für Funktionen $\Psi(t)$, die in einer rechtsseitigen Umgebung von $t = 0$ monoton sind,

$$\lim_{n\to\infty} I_n = \lim_{t\to 0+} \Psi(t) = \Psi(0+)$$

zeigen läßt*).

*) Vgl. Fichtenholz [2], Bd. 3, Knopp [10]

Daraus können wir folgendes schließen: Ist $\widetilde{F}(x'+2u)$ in einer rechtsseitigen Umgebung und in einer linksseitigen Umgebung von $u = 0$ monoton*), so folgt

$$\lim_{m'\to\infty} \frac{2}{\pi}\int_0^{\frac{\pi}{2}} \frac{\widetilde{F}(x'+2u)+\widetilde{F}(x'-2u)}{2}\,\frac{\sin(2m'+1)\,u}{\sin u}\,du = \frac{1}{2}[\widetilde{F}(x'+)+\widetilde{F}(x'-)]. \tag{4.3/40}$$

Das heißt aber, daß

$$\lim_{R\to\infty} \frac{1}{2\pi i}\oint_{K_R} \hat{\Phi}(x,\lambda)\,d\lambda = \frac{1}{2}\,[F(x+)+F(x-)], \qquad a<x<b, \tag{4.3/41}$$

existiert und wegen (4.3/33) auch

$$\lim_{R\to\infty} \frac{1}{2\pi i}\oint_{K_R} \Phi(x,\lambda)\,d\lambda = \frac{1}{2}\,[F(x+)+F(x-)], \qquad a<x<b. \tag{4.3/42}$$

Daher konvergiert die Reihe in (4.3/29), womit (4.3/31) bewiesen ist. Wir wollen nun abkürzend sagen, $F(x)$ erfüllt in $x \in\,]a, b[$ eine *Dirichletbedingung,* wenn sich $F(x)$ in einer Umgebung von x als Differenz monoton steigender (oder fallender) Funktionen darstellen läßt. Diese Bedingung ist etwas allgemeiner als die Forderung nach Monotonie in einer linksseitigen und rechtsseitigen Umgebung. Der Leser überzeugt sich leicht, daß (4.3/42) für Funktionen $F(x)$ existiert, die in jedem Punkt x aus $]a, b[$ einer Dirichletbedingung genügen.

Ist $F(x)$ – wie in den meisten physikalischen Anwendungen – auf $[a, b]$ abschnittsweise stetig differenzierbar (so daß etwa in jedem Punkt von $]a, b[$ die linksseitige und rechtsseitige Ableitung existiert und diese nur in endlich vielen Punkten verschieden sind), so vereinfacht sich (4.3/31)

$$F(x) = \sum_{n=1}^{\infty} Y_n(x)\int_a^b Y_n(\xi)\,F(\xi)\,d\xi, \qquad a<x<b. \tag{4.3/43}$$

Durch die Umkehrung der Sturm-Liouville-Transformation (4.2/20) läßt sich der Entwicklungssatz für das allgemeine Sturm-Liouville-Problem (4.2/14) formulieren. Wir überlassen dem Leser die einfache Rechnung, die zu

$$\frac{1}{2}[F(x+)+F(x-)] = \sum_{n=1}^{\infty} y_n(x)\int_A^B p(\xi)\,y_n(\xi)\,F(\xi)\,d\xi, \qquad A<x<B, \tag{4.3/44}$$

führt, wenn $F(x)$ eine auf $[A, B]$ integrierbare Funktion ist, die in jedem Punkt x aus $]A, B[$ eine Dirichletbedingung erfüllt. Dabei sind

$$y_n(x) = Y_n\left(\int_C^x \sqrt{\frac{p}{f}}\,dz\right)\frac{1}{\sqrt[4]{p(x)\,f(x)}}, \qquad n = 1, 2, \ldots, \tag{4.3/45}$$

*) $F(x)$ braucht deshalb nicht in einer ganzen Umgebung monoton zu sein.

die Eigenfunktionen von (4.2/14), $Y_n(x)$ die normierten Eigenfunktionen des transformierten Problems (4.3/1). Ferner hängen die Intervallgrenzen durch

$$\int_C^A \sqrt{\frac{p}{f}}\, dz = a, \qquad \int_C^B \sqrt{\frac{p}{f}}\, dz = b, \qquad A \leqslant C \leqslant B, \tag{4.3/46}$$

zusammen.

Durch eine ebenso einfache Rechnung überzeugt man sich, daß die Eigenfunktionen (4.3/45) den Orthonormalitätsbedingungen

$$\int_A^B p(\xi)\, y_n(\xi)\, y_m(\xi)\, d\xi = \delta_{n,m} \tag{4.3/47}$$

genügen.

Wir betrachten als Beispiel das einfachste Eigenwertproblem, das wir im Zusammenhang mit der schwingenden Saite kennengelernt haben,

$$L(y) = -y'' = \lambda y, \qquad x \in \,]a, b[. \tag{4.3/48}$$

Für beliebige reelle Zahlen α und β erhalten wir aus (4.3/3) mit der allgemeinen Lösung

$$y(x) = A \cos sx + B \sin sx, \qquad s^2 = \lambda,$$

von (4.3/2) die beiden Lösungen

$$y_1(x, \lambda) = \frac{\cos sx}{s}(s \cos sa \sin\alpha + \sin sa \cos\alpha) + \frac{\sin sx}{s}(s \sin sa \sin\alpha - \cos sa \cos\alpha)$$

und

$$y_2(x, \lambda) = \frac{\cos sx}{s}(s \sin sb \sin\beta + \sin sb \cos\beta) + \frac{\sin sx}{s}(s \sin sb \sin\beta - \cos sb \cos\beta).$$

Damit ergibt sich

$$\begin{aligned}\omega(\lambda) = {} & s \sin s(b-a) \sin\alpha \sin\beta - \\ & - \cos s(b-a) \sin\alpha \cos\beta + \\ & + \cos s(b-a) \cos\alpha \sin\beta + \\ & + \frac{\sin s(b-a)}{s} \cos\alpha \cos\beta.\end{aligned}$$

Für $\alpha = \beta = 0$ ist offenbar

$$\omega(\lambda) = \frac{\sin s(b-a)}{s} = \sum_{n=1}^{\infty} \frac{(-1)^n (b-a)^{2n+1}}{(2n+1)!} \lambda^n,$$

für $\alpha = \beta = \frac{\pi}{2}$

$$\omega(\lambda) = s \sin s(b-a) = \lambda \sum_{n=1}^{\infty} \frac{(-1)^n (b-a)^{2n+1}}{(2n+1)!} \lambda^n.$$

Die Eigenwerte sind daher für $\alpha = \beta = 0$

$$\lambda_n = \left(\frac{n\pi}{b-a}\right)^2, \qquad n = 1, 2, \ldots,$$

für $\alpha = \beta = \frac{\pi}{2}$

$$\lambda_n = \left(\frac{n\pi}{b-a}\right)^2, \qquad n = 0, 1, 2, \ldots$$

Damit bestimmen sich die Eigenfunktionen $y_1(x, \lambda_n)$ für $\alpha = \beta = 0$ zu

$$y_1(x, \lambda_n) = -\frac{b-a}{n\pi} \sin n\pi \frac{x-a}{b-a}, \qquad n = 1, 2, \ldots,$$

für $\alpha = \beta = \frac{\pi}{2}$ zu

$$y_1(x, \lambda_n) = \cos n\pi \frac{x-a}{b-a}, \qquad n = 1, 2, \ldots,$$

sodaß die normierten Eigenfunktionen in der Form

$$Y_n(x) = \sqrt{\frac{2}{b-a}} \sin n\pi \frac{x-a}{b-a}, \qquad n = 1, 2, \ldots, \tag{4.3/49}$$

bzw.

$$Y_0(x) = \sqrt{\frac{1}{b-a}}, \qquad Y_n(x) = \sqrt{\frac{2}{b-a}} \cos n\pi \frac{x-a}{b-a}, \qquad n = 1, 2, \ldots, \tag{4.3/50}$$

angeschrieben werden können.

Der Entwicklungssatz besagt in diesem Fall, daß sich jede Funktion $f(x)$, die auf $]a, b[$ die zugehörigen Voraussetzungen erfüllt, in eine *Sinusreihe* $(\alpha = \beta = 0)$

$$F(x) = \frac{2}{b-a} \sum_{n=1}^{\infty} \sin n\pi \frac{x-a}{b-a} \int_a^b \sin n\pi \frac{\xi - a}{b-a} F(\xi)\, d\xi, \qquad a < x < b, \tag{4.3/51}$$

entwickeln läßt, ebenso in eine *Cosinusreihe* $\left(\alpha = \beta = \frac{\pi}{2}\right)$

$$F(x) = \frac{1}{b-a} \int_a^b f(\xi)\, d\xi + \frac{2}{b-a} \sum_{n=1}^{\infty} \cos n\pi \frac{x-a}{b-a} \int_a^b \cos n\pi \frac{\xi - a}{b-a} F(\xi)\, d\xi, \tag{4.3/52}$$

$$a < x < b.$$

In (4.3/51) und (4.3/52) sind wir auf Fouriersche Reihen als Spezialfall von Reihenentwicklungen nach Eigenfunktionen gestoßen. Stellt man eine 2π-periodische Funktion bezüglich $x = 0$ als Summe einer geraden und einer ungeraden Funktion dar, so erhält man über (4.3/51) und (4.3/52) unmittelbar die wohlbekannten Sätze über Fouriersche Reihen.

4.4. Die Lösung der Anfangsrandwertaufgabe

Mit Hilfe des Entwicklungssatzes können wir nun nachweisen, daß die in Kap. 4.1 praktizierte formale Vorgangsweise tatsächlich zur Lösung der Anfangsrandwertaufgabe führt, sofern das Problem überhaupt eine Lösung besitzt, d. h., sofern eine Lösung $u(x, t)$ der Differentialgleichung existiert, die die Anfangs- und Randbedingungen erfüllt und stetige partielle Ableitungen zweiter Ordnung nach x und t hat.

Wir bringen den Beweis gleich für das allgemeine inhomogene Anfangsrandwertproblem (3.1/6)

$$\begin{aligned} L(u) &= \frac{1}{p(x)}\left[-\frac{\partial}{\partial x}\left(f(x)\frac{\partial u}{\partial x}\right)+g(x)\,u\right] \\ &= a\frac{\partial^2 u}{\partial t^2}+b\frac{\partial u}{\partial t}+du+\rho(x,t), \qquad A<x<B,\ t>0. \end{aligned} \tag{4.4/1}$$

Der Einfachheit halber setzen wir voraus, daß die Koeffizienten a, b und d konstant sind, $a \neq 0$, ferner sei $\rho(x, t)$ für $A \leqslant x \leqslant B$, $t \geqslant 0$ stetig und $f(x) > 0$, $p(x) > 0$ auf $[A, B]$. Die Randbedingungen nehmen wir in der Form

$$\begin{aligned} a_1 u(A,t) + a_2 u_x(A,t) &= 0 \\ a_1 u(B,t) + b_2 u_x(B,t) &= 0 \end{aligned}, \qquad t \geqslant 0 \tag{4.4/2}$$

an, die Anfangsbedingungen (2.2/17) seien

$$u(x,0) = u_0(x),\ u_t(x,0) = \dot{u}_0(x), \qquad A \leqslant x \leqslant B. \tag{4.4/3}$$

Zunächst betrachten wir die homogene Gleichung (4.4/1), d.h. $\rho(x, t) \equiv 0$. Durch Separation der Variablen $u(x, t) = X(x)\,T(t)$ ergibt sich die Sturm-Liouville-Eigenwertgleichung (vgl. (3.1/12))

$$L_X(X) = \frac{1}{p(x)}\left[-\frac{d}{dx}\left(f\frac{dX}{dx}\right)+gX\right] = \lambda X, \qquad A<x<B, \tag{4.4/4}$$

für den Zeitanteil (vgl. (3.1/13))

$$L_T(T) = a\frac{d^2T}{dt^2}+b\frac{dT}{dt}+dT = \lambda T, \qquad t>0. \tag{4.4/5}$$

Offensichtlich gehen dabei die Bedingungen (4.4/2) in

$$\begin{aligned} a_1 X(A) + a_2 X'(A) &= 0, \\ b_1 X(B) + b_2 X'(B) &= 0 \end{aligned} \tag{4.4/6}$$

über.

Auf Grund des Entwicklungssatzes können wir nun die (voraussetzungsgemäß zweimal stetig nach x und t partiell differenzierbare) Lösung $u(x, t)$ der inhomogenen Gleichung (4.4/1) bei festem $t \geqslant 0$ als Reihe von Eigenfunktionen von (4.4/4) mit den Randbedingungen (4.4/6),

$$u(x,t) = \sum_{n=1}^{\infty} T_n(t)\,y_n(x), \qquad T_n(t) = \int_A^B p(\xi)\,y_n(\xi)\,u(\xi,t)\,d\xi, \tag{4.4/7}$$

anschreiben. Die Funktionen $T_n(t)$ sind als Parameterintegrale zweimal stetig differenzierbar. Ferner sei

$$u(x,0) = u_0(x) = \sum_{n=1}^{\infty} \alpha_n y_n(x), \qquad T_n(0) = \alpha_n = \int_A^B p(\xi)\,y_n(\xi)\,u_0(\xi)\,d\xi, \tag{4.4/8}$$

bzw.

$$u_t(x,0) = \dot{u}_0(x) = \sum_{n=1}^{\infty} \beta_n y_n(x), \qquad T_n'(0) = \beta_n = \int_A^B p(\xi)\,y_n(\xi)\,\dot{u}_0(\xi)\,d\xi. \tag{4.4/9}$$

Zur Bestimmung der Funktionen $T_n(t)$ bilden wir für $n = 1, 2, ..$

$$L_T(T_n) = \int_A^B p(\xi)\, y_n(\xi)\, [a u_{tt}(\xi, t) + b u_t(\xi, t) + d u(\xi, t)]\, d\xi$$

$$= \int_A^B p(\xi)\, y_n(\xi)\, [L_X(u) - \rho(\xi, t)]\, d\xi; \qquad (4.4/10)$$

da $p(x) L_X$ ein selbstadjungierter Differentialoperator ist und $u(x, t)$ bei festem t den Randbedingungen (4.4/6) genügt, ist

$$\int_A^B p(\xi)\, [y_n(\xi) L_X(u) - u(\xi, t) L_X(y_n)]\, d\xi = 0. \qquad (4.4/11)$$

Aus (4.4/10) und (4.4/11) folgt daher

$$L_T(T_n) = -\int_A^B p(\xi)\, y_n(\xi)\, \rho(\xi, t)\, d\xi + \int_A^B p(\xi)\, u(\xi, t)\, L_X(y_n)\, d\xi$$

$$= -\int_A^B p(\xi)\, y_n(\xi)\, \rho(\xi, t)\, d\xi + \lambda_n \int_A^B p(\xi)\, y_n(\xi)\, u(\xi, t)\, d\xi,$$

also

$$L_T(T_n) = \lambda_n T_n - \int_A^B p(\xi)\, y_n(\xi)\, \rho(\xi, t)\, d\xi. \qquad (4.4/12)$$

Somit ergeben sich für die Funktionen $T_n(t)$ die gewöhnlichen Differentialgleichungen

$$a T_n'' + b T_n' + (d - \lambda_n)\, T_n = -\int_A^B p(\xi)\, y_n(\xi)\, \rho(\xi, t)\, d\xi \qquad (4.4/13)$$

mit den Anfangsbedingungen

$$T_n(0) = \alpha_n, \qquad T_n'(0) = \beta_n. \qquad (4.4/14)$$

Setzt man

$$\delta = -\frac{b}{2a}, \qquad \omega_n = \sqrt{\frac{d - \lambda_n}{a} - \frac{b^2}{4a^2}},$$

so lautet die allgemeine Lösung der homogenen Differentialgleichung (4.4/13) für $\omega_n \neq 0$*)

$$e^{\delta t}(C_n' \cos \omega_n t + C_n'' \sin \omega_n t), \qquad (4.4/15)$$

*) Im Falle $\omega_n = 0$ ist der Ansatz entsprechend zu modifizieren.

worin C_n' und C_n'' willkürliche Konstante sind. Eine partikuläre Lösung kann man in der Form

$$-\frac{1}{a\omega_n}\int_0^t \left[\int_A^B p(\xi)\, y_n(\xi)\, \rho(\xi,\tau)\, d\xi\right] e^{\delta(t-\tau)} \sin\omega_n(t-\tau)\, d\tau =$$
$$-\frac{1}{a\omega_n}\int_A^B p(\xi)\left[\int_0^t \rho(\xi,\tau)\, e^{\delta(t-\tau)} \sin\omega_n(t-\tau)\, d\tau\right] d\xi \tag{4.4/16}$$

angeben. Berücksichtigt man noch die Anfangsbedingungen (4.4/8) und (4.4/9), so wird

$$T_n(t) = e^{\delta t}\left(\alpha_n \cos\omega_n t + \frac{\beta_n - \delta\alpha_n}{\omega_n}\sin\omega_n t\right) -$$
$$-\frac{1}{a\omega_n}\int_A^B p(\xi)\, y_n(\xi)\left[\int_0^t \rho(\xi,\tau)\, e^{\delta(t-\tau)} \sin\omega_n(t-\tau)\, d\tau\right] d\xi \tag{4.4/17}$$

die Lösung der Anfangswertaufgabe (4.4/13), (4.4/14).

Dies gibt schließlich

$$u(x,t) = e^{\delta t}\sum_{n=1}^{\infty} y_n(x)\left[\alpha_n \cos\omega_n t + \frac{\beta_n - \delta\alpha_n}{\omega_n}\sin\omega_n t\right] -$$
$$-\frac{1}{a}\sum_{n=1}^{\infty}\frac{1}{\omega_n} y_n(x)\int_A^B p(\xi)\, y_n(\xi)\left[\int_0^t \rho(\xi,\tau)\, e^{\delta(t-\tau)}\sin\omega_n(t-\tau)\, d\tau\right] d\xi. \tag{4.4/18}$$

Die Reihe (4.4/18) stellt die Lösung der Aufgabe dar, sofern die durch sie definierte Funktion $u(x, t)$ stetige partielle Ableitungen zweiter Ordnung hat. Daß dies jedoch nicht immer der Fall ist, zeigen schon einfache Beispiele wie das Anfangsrandwertproblem (2.2/6) der schwingenden Saite ($p(x) = f(x) \equiv 1$, $g(x) \equiv 0$, $a = -v^{-2}$, $v = \sqrt{\rho/S}$, $b = d = 0$, $\rho(x, t) \equiv 0$) mit den Randbedingungen (2.2/14) und den Anfangsbedingungen (2.2/17). Zwar werden die in Kap. 4.1 auf formale Weise gewonnenen Ergebnisse bestätigt, denn es ist zufolge (4.4/17) mit $\delta = 0$, $\omega_n = n\pi v/l$

$$T_n(t) = \alpha_n \cos\frac{n\pi v}{l}t + \beta_n\frac{l}{n\pi v}\sin\frac{n\pi v}{l}t,$$

doch für die Anfangsbedingungen

$$u_0(x) = \begin{cases} h\frac{x}{l}, & 0 \leqslant x \leqslant \frac{l}{2} \\ -h\frac{x-l}{l}, & \frac{l}{2} \leqslant x \leqslant l \end{cases}, \qquad \dot{u}_0(x) \equiv 0,$$

(dies entspricht dem Fall der in der Mitte mit der Auslenkung h/2 gezupften Saite) erhält man die stetige Funktion

$$u(x,t) = \frac{4h}{\pi^2}\sum_{n=0}^{\infty}\frac{(-1)^n}{(2n+1)^2}\sin\frac{(2n+1)\pi x}{l}\cos\frac{(2n+1)\pi vt}{l},$$

die aber für beliebiges $t \geq 0$, $0 \leq x \leq l$ sicher nicht zweimal partiell nach x und t differenzierbar ist*). Dies erkennt man aus dem asymptotischen Verhalten der Koeffizienten einer Fourier-Sinus- bzw. Fourier-Cosinusreihe (4.3/51) bzw. (4.3/52). Ist nämlich f(x) bei ungerader bzw. gerader Fortsetzung auf $[-l, 0[$ $2l$-periodisch, auf dem Intervall $[-l, l]$ k-mal differenzierbar und genügt die k-te Ableitung $f^{(k)}(x)$ den Voraussetzungen des Entwicklungssatzes, so bestehen für die Fourierkoeffizienten α_n solcher Reihen die asymptotischen Formeln

$$\alpha_n = O\left(\frac{1}{n^{k+1}}\right) \quad **).$$

Ob nun (4.4/18) tatsächlich auch Lösung der gegebenen Aufgabe ist, hängt somit in entscheidendem Maß von den Eigenschaften der Funktionen $u_0(x)$, $\dot{u}_0(x)$ und $\rho(x, t)$ ab. Unter zusätzlichen Voraussetzungen über diese Funktionen, im besonderen Differenzierbarkeit und Verhalten am Rande, fallen die Koeffizienten in (4.4/18) so rasch, daß (4.4/18) zweimal gliedweise differenziert werden kann; damit ist (4.4/18) eine zweimal stetig partiell nach x und t differenzierbare Funktion und daher die gesuchte *eindeutig bestimmte* Lösung***).

Wir bemerken, daß die Lösung (4.4/18), z. B. für $\delta = 0$, mit

$$G(x, \xi, t, \tau) = -p(\xi) \sum_{n=1}^{\infty} y_n(x)\, y_n(\xi) \frac{\sin \omega_n (t-\tau)}{a\omega_n} \tag{4.4/19}$$

formal in der Form

$$\begin{aligned} u(x, t) = &-a \int_A^B G(x, \xi, t, 0)\, \dot{u}_0(\xi)\, d\xi - a \frac{\partial}{\partial t} \int_A^B G(x, \xi, t, 0)\, u_0(\xi)\, d\xi \\ &+ \int_A^B d\xi \int_0^t G(x, \xi, t, \tau)\, \rho(\xi, \tau)\, d\tau \end{aligned} \tag{4.4/20}$$

geschrieben werden kann. Die Funktion $G(x, \xi, t, \tau)$ heißt *Greensche Funktion* der Anfangsrandwertaufgabe (4.4/1) (vgl. Kap. 8.5).

Analog geht man im Falle $a = 0$, $b \neq 0$ vor, wie zum Beispiel bei der Wärmeleitungsgleichung (2.3/5). Anstelle von (4.4/13) hat man dabei eine Differentialgleichung erster Ordnung mit *einer* Anfangsbedingung zu lösen.

4.5. Die inhomogene Randwertaufgabe

Bis jetzt haben wir nur homogene Randbedingungen betrachtet. Am Beispiel der Randwertaufgabe

$$L(y) = \rho(x), \qquad r_1(y) = X, \qquad r_2(y) = Y, \tag{4.5/1}$$

(vgl. (4.2/12), (4.2/13)) mit einer auf dem Intervall [A, B] stetigen Funktion $\rho(x)$ wollen wir nun das einfachste Problem mit inhomogenen Randbedingungen studieren. Wir setzen dabei voraus, daß L ein regulärer Sturm-Liouville-Differentialoperator (mit $f(x) > 0$, $p(x) > 0$) auf $]A, B[$ ist.

*) Dieses Ergebnis stellt aber keinen Widerspruch zur Anschauung dar, da der scharfe Knick in der Anfangsauslenkung physikalisch nicht realisierbar ist; vielmehr ist die Anfangsauslenkung in der Praxis in der Umgebung der Knickstelle immer stetig gekrümmt, $u_0(x)$ also (bei ungerader Fortsetzung) zweimal stetig auf $[-l, l]$ differenzierbar. Für diesen Fall bringt (4.4/18) auch wirklich die Lösung.

**) Fichtenholz [2], Bd. 3.

***) Vgl. Smirnow [8], Bd. IV, Hellwig [11].

Unsere erste Frage gilt der eindeutigen Lösbarkeit. Nehmen wir an, es gebe zwei Lösungen $y_1(x)$ und $y_2(x)$ des Problems (4.5/1), so ist die Differenz $y_0(x) = y_1(x) - y_2(x)$ Lösung der homogenen Differentialgleichung $L(y) = 0$ und erfüllt die homogenen Randbedingungen. Daher muß $\lambda_0 = 0$ ein Eigenwert von L sein; $y_0(x)$ ist die zugehörige Eigenfunktion. Ist umgekehrt $\lambda_0 = 0$ ein Eigenwert von L und $y_0(x)$ die zugehörige Eigenfunktion, so *kann*, wie wir weiter unten sehen werden, das inhomogene Problem lösbar sein, jedenfalls ist es sicher nicht eindeutig lösbar, da mit einer allfälligen Lösung $y(x)$ offenbar auch $y(x) + \gamma y_0(x)$ für eine beliebige Konstante γ Lösung der Randwertaufgabe ist*).

Sei nun $\varphi_1(x)$ und $\varphi_2(x)$ ein beliebiges Fundamentalsystem der homogenen Gleichung $L(y) = 0$, so ist $\lambda_0 = 0$ genau dann Eigenwert von L, wenn das homogene Gleichungssystem

$$\begin{aligned} c_1 r_1(\varphi_1) + c_2 r_1(\varphi_2) &= 0 \\ c_1 r_2(\varphi_1) + c_2 r_2(\varphi_2) &= 0 \end{aligned} \tag{4.5/2}$$

eine nichttriviale Lösung besitzt (denn genau dann existiert eine nichttriviale Lösung der homogenen Differentialgleichung $L(y) = 0$, die die homogenen Randbedingungen (4.2/15) erfüllt); d. h. nun, daß

$$\Delta = \begin{vmatrix} r_1(\varphi_1), & r_1(\varphi_2) \\ r_2(\varphi_1), & r_2(\varphi_2) \end{vmatrix} = 0 \tag{4.5/3}$$

notwendig und hinreichend für die Existenz des Eigenwertes $\lambda_0 = 0$ ist**).

Wir legen nun für das folgende die speziellen inhomogenen Randbedingungen (4.2/16) zugrunde und setzen voraus, daß $\lambda_0 = 0$ kein Eigenwert von L ist. Bedeutet

$$W(x; \varphi_1, \varphi_2) = \frac{C}{f(x)}$$

die Wronskische Determinate des Fundamentalsystems $\varphi_1(x)$ und $\varphi_2(x)$ (die Konstante C hängt dabei nur von der Wahl des Fundamentalsystems ab; vgl. (4.2/9)), so berechnet sich die allgemeine Lösung der inhomogenen Differentialgleichung (4.5/1) zu

$$y(x) = c_1\varphi_1(x) + c_2\varphi_2(x) + \frac{1}{C}\varphi_1(x)\int_A^x p(\xi)\rho(\xi)\varphi_2(\xi)\,d\xi + \frac{1}{C}\varphi_2(x)\int_x^B p(\xi)\rho(\xi)\varphi_1(\xi)\,d\xi. \tag{4.5/4}$$

Die Anpassung von $y(x)$ and die Randbedingungen (4.2/16) ergibt das lineare inhomogene Gleichungssystem

$$\begin{aligned} r_1(y) &= c_1 r_1(\varphi_1) + c_2 r_1(\varphi_2) + \frac{1}{C} r_1(\varphi_2)\int_A^B p(\xi)\rho(\xi)\varphi_1(\xi)\,d\xi = X \\ r_2(y) &= c_1 r_2(\varphi_1) + c_2 r_2(\varphi_2) + \frac{1}{C} r_2(\varphi_1)\int_A^B p(\xi)\rho(\xi)\varphi_2(\xi)\,d\xi = Y \end{aligned} \tag{4.5/5}$$

---

*) $y_0(x)$ muß als Eigenfunktion von L den homogenen Randbedingungen genügen.

**) Diese Bedingung ist offenbar unabhängig von der Wahl des Fundamentalsystems.

für die Koeffizienten c_1 und c_2, welches wegen $\Delta \neq 0$ eindeutig lösbar ist*). Mit der Lösung von (4.5/5) wird aus (4.5/4) ($r_i(\varphi_j) = R_{ij}$)

$$y(x) = Xu(x) + Yv(x) - \frac{1}{C} R_{12} u(x) \int_A^B p\rho\varphi_1 \, d\xi - \frac{1}{C} R_{21} v(x) \int_A^B p\rho\varphi_2 \, d\xi$$
$$+ \frac{1}{C} \varphi_1(x) \int_A^x p\rho\varphi_2 \, d\xi + \frac{1}{C} \varphi_2(x) \int_B^x p\rho\varphi_1 \, d\xi, \tag{4.5/6}$$

worin

$$u(x) = \frac{1}{\Delta} [R_{22}\varphi_1(x) - R_{21}\varphi_2(x)],$$
$$v(x) = \frac{1}{\Delta} [R_{11}\varphi_2(x) - R_{12}\varphi_1(x)] \tag{4.5/7}$$

gesetzt ist. Führt man nun die Funktion

$$G(x, \xi) := \begin{cases} \dfrac{p(\xi)}{f(A) W(A; u, v)} u(x) v(\xi), & A \leqslant \xi \leqslant x \leqslant B, \\ \dfrac{p(\xi)}{f(A) W(A; u, v)} v(x) u(\xi), & A \leqslant x \leqslant \xi \leqslant B, \end{cases} \tag{4.5/8}$$

ein, so ergibt sich nach einer einfachen Rechnung für die Lösung (4.5/6) die „Integraldarstellung"

$$y(x) = Xu(x) + Yv(x) + \int_A^B G(x, \xi) \rho(\xi) \, d\xi. \tag{4.5/9}$$

Die Funktion $G(x, \xi)$ heißt die *Greensche Funktion* der Randwertaufgabe (4.5/1) mit den Randbedingungen (4.2/16)**). Wir bemerken, daß die Funktionen $u(x)$ und $v(x)$ ein spezielles Fundamentalsystem der homogenen Differentialgleichung (4.5/1) bilden; sie genügen den Relationen

$$r_1(u) = 1, \quad r_2(u) = 0,$$
$$r_1(v) = 0, \quad r_2(v) = 1 \tag{4.5/10}$$

und sind durch diese eindeutig bestimmt (soferne $\lambda = 0$ kein Eigenwert von L ist).

Ist der Differentialoperator L selbstadjungiert, so zeigt (4.5/8), daß die Greensche Funktion $G(x, \xi)$ symmetrisch in ihren Variablen ist, d. h. $G(x, \xi) = G(\xi, x)$. Ferner erkennt man aus (4.5/10), daß $G(x, \xi)$ bezüglich der Variablen x bei festem $\xi \in \,]A, B[$ den homogenen Randbedingungen (4.2/16) genügt.

Setzt man in (4.5/1) für $\rho(x) = \lambda y(x)$, so geht das Randwertproblem (4.5/1) für $X = Y = 0$ in das Sturm-Liouville-Eigenwertproblem (4.2/14) über. Da dieses nur durch die Eigenfunktionen $y_n(x)$ gelöst wird, können Eigenwerte und Eigenfunktionen von L als die Lösungen von

$$y(x) = \lambda \int_A^B G(x, \xi) y(\xi) \, d\xi \tag{4.5/11}$$

) Damit wird die Bezeichnung homogene bzw. inhomogene Randwertaufgabe von Kap. 4.2.2 verständlich, da (4.5/5) dann ein homogenes bzw. inhomogenes Gleichungssystem ist. Man sieht übrigens, weshalb eine inhomogene Randwertaufgabe unlösbar sein kann; vgl. Beispiel 4.8.11.

**) Man beachte, daß die Funktion $G(x, \xi)$ von X und Y nicht abhängt, weshalb wir von einer Greenschen Funktion nur für homogene Randbedingungen sprechen wollen.

charakterisiert werden. (4.5/11) heißt eine *homogene Fredholmsche Integralgleichung zweiter Art.* Setzt man in (4.5/1) für $\rho(x) = \lambda y(x) + \tilde{\rho}(x)$, so wird aus (4.5/9)

$$y(x) = \lambda \int_A^B G(x, \xi)\, y(\xi)\, d\xi + s(x) \tag{4.5/12}$$

mit

$$s(x) = Xu(x) + Yv(x) + \int_A^B G(x, \xi)\, \tilde{\rho}(\xi)\, d\xi . \tag{4.5/13}$$

(4.5/12) heißt eine *inhomogene Fredholmsche Integralgleichung zweiter Art.* $G(x, \xi)$ wird der *Kern* der Integralgleichungen (4.5/11) und (4.5/12) genannt. Man sieht, daß die Integralgleichungen (4.5/11) und (4.5/12) der Randwertaufgabe (4.5/1) für $\rho(x) = \lambda y(x)$ und $\rho(x) = \lambda y(x) + \tilde{\rho}(x)$ äquivalent sind.

Aus (4.5/10) schließen wir, daß die Funktion

$$\varphi(x) = \int_A^B G(x, \xi)\, \rho(\xi)\, d\xi \tag{4.5/14}$$

Lösung der Randwertaufgabe (4.5/1) für $X = Y = 0$ ist; wir entwickeln $\varphi(x)$ in die Reihe nach den Eigenfunktionen $y_n(x)$ von L,

$$\varphi(x) = \sum_{n=1}^{\infty} \gamma_n y_n(x), \qquad \gamma_n = \int_A^B p(\xi)\, y_n(\xi)\, \varphi(\xi)\, d\xi, \tag{4.5/15}$$

indem wir die Koeffizienten γ_n analog zur Vorgangsweise in Kap. 4.4 bestimmen. Da $p(x) L$ ein selbstadjungierter Differentialoperator ist, gilt

$$\int_A^B p(\xi)\, y_n(\xi)\, \varphi(\xi)\, d\xi = \frac{1}{\lambda_n} \int_A^B p(\xi)\, \varphi(\xi)\, L(y_n)\, d\xi = \frac{1}{\lambda_n} \int_A^B p(\xi)\, y_n(\xi)\, L(\varphi)\, d\xi, \tag{4.5/16}$$

denn $\varphi(x)$ genügt den (homogenen) Randbedingungen (4.2/16). Also folgt daraus mit $L(\varphi) = \rho(x)$

$$\gamma_n = \frac{1}{\lambda_n} \int_A^B p(\xi)\, y_n(\xi)\, \rho(\xi)\, d\xi . \tag{4.5/17}$$

Dieses Ergebnis hätten wir auch auf formalem Weg erhalten können; bildet man nämlich

$$L(\varphi) = L\left(\sum_{n=1}^{\infty} \gamma_n y_n(x)\right) = \sum_{n=1}^{\infty} \gamma_n L(y_n) = \sum_{n=1}^{\infty} \lambda_n \gamma_n y_n(x)$$

$$= \rho(x) = \sum_{n=1}^{\infty} y_n(x) \int_A^B p(\xi)\, y_n(\xi)\, \rho(\xi)\, d\xi,$$

so ergibt sich durch Koeffizientenvergleich gerade (4.5/17). Die zunächst nicht begründete Vertauschung der Summation mit der Differentialoperation L ist somit nachträglich gerechtfertigt.

Mit (4.5/17) erhalten wir schließlich

$$\varphi(x) = \int_A^B G(x, \xi)\, \rho(\xi)\, d\xi = \sum_{n=1}^{\infty} \int_A^B p(\xi) \frac{y_n(x)\, y_n(\xi)}{\lambda_n} \rho(\xi)\, d\xi. \tag{4.5/18}$$

Beachtet man nun, daß die Reihe

$$\sum_{n=1}^{\infty} \frac{y_n(x)\, y_n(\xi)}{\lambda_n}$$

auf Grund der asymptotischen Eigenschaften der Eigenwerte und Eigenfunktionen von L (vgl. (4.3/22) und (4.3/24)) im Quadrat $A \leqslant x, \xi \leqslant B$ gleichmäßig konvergent ist, so kann in (4.5/18) Summation und Integration vertauscht werden, was nach Vergleich mit (4.5/9) auf die Entwicklung

$$G(x, \xi) = p(\xi) \sum_{n=1}^{\infty} \frac{y_n(x)\, y_n(\xi)}{\lambda_n} \tag{4.5/19}$$

führt*).

Selbstverständlich läßt sich die Greensche Funktion (4.5/8) auch für die allgemeinen Randbedingungen (4.2/15) konstruieren; hingegen ist eine Entwicklung (4.5/19) nur unter der zusätzlichen Bedingung (4.2/19) möglich (vgl. Kap. 4.2.3)**).

In den Betrachtungen dieses Abschnittes ist der Operator L offenbar als „Funktion“ auf der Menge aller jener auf [A, B] zweimal stetig differenzierbaren Funktionen aufzufassen, die den homogenen***) Randbedingungen (4.2/16) (bzw. (4.2/15) mit (4.2/19)) genügen: Wir bezeichnen diese Funktionenklasse mit $C_r^2([A, B])$. Die Funktionswerte von L sind auf [A, B] stetige Funktionen, deren Gesamtheit wir mit $C([A, B])$ bezeichnen wollen. Dann schreibt sich die Randwertaufgabe (4.5/1) als „lineare Gleichung“

$$L(y) = \rho, \qquad y \in C_r^2([A, B]), \qquad \rho \in C([A, B]), \tag{4.5/20}$$

von der wir gezeigt haben, daß sie unter den gegebenen Voraussetzungen durch die (zweimal stetig differenzierbare) Funktion (4.5/9) gelöst wird. Daher ist die „Funktion“

$$L^{-1} = G := \int_A^B G(x, \xi) \cdot d\xi, \tag{4.5/21}$$

die jeder auf [A, B] stetigen Funktion eine Funktion aus $C_r^2([A, B])$ zuordnet, die „Umkehrfunktion“ von L.

Die Bedingung, daß sämtliche Eigenwerte des Differentialoperators L von Null verschieden sind, ist sehr wesentlich. Sie bringt gerade zum Ausdruck, daß der Differentialoperator „eineindeutig“ ist und eine (eindeutig bestimmte) Umkehroperation, wie sie die Greensche Funktion vermittelt, nur zu eineindeutigen Operationen gefunden werden kann, genauso wie nur eineindeutige Funktionen eine eindeutig bestimmte Umkehrfunktion besitzen.

---

*) Man beachte die Ähnlichkeit mit (4.4/19)!

**) Vgl. Hellwig [11].

***) Die Inhomogenität der Randbedingungen ist offensichtlich unwesentlich; sie zeigt sich nur im Auftreten des additiven Ausdruckes Xu (x) + Yv (x).

Wenn man die Voraussetzung der Stetigkeit von $\rho(x)$ in (4.5/1) fallen läßt, wird die Randwertaufgabe (4.5/1) in dem Sinne unlösbar, daß es *keine* zweimal stetig differenzierbare Funktion $y(x)$ gibt, die die geforderten Bedingungen erfüllt. So überzeuge sich der Leser, daß die Funktion $G(\rho)$ an der Stelle $x_0 \in]A, B[$ nicht zweimal differenzierbar ist, wenn $\rho(x)$ an dieser Stelle eine Sprungstelle hat. Nur mit Hilfe einer Erweiterung des Funktions- und Ableitungsbegriffes läßt sich (4.5/9) für nicht stetige Funktionen $\rho(x)$ als Lösung der Randwertaufgabe (4.5/1) deuten*).

4.6. Nadelartige Funktionen

Wir wollen nun die „nadelartige" Funktion

$$\tilde{\delta}_n(x, \xi) = \begin{cases} 0, & A \leqslant x < \xi - \frac{1}{2n} \\ n, & \xi - \frac{1}{2n} \leqslant x \leqslant \xi + \frac{1}{2n}, \quad \xi \in]A, B[\,, \\ 0, & \xi + \frac{1}{2n} < x \leqslant B \end{cases} \tag{4.6/1}$$

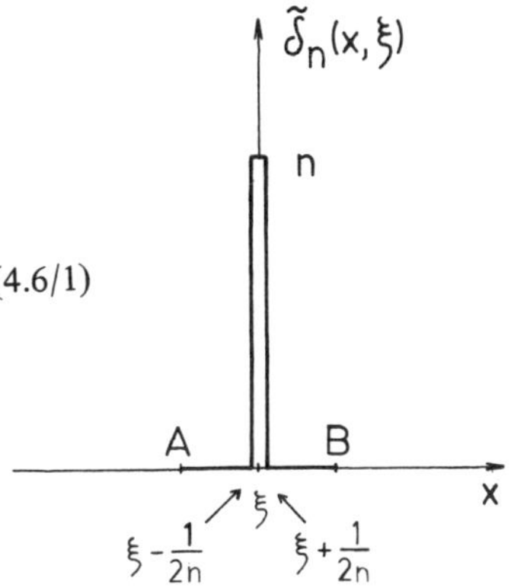

Abb. 4.1

$\left(n \geqslant n_0 = \text{Max}\left\{\left[\frac{1}{2(\xi - A)}\right], \left[\frac{1}{2(b-\xi)}\right]\right\}\right)$ in eine Reihe nach den Eigenfunktionen eines auf $]A, B[$ regulären Sturm-Liouville-Differentialoperators (4.2/11) entwickeln (Abb. 4.1); dies wird in Kap. 7 zu wichtigen Konsequenzen führen.

Bedeuten wieder $y_n(x)$ bzw. λ_n die (normierten) Eigenfunktionen bzw. die Eigenwerte des Differentialoperators L, so wird

$$\tilde{\delta}_n(x, \xi) = \sum_{m=1}^{\infty} y_m(x) \int_A^B p(x')\,\tilde{\delta}_n(x', \xi)\, y_m(x')\, dx' = n \sum_{m=1}^{\infty} y_m(x) \int_{\xi - \frac{1}{2n}}^{\xi + \frac{1}{2n}} p(x')\, y_m(x')\, dx'.$$

Mit dem Mittelwertsatz folgt daraus

$$n \int_{\xi - \frac{1}{2n}}^{\xi + \frac{1}{2n}} p(x')\, y_m(x')\, dx' = n\,\frac{1}{n}\, y_m(\hat{\xi}_{n,m})\, p(\hat{\xi}_{n,m}), \qquad \hat{\xi}_{n,m} \in \left]\, \xi - \frac{1}{2n}, \xi + \frac{1}{2n} \right[,$$

und daher

$$\tilde{\delta}_n(x, \xi) = \sum_{m=1}^{\infty} y_m(x)\, y_m(\hat{\xi}_{n,m})\, p(\hat{\xi}_{n,m}). \tag{4.6/2}$$

*) Vgl. Kap. 7 und Beispiel 7.9.7.

Sei nun $F(x)$ eine beliebige auf $]A, B[$ stetige Funktion, so ist für $n \geqslant n_0$

$$\int_A^B \tilde{\delta}_n(x, \xi) F(x)\, dx = \int_{\xi - \frac{1}{2n}}^{\xi + \frac{1}{2n}} n F(x)\, dx = F(\xi_n^*), \quad \xi_n^* \in \left] \xi - \frac{1}{2n}, \xi + \frac{1}{2n} \right[, \tag{4.6/3}$$

und wegen $\lim_{n \to \infty} \xi_n^* = \xi$ und der Stetigkeit von $F(x)$ in $x = \xi \in]A, B[$ schließlich

$$\lim_{n \to \infty} \int_A^B \tilde{\delta}_n(x, \xi) F(x)\, dx = F(\xi). \tag{4.6/4}$$

Der Grenzübergang läßt sich in (4.6/4) allerdings nicht unter dem Integralzeichen durchführen, da formal

$$\lim_{n \to \infty} \tilde{\delta}_n(x, \xi) = \begin{cases} 0, & x \neq \xi, \\ \infty, & x = \xi, \end{cases} \tag{4.6/5}$$

sein,müßte, und dies ist keine eigentliche Funktion mehr.

Betrachten wir dagegen die Funktionenfolge

$$\hat{\delta}_n(x, \xi) = \sum_{m=1}^{n} y_m(x)\, y_m(\xi)\, p(x), \qquad n = 1, 2, \ldots, \tag{4.5/6}$$

so wird

$$\int_A^B \hat{\delta}_n(x, \xi) F(x)\, dx = \sum_{m=1}^{n} y_m(\xi) \int_A^B p(x)\, y_m(x)\, F(x)\, dx. \tag{4.6/7}$$

Auf der rechten Seite von (4.6/7) stehen die Partialsummen der Reihenentwicklung von $F(x)$ nach den Eigenfunktionen von L,

$$F(\xi) = \sum_{m=1}^{\infty} y_m(\xi) \int_A^B p(x)\, y_m(x)\, F(x)\, dx, \tag{4.6/8}$$

über die wir nach dem Entwicklungssatz*) wissen, daß der Grenzwert

$$\lim_{n \to \infty} \int_A^B \hat{\delta}_n(x, \xi) F(x)\, dx = F(\xi) \tag{4.6/9}$$

existiert.

Die Funktionenfolgen $\hat{\delta}_n(x, \xi)$ und $\tilde{\delta}_n(x, \xi)$ haben eines gemeinsam: Für eine in $x = \xi$ stetige Funktion $F(x)$ gilt

$$\lim_{n \to \infty} \int_A^B \hat{\delta}_n(x, \xi) F(x)\, dx = \lim_{n \to \infty} \int_A^B \tilde{\delta}_n(x, \xi) F(x)\, dx. \tag{4.6/10}$$

---

*) Wir fordern dabei, daß $F(x)$ auch den Voraussetzungen des Entwicklungssatzes genügt.

Beide Folgen sind auf dem Intervall]A, B[divergent, haben aber formal denselben Grenzwert

$$\lim_{n\to\infty} \hat{\delta}_n(x,\xi) = 0, \qquad x \neq \xi,$$

für x = ξ hingegen existiert der Grenzwert

$$\lim_{n\to\infty} \hat{\delta}_n(\xi,\xi) = \infty$$

nicht.

Nun ist aus (4.6/10) ersichtlich, daß die Operationen

$$\lim_{n\to\infty} \int_A^B \hat{\delta}_n(x,\xi)\cdot dx, \qquad \lim_{n\to\infty} \int_A^B \widetilde{\delta}_n(x,\xi)\cdot dx \tag{4.6/11}$$

jede stetige Funktion in sich überführen. Mit Fug und Recht könnte man die gleichwertigen Operationen (4.6/11) als „Einheitsoperator" auffassen – wir wollen ihn mit I bezeichnen. Bezüglich der Umkehroperation (4.5/21) der Randwertaufgabe (4.5/1) für X = Y = 0 ist

$$GL = I, \qquad LG = I \;^{*)}. \tag{4.6/12}$$

Führen wir für eine Funktion $F(x) \in C_r^2([A,B])$ die Operationen (4.6/12) der Reihe nach durch, so folgt mit

$$F(x) = \sum_{n=1}^{\infty} \alpha_n y_n(x), \qquad \alpha_n = \int_A^B p(\xi)\, F(\xi)\, y_n(\xi)\, d\xi$$

für die Anwendung von G auf $L(F)$

$$G\big(L(F)\big) = \sum_{n=1}^{\infty} \frac{1}{\lambda_n} y_n(x) \int_A^B p(\xi)\, y_n(\xi)\, L(F)\, d\xi = \sum_{n=1}^{\infty} \frac{1}{\lambda_n} y_n(x) \int_A^B p(\xi)\, F(\xi)\, L(y_n)\, d\xi =$$

$$= \sum_{n=1}^{\infty} y_n(x) \int_A^B p(\xi)\, F(\xi)\, y_n(\xi)\, d\xi = F(x).$$

Um die zweite Beziehung (4.6/12) zu sehen, wenden wir zunächst G auf $F(x) \in C([A,B])$ an. Mit Hilfe von (4.5/19) ergibt sich

$$G(F) = \sum_{n=1}^{\infty} \frac{1}{\lambda_n} y_n(x) \int_A^B p(\xi)\, y_n(\xi)\, F(\xi)\, d\xi = \sum_{n=1}^{\infty} \frac{\alpha_n}{\lambda_n} y_n(x),$$

was schließlich auf $L(G(F)) = F(x)$ führt**).

Wir bemerken, daß auch die Funktionenfolge

$$\delta_n^*(x,\xi) = p(\xi) \sum_{m=1}^{n} y_m(x)\, y_m(\xi) \tag{4.6/13}$$

---

*) Dies sind im Grunde zwei verschiedene Einheitsoperatoren. GL wirkt auf $C_r^2([A,B])$, hingegen LG auf $C([A,B])$.

**) Die Vertauschbarkeit von L mit der Summation weist man wie in Kap. 4.5 nach; man beachte dabei, daß $G(F) \in C_r^2([A,B])$ den Randbedingungen genügt.

die Eigenschaft

$$\lim_{n\to\infty} \int_A^B \delta_n^*(x,\xi)\, F(x)\, dx = F(\xi) \tag{4.6/14}$$

hat, wie man analog zur obigen Vorgansweise durch Berechnung der Integrale

$$\int_A^B \delta_n^*(x,\xi)\, p(x)\, F(x)\, dx$$

nachweist. Die formale Rechtfertigung der Operationen (4.6/11) und (4.6/14) wird uns im Kap. 7 zum Begriff der *Deltafunktion* führen, die (auf]A, B[) in der Gestalt

$$\delta(x-\xi) = p(\xi) \sum_{n=1}^{\infty} y_n(x)\, y_n(\xi) = p(x) \sum_{n=1}^{\infty} y_n(x)\, y_n(\xi) \tag{4.6/15}$$

dargestellt werden kann. Dabei kommt es offenbar *nicht* darauf an, ob $p(\xi)$ oder $p(x)$ (oder auch $\sqrt{p(x)\,p(\xi)}$) als Faktor der Reihe in (4.6/15) auftritt; d. h. wieder, daß diese „uneigentliche Funktion" für $x \neq \xi$ verschwindet.

Die Greensche Funktion $G(x, \xi)$ des Randwertproblems (4.5/1) genügt formal der „Differentialgleichung"

$$L(G) = \delta(x-\xi) \tag{4.6/16}$$

in der Variablen x, wie man aus der formalen Rechnung

$$L(G) = L\left[p(\xi) \sum_{n=1}^{\infty} \frac{y_n(\xi)\, y_n(x)}{\lambda_n}\right] = p(\xi) \sum_{n=1}^{\infty} y_n(\xi) \frac{L(y_n)}{\lambda_n}$$

$$= p(\xi) \sum_{n=1}^{\infty} y_n(\xi)\, y_n(x) = \delta(x-\xi)$$

unmittelbar abliest. Wie wir in Kap. 4.5 schon bemerkt haben, muß $G(x, \xi)$ darüber hinaus auch die homogenen Randbedingungen (4.2/16) bezüglich der Variablen x erfüllen, womit $G(x, \xi)$ eindeutig festgelegt ist, immer unter der Voraussetzung, daß $\lambda_0 = 0$ keinen Eigenwert des Differentialoperators L darstellt.

Auf die sich in diesem Zusammenhang ergebenden Möglichkeiten zur Gewinnung der Lösung von Randwertaufgaben kommen wir in Kap. 8 zurück.

4.7. Ergänzungen und Bemerkungen

Der in diesem Kapitel besprochene Entwicklungssatz ist für reguläre Sturm-Liouville-Differentialoperatoren gültig, d. h. insbesondere für beschränkte Intervalle, wie aus den Bermerkungen im Anschluß an die Sturm-Liouville-Transformation hervorgeht. Er läßt sich auch für mehrdimensionale partielle Sturm-Liouville-Differtialoperatoren,

$$L = \frac{1}{p}\left[-\frac{\partial}{\partial x_i}\left(f_{ij}\,\frac{\partial}{\partial x_j}\right) + g\right], \tag{4.7/1}$$

auf beschränkten Grundgebieten unter entsprechend verallgemeinerten Voraussetzungen über die Koeffizientenfunktionen beweisen*).

Bei der Anwendung des Separationsansatzes stößt man jedoch sehr häufig auf singuläre Eigenwertprobleme. Wie sich im nächsten Kapitel aus der Diskussion der Lösungen singulärer Differentialgleichungen ergeben wird, kann es hier zur Festlegung der Eigenwerte und Eigenfunktionen durch „qualitative Randbedingungen“ kommen, nämlich, daß die Eigenfunktionen Stetigkeitsbedingungen im betrachteten Intervall (meist an den Intervallenden) erfüllen. Entwicklungssätze nach Eigenfunktionen besonders wichtiger singulärer Eigenwertprobleme werden in Kap. 6 nachgetragen werden.

Sehr wichtig ist auch der Fall eines Differentialoperators (4.2/11) für ein unendliches Intervall, der ebenso nicht durch den Beweis in Kap. 4.3 erfaßt wird. Wir wollen dies am Beispiel der Differentialgleichung der schwingenden Saite (2.2/6) mit den Anfangsbedingungen (2.2/17) für das Intervall $-\infty < x < \infty$ betrachten, für die wir in Kap. 3.3.2 eine einfache Lösung gefunden haben, allerdings über eine besondere Eigenschaft der allgemeinen Lösung von (2.2/6). Wir wollen nun eine Methode besprechen, die dem formalen Weg von Kap. 4.1 zur Gewinnung einer Lösung für ein beschränktes Intervall entspricht. Wenn keine Randbedingungen vorgeschrieben werden, können wir mit geeigneten, vom Parameter $s^2 = \lambda$ abhängigen Koeffizienten A (s), B (s), C (s) und D (s) eine Lösung von (2.2/6) für das beidseitig unendliche Intervall in der Form*)

$$u(x,t) = \int \{\cos vst\,[A(s)\cos sx + B(s)\sin sx] + \sin vst\,[C(s)\cos sx + D(s)\sin sx]\}\,ds \tag{4.7/2}$$

angeben. Für $t = 0$ wäre demnach

$$\begin{aligned} u_0(x) &= \int [A(s)\cos sx + B(s)\sin sx]\,ds, \\ \dot u_0(x) &= vs\int [C(s)\cos sx + D(s)\sin sx]\,s\,ds \end{aligned} \tag{4.7/3}$$

zu erfüllen. Nun lassen sich die Funktionen $u_0(x)$ und $\dot u_0(x)$ durch ihr Fourierintegral darstellen, das hier an die Stelle des Entwicklungssatzes tritt:

$$\begin{aligned} u_0(x) &= \frac{1}{2\pi}\int\left\{\cos sx\int u_0(\xi)\cos s\xi\,d\xi + \sin sx\int u_0(\xi)\sin s\xi\,d\xi\right\} ds, \\ \dot u_0(x) &= \frac{1}{2\pi}\int\left\{\cos sx\int \dot u_0(\xi)\cos s\xi\,d\xi + \sin sx\int \dot u_0(\xi)\sin s\xi\,d\xi\right\} ds. \end{aligned} \tag{4.7/4}$$

Dies zieht nach sich, daß

$$\begin{aligned} A(s) &= \frac{1}{2\pi}\int u_0(\xi)\cos s\xi\,d\xi, \\ B(s) &= \frac{1}{2\pi}\int u_0(\xi)\sin s\xi\,d\xi, \\ C(s) &= \frac{1}{vs}\,\frac{1}{2\pi}\int \dot u_0(\xi)\cos s\xi\,d\xi, \\ D(s) &= \frac{1}{vs}\,\frac{1}{2\pi}\int \dot u_0(\xi)\sin s\xi\,d\xi \end{aligned}$$

gelten muß; daraus resultiert

$$\begin{aligned} A(s)\cos sx + B(s)\sin sx &= \frac{1}{2\pi}\int u_0(\xi)\cos s(\xi - x)\,d\xi, \\ C(s)\cos sx + D(s)\sin sx &= \frac{1}{vs}\,\frac{1}{2\pi}\int \dot u_0(\xi)\cos s(\xi - x)\,d\xi \end{aligned}$$

---

*) Vgl. Hellwig [11], Titchmarsh [9], Vol. II.

und schließlich

$$u(x, t) = \frac{1}{2\pi} \int \left\{ \cos vst \int u_0(\xi) \cos s(\xi - x)\, d\xi + \frac{\sin vst}{vs} \int \dot{u}_0(\xi) \cos s(\xi - x)\, d\xi \right\} ds. \quad (4.7/5)$$

Voraussetzung für die Verwendung des Fourierintegrals in diesen Überlegungen ist die Konvergenz der Integrale

$$\int |u_0(x)|\, dx, \qquad \int |\dot{u}_0(x)|\, dx.$$

In Kap. 4.4 haben wir festgestellt, daß Fouriersche Reihen ein Spezialfall von Reihenentwicklungen nach Eigenfunktionen des Sturm-Liouville-Differentialoperators $L = -d^2/dx^2$ für ein beschränktes Intervall sind, der stets im Zusammenhang mit Schwingungsproblemen auftritt. Physikalisch bedeutet dies, daß dort nur gewisse „diskrete" Grundschwingungen auftreten können, nämlich die, die durch die Eigenfunktionen charakterisiert werden; die Eigenwerte sind die Frequenzen dieser Grundschwingungen. Jeder beliebige Schwingungsvorgang läßt sich durch Überlagerung dieser Grundschwingungen erzeugen bzw. als Summe von Eigenfunktionen darstellen: Das ist der physikalische Inhalt des Entwicklungssatzes für beschränkte Intervalle.

Für unbeschränkte Intervalle tritt hingegen an die Stelle des Entwicklungssatzes nach trigonometrischen Funktionen das Fouriersche Integraltheorem. Zur Erzeugung einer Schwingung auf einem unbeschränkten Intervall sind diesem zufolge alle Grundschwingungen heranzuziehen in der Form einer kontinuierlichen Summe, also einem Integral.

Für allgemeine Sturm-Liouville-Differentialoperatoren (4.2/11) auf unbeschränkten Intervallen läßt sich eine entsprechende Verallgemeinerung des Fourierschen Integraltheorems herleiten (vgl. z. B. Kap. 6.2.3). Auf die allgemeine Theorie wollen wir nicht eingehen, wir verweisen den Leser auf die Literatur*).

In quantenmechanischen Anwendungen hat man es vielfach mit *komplexen* Differentialoperatoren zu tun; die Koeffizientenfunktionen $a(x)$, $b(x)$ und $c(x)$ in (4.2/1) sind dann komplexwertige reelle Funktionen. Der adjungierte Differentialoperator wird durch (4.2/2) mit den komplex konjugierten Funktionen $\bar{a}(x)$, $\bar{b}(x)$ und $\bar{c}(x)$ definiert:

$$L^\dagger(y) = \frac{d^2}{dx^2}(\bar{a}y) - \frac{d}{dx}(\bar{b}y) + \bar{c}y. \quad (4.7/6)$$

Statt (4.2/3) betrachtet man

$$\int_A^B [\bar{y}_1 L(y_2) - y_2 \overline{L^\dagger(y_1)}]\, dx = Q(B; y_1, y_2) - Q(A; \bar{y}_1, y_2), \quad (4.7/7)$$

worin wieder

$$Q(x; y_1, y_2) = a y_1 y_2' - y_2 (a y_1)' + y_1 y_2 b \quad (4.2/6)$$

darstellt. Besonders wichtig ist auch hier der selbstadjungierte Differentialoperator. Die Bedingung $L^\dagger = L$ führt mit (4.7/6) zu

$$\bar{a} = a, \qquad \mathrm{Re}(b) = a'. \qquad \mathrm{Im}(c) = \tfrac{1}{2}\,\mathrm{Im}(b'). \quad (4.7/8)$$

Zum Unterschied vom Fall reeller Differentialoperatoren zweiter Ordnung ist es hier nicht zweckmäßig, den Differentialoperator wie in Kap. 4.2.1 durch Mulitplikation mit einer geeigneten Funktion

---

*) Vgl. Titchmarsh [9], Vol. I.

auf die Gestalt (4.2/11) zu bringen. Wir beschränken uns hier der Einfachheit halber nur auf Operatoren, die sich in der Form

$$L = \frac{1}{p(x)} \left[-\frac{d}{dx} \left(f(x) \frac{d}{dx} \right) + g(x) + i\sqrt{h(x)} \frac{d}{dx} (\sqrt{h(x)} \cdot) \right] \tag{4.7/9}$$

mit reellen Funktionen f(x), g(x), h(x) und p(x) darstellen lassen. Für $p(x) \equiv 1$ ist L wieder selbstadjungiert mit $f(x) = -a(x)$, $g(x) = \operatorname{Re}[c(x)]$, $h(x) = \operatorname{Im}[b(x)]$. (4.7/9) ist eine einfache Verallgemeinerung von (4.2/11) unter Berücksichtigung von (4.7/8). Analog (4.2/14) kann wieder das Eigenwertproblem

$$L(y) = \lambda y \tag{4.7/10}$$

für das Intervall [A, B] studiert werden, wobei f(x) und p(x) dieselben Bedingungen wie in Kap. 4.2.4 erfüllen sollen; außerdem seien homogene Randbedingungen in x = A und x = B vorgeschrieben. Wenn es Funktionen $\varphi_n(x)$ für $\lambda = \lambda_n$ als Lösung von (4.7/10) gibt, so folgt aus (4.7/7) und (4.7/9) für $y_1(x) = y_2(x) = \varphi_n(x)$ durch Integration über [A, B]

$$\int_A^B p(x) [\bar{\varphi}_n L(\varphi_n) - \varphi_n \overline{L(\varphi_n)}] \, dx = (\lambda_n - \bar{\lambda}_n) \int_A^B p(x) |\varphi_n(x)|^2 \, dx = Q(B; \bar{\varphi}_n, \varphi_n) - Q(A; \bar{\varphi}_n, \varphi_n). \tag{4.7/11}$$

Wenn wir also solche Randbedingungen vorschreiben, daß für zwei Lösungen u(x) und v(x) von (4.7/10) der Ausdruck

$$Q(x; \bar{u}, v) = -f(x) \begin{vmatrix} \bar{u}, & v \\ \bar{u}', & v' \end{vmatrix} + ih(x) \bar{u} v \tag{4.7/12}$$

an beiden Grenzen verschwindet, so sind jedenfalls die Eigenwerte nach (4.7/11) reell. Diese Eigenwertaufgabe für komplexe Sturm-Liouville-Differentialoperatoren (4.7/9) ist daher wegen (4.7/12) etwa durch die Randbedingungen zu charakterisieren, daß entweder f(x) und h(x) oder u(x) und v(x) an den Intervallenden verschwinden.

Für ungleiche Eigenwerte sieht man bei solchen Randbedingungen wieder mit (4.7/7) und $u = \varphi_n(x)$, $v = \varphi_m(x)$ ganz analog zu (4.2/19)

$$(\lambda_m - \lambda_n) \int_A^B p(x) \bar{\varphi}_m(x) \varphi_n(x) \, dx = 0, \qquad n \neq m,$$

also

$$\int_A^B p(x) \bar{\varphi}_m(x) \varphi_n(x) \, dx = 0, \qquad n \neq m. \tag{4.7/13}$$

Diese Gleichung drückt wieder die Orthogonalität der Eigenfunktion $\varphi_n(x)$ aus.

Ein eigener Beweis des Entwicklungssatzes wird für diesen Fall nicht gegeben; das Resultat ist für eine auch komplexwertige Funktion F(x), die sinngemäß die gleichen Bedingungen erfüllt wie in Kap. 4.3.2, analog (4.3/44)

$$F(x) = \sum_{n=1}^{\infty} y_n(x) \int_A^B p(\xi) \bar{y}_n(\xi) F(\xi) \, d\xi, \tag{4.7/14}$$

wenn wieder $y_n(x)$ die normierten Eigenfunktionen bedeuten.

Zum Abschluß wollen wir die wesentlichen Konsequenzen des Entwicklungssatzes für die Lösung der typischen partiellen Differentialgleichungen der Physik zusammenfassen.

Wie in Kap. 3 bereits an Beispielen gezeigt wurde, stoßen wir auf die Eigenfunktionen $y_n(x)$ von Sturm-Liouville-Differentialoperatoren (4.2/11) zu Eigenwerten λ_n des Separationsparameters. Setzen wir für eine – wie in den meisten Anwendungen – abschnittsweise stetig differenzierbare Funktion

$$F(x) = \sum_{n=1}^{\infty} a_n y_n(x), \qquad x \in \,]A, B[, \tag{4.7/15}$$

so können wir formal in (4.7/15) den Koeffizienten a_m durch Ausnützung der Orthogonalität (4.2/18) oder (4.7/13) durch die Anwendung der Operation

$$\int_A^B p(\xi)\, \bar{y}_m(\xi) \cdot d\xi \tag{4.7/16}$$

gewinnen: Rechts verschwindet dann, wenn *Integration mit Summation vertauscht wird,* der Beitrag aller Summanden mit Ausnahme jenes, für den $n = m$ ist,

$$a_m = \int_A^B p(\xi)\, \bar{y}_m(\xi)\, F(\xi)\, d\xi. \tag{4.7/17}$$

Dies zeigt eine formale Analogie zur elementaren Vektoralgebra auf. Sei

$$a = \begin{bmatrix} \xi_1 \\ \vdots \\ \xi_n \end{bmatrix}, \qquad \xi_i \in \mathbb{C}, \tag{4.7/18}$$

ein Vektor des Raumes $\mathbb{C}^n$ der komplexen Spaltenvektoren in n Dimensionen und $e_1, \ldots, e_n$ irgendeine Basis, so gibt es eine (eindeutige) Darstellung von a bezüglich dieser Basis,

$$a = \sum_{\nu=1}^{n} \alpha_\nu e_\nu, \tag{4.7/19}$$

mit eindeutig bestimmten (komplexen) Koeffizienten α_ν. Man definiert in $\mathbb{C}^n$ ein inneres Produkt zweier Vektoren a und b,

$$\langle a|b \rangle := \sum_{\nu=1}^{n} \bar{\alpha}_\nu \beta_\nu. \tag{4.7/20}$$

In (4.7/20) haben wir eine in der theoretischen Physik übliche Schreibweise eingeführt, die auf P.A.M. Dirac zurückgeht. Einem Spaltenvektor a – wie (4.7/18) – wird grundsätzlich das „ket"-Symbol $|a\rangle$ zugeordnet*). Dem hermitesch konjugierten Vektor

$$a^\dagger = (\bar{\xi}_1, \ldots, \bar{\xi}_n)$$

*) Umgekeht bedeute ein Vektor a ohne Klammersymbol stets den ket-Vektor $a = |a\rangle$.

entspricht in diesem Formalismus ein „bra"-Vektor" $<\mathrm{a}|$, eigentlich ein Operator,

$$(\bar{\xi}_1, \ldots, \bar{\xi}_n) \longrightarrow <\mathrm{a}|.$$

Seine Wirkung auf einen ket-Vektor ist das innere Produkt (4.7/20),

$$<\mathrm{a}|(|\mathrm{b}>) := <\mathrm{a}|\mathrm{b}>, \tag{4.7/21}$$

die gewöhnliche Matrizenmulitplikation $\mathrm{a}^\dagger \mathrm{b}$.

Bra- und ket-Vektoren lassen sich auch in umgekehrter Reihenfolge multiplizieren. Bildet man das Matrixprodukt $\mathrm{b}\mathrm{a}^\dagger$ (welches eine $(\mathrm{n} \times \mathrm{n})$-Matrix ist), so wird diesem in der Diracschen Schreibweise der Operator

$$|\mathrm{b}><\mathrm{a}|$$

zugeordnet,

$$|\mathrm{b}><\mathrm{a}|(|\mathrm{c}>) := |\mathrm{b}><\mathrm{a}|\mathrm{c}>. \tag{4.7/22}$$

Das Produkt des bra-Vektors $<\mathrm{a}|$ mit dem Operator T und dem ket-Vektor $|\mathrm{b}>$ wird in der Form

$$<\mathrm{a}|T|\mathrm{b}> = \bar{\mathrm{a}}_i\, T_{ij} \mathrm{b}_j = <\mathrm{a}|T(\mathrm{b})> = <T^\dagger(\mathrm{a})|\mathrm{b}> \tag{4.7/23}$$

geschrieben.

Mit dem inneren Produkt (4.7/20) wird der Begriff einer orthonormalen Basis $\{\mathrm{e}_\nu\}$ sinnvoll:

$$<\mathrm{e}_\nu|\mathrm{e}_\mu> = \delta_{\nu\mu}.$$

Die Koeffizienten α_ν des Vektors a bezüglich einer solchen Basis erhält man dann durch die Bildung von

$$<\mathrm{e}_\mu|\mathrm{a}> = <\mathrm{e}_\mu| \sum_{\nu=1}^{n} \alpha_\nu \mathrm{e}_\nu> = \sum_{\nu=1}^{n} \alpha_\nu <\mathrm{e}_\nu|\mathrm{e}_\mu> = \alpha_\mu, \qquad \mu = 1, 2, \ldots, n, \tag{4.7/24}$$

sodaß die Darstellung

$$|\mathrm{a}> = \sum_{\nu=1}^{n} |\mathrm{e}_\nu><\mathrm{e}_\nu|\mathrm{a}> \tag{4.7/25'}$$

besteht. Es gilt auch

$$<\mathrm{a}| = \sum_{\nu=1}^{n} <\mathrm{a}|\mathrm{e}_\nu><\mathrm{e}_\nu|. \tag{4.7/25''}$$

Üblicherweise nennt man die Größen $<\mathrm{e}_\nu|\mathrm{a}>$ die (Normal-) Projektionen auf die Basisrichtungen e_ν.

Betrachtet man nun die (normierten) Eigenfunktionen $y_n(x)$ eines Sturm-Liouville-Differentialoperators als „Basisvektoren" („Spaltenvektoren") eines gewissen Funktionenraumes F und definiert ein inneres Produkt zweier Funktionen φ und ψ gemäß

$$<\varphi|\psi> := \int_A^B p(\xi)\, \bar{\varphi}(\xi)\, \psi(\xi)\, d\xi^{*)}, \tag{4.7/26}$$

*) Wir fordern von den Funktionen aus F damit, daß ihre Beträge quadratisch integrierbar sind.

so sagt der Entwicklungssatz aus, daß für eine gewisse Klasse von Funktionen in Hinblick auf eine Darstellung wie (4.7/25) wie oben verfahren werden kann; dies drückt gerade die Operation (4.7/16) aus, die zu den Entwicklungskoeffizienten (4.7/17) führt.

Der betrachtete Funktionenraum hat, und dies ist ein wesentlicher Unterschied, unendlich viele Dimensionen, da es abzählbar unendlich viele Eigenfunktionen gibt. Dies bringt mit sich, daß Konvergenzbetrachtungen angestellt werden müssen. In unseren bisherigen Betrachtungen haben wir dies auch in Form der punktweisen Konvergenz berücksichtigt. Überträgt man aber den Abstandsbegriff im Raum $\mathbb{C}^n$, der über das innere Produkt definiert wird,

$$\|a - b\| := \sqrt{< a - b | a - b >}, \tag{4.7/27}$$

in den Funktionenraum F, so wird daraus für zwei Funktionen φ und ψ

$$\|\varphi - \psi\| = \sqrt{\int_A^B p(\xi) |\varphi(\xi) - \psi(\xi)|^2 \, d\xi}\,^{*)}. \tag{4.7/28}$$

Mit dieser „Metrik" ist es nun sinnvoll, die Konvergenz einer Reihe

$$\sum_{n=1}^{\infty} a_n y_n(x)$$

durch die Bedingung

$$\left\| \sum_{k=n+1}^{m} a_k y_k(x) \right\| = \sqrt{\int_A^B p(\xi) \left| \sum_{k=n+1}^{m} a_k y_k(\xi) \right|^2 d\xi} = \sqrt{\sum_{k=n+1}^{m} |a_k|^2} < \epsilon, \quad n > n(\epsilon), \tag{4.7/29}$$

zu definieren. (4.7/29) ist das Cauchysche Konvergenzkriterium im Sinne der Metrik (4.7/28). Die Art der Konvergenz, die auf dem Intervall [A, B] nicht punktweise zu sein braucht, heißt *Konvergenz im Mittel.* Damit wird eine wesentlich größere Klasse von Reihen konvergent, als es die Klasse aller Funktionen ist, die auf dem Intervall [A, B] den Voraussetzungen des Entwicklungssatzes genügen.

Hält man sich den Sachverhalt vor Augen, daß mit beliebigen Koeffizienten a_ν die Linearkombination

$$\sum_{\nu=1}^{n} a_\nu e_\nu$$

stets ein Vektor des Raumes $\mathbb{C}^n$ ist, so kann man fragen, ob dasselbe auch für die Reihe

$$\sum_{\nu=1}^{\infty} a_\nu y_\nu(x) \tag{4.7/30}$$

(im Sinne der Konvergenz im Mittel) gilt, d. h., ob es eine Funktion $f(x)$ gibt, für die $a_\nu = < y_\nu | f >$ gilt. Man überlegt sich zunächst mit (4.7/28), daß die Konvergenz von (4.7/30) die Konvergenzforderung

$$\sum_{\nu=1}^{\infty} |a_\nu|^2 < \infty \tag{4.7/31}$$

*) Damit wird auch die Forderung $p(x) > 0$ aus den Eigenschaften des inneren Produktes selbstverständlich.

nach sich zieht. Die Frage ist, ob (4.7/30) mit der Bedingung (4.7/31) eine quadratisch integrierbare Funktion darstellt.

Die Beantwortung dieser Frage erfordert eine tiefgehende mathematische Analyse und führt zu einem negativen Ergebnis, solange man den Riemannschen Integralbegriff zugrundelegt. Erweitert man diesen zum *Lebesgueschen Integral**), so gibt es stets eine Funktion f(x), mit der Eigenschaft $a_\nu = < y_\nu | f >$. Unter diesem Gesichtspunkt nennt man den Raum aller auf [A, B] definierten Funktionen mit dem inneren Produkt (4.7/26), für die das Intergral

$$\int_A^B p(\xi)\,|f(\xi)|^2\,d\xi$$

(im Lebesgueschen Sinne) existiert, einen *Hilbertraum* und bezeichnet ihn speziell mit $L^2([A, B])$. Für jedes $f \in L^2([A, B])$ besteht eine Entwicklung (4.7/30), die im Sinne von (4.7/29) konvergent ist. Die Basis $\{y_n(x)\}$ wird dann eine *vollständige* Basis genannt, genauso wie $\{e_\nu\}$ eine vollständige Basis von $\mathbb{C}^n$ ist, wenn sich *jeder* Vektor $x \in \mathbb{C}^n$ in der Form (4.7/19) darstellen läßt, was durch die Beziehung

$$||a||^2 = \sum_{\nu=1}^{n} |< e_\nu | a >|^2 \qquad (4.7/32)$$

gekennzeichnet ist. Das entsprechende Analogon zu (4.7/32) in $L^2([A, B])$ ist

$$||f||^2 = \int_A^B p(\xi)\,|f(\xi)|^2\,d\xi = \sum_{\nu=1}^{\infty} |< y_\nu | f >|^2. \qquad (4.7/33)$$

(4.7/32) bzw. (4.7/33) heißt *Vollständigkeitsrelation.*

Von großer Bedeutung für die theoretische Physik ist die Theorie der linearen Operatoren in Hilberträumen. So haben wir mit dem Sturm-Liouville-Operator (4.2/11) einen linearen Differentialoperator kennengelernt, der auf der Teilmenge $C_r^2([A, B])$ aller auf [A, B] zweimal stetig differenzierbaren Funktionen, die den betrachteten Randbedingungen genügen, definiert war. Bezüglich des inneren Produktes (4.7/26) besteht wegen (4.2/18) die „Symmetriebeziehung" (vgl. (4.7/23))

$$< L(\varphi) | \psi > = < \varphi | L(\psi) > = < \varphi | L | \psi >, \qquad (4.7/34)$$

da φ und ψ als Argumente von L den Randbedingungen genügen. Desgleichen ist der Umkehroperator G ein linearer Operator, hier ein Integraloperator mit dem Kern $G(x, \xi)$. Wie man leicht nachrechnen kann, erfüllt der auf ganz $L^2([A, B])$ definierte Operator G ebenfalls eine Relation (4.7/34).

In *endlichdimensionalen* Räumen mit innerem Produkt nennt man einen Operator T, für den

$$< T(a) | b > = < a | T(b) > \qquad (4.7/35)$$

für zwei *beliebige* Vektoren a, b des Raumes gilt, einen *hermiteschen* oder *selbstadjungierten* Operator. Ein solcher besitzt stets reelle Eigenwerte λ_i, $i = 1, \ldots, n$**), mit den zugehörigen Eigenvektoren y_i,

$$T(y_i) = \lambda_i y_i. \qquad (4.7/36)$$

---

*) Eine sehr prägnante und leicht verständliche Einführung in die Theorie des Lebesgueschen Integrals findet sich in Titchmarsh [12]. Weitergehende Literatur stellt Riesz-Nagy [13] dar.

**) Dabei ist jeder Eigenwert so oft gezählt, als seine algebraische Vielfachheit angibt; n sei die Dimension des Raumes.

Die Eigenvektoren y_i stehen aufeinander senkrecht und erfüllen nach geeigneter Normierung die Orthonormalitätsrelationen

$$<y_i|y_j> = \delta_{ij}. \qquad (4.7/37)$$

Jeder Spaltenvektor a des endlichdimensionalen Raumes läßt sich in eindeutiger Weise durch die Eigenvektoren darstellen,

$$|a> = \sum_{j=i}^{n} |y_j><y_j|a>, \qquad (4.7/38)$$

da das System der Eigenvektoren y_i eine orthonormale Basis bildet. Betrachtet man die (selbstadjungierten) Operatoren

$$P_i = |y_i><y_i|, \qquad (4.7/39)$$

so verifiziert man

$$P_i^2 = P_i, \qquad P_iP_j = 0, i \neq j, \qquad \sum_{i=1}^{n} P_i = I. \qquad (4.7/40)$$

Solche Operatoren nennt man *Projektoren;* sie projizieren auf die Basisrichtungen y_i. Sie sind die „Bausteine" der sogenannten *Spektraldarstellung* von T,

$$T = \sum_{i=1}^{n} \lambda_i P_i = \sum_{i=1}^{n} \lambda_i |y_i><y_i|, \qquad (4.7/41)$$

wie man mit (4.7/36) und (4.7/39) sehr leicht verifiziert.

In Hilberträumen liegen die Verhältnisse komplizierter. Es ergeben sich nämlich Schwierigkeiten dadurch, daß der Definitionsbereich $C_r^2([A, B])$ nicht mit dem ganzen Raum übereinstimmt – $L^2([A, B])$ enthält ja wesentlich mehr Funktionen als $C_r^2([A, B])$. Im Falle des Sturm-Liouville-Operators L lassen sich diese Schwierigkeiten jedoch mit Hilfe einer geeigneten Erweiterung des Definitionsbereiches beheben. Die Symmetriebedingung (4.7/34) gestattet damit eine Verallgemeinerung der Spektralzerlegung (4.7/41) von Operatoren in endlichdimensionalen Räumen auf Sturm-Liouville-Operatoren. Setzt man

$$P_n(x, \xi) = p(\xi)\, y_n(x)\, \bar{y}_n(\xi), \qquad (4.7/42)$$

so sind die Operatoren

$$P_n = \int_A^B P_n(x, \xi) \cdot d\xi = |y_n><y_n| \qquad (4.7/43)$$

analog (4.7/39) die Projektoren auf die Basisrichtungen $y_n(x)$; sie genügen ebenfalls den Relationen (4.7/40). Man erhält damit die *Spektraldarstellung* von L,

$$L = \sum_{n=1}^{\infty} \lambda_n P_n. \qquad (4.7/44)$$

Diese Reihe ist in dem Sinne konvergent, daß

$$\sum_{n=1}^{\infty} \lambda_n P_n(\varphi) = \sum_{n=1}^{\infty} \lambda_n y_n(x) <y_n|\varphi> = \sum_{n=1}^{\infty} \lambda_n |y_n><y_n|\varphi> \qquad (4.7/45)$$

für jedes φ aus dem Definitionsbereich von L im Mittel konvergiert.

Der Umkehroperator G hat die Spektraldarstellung

$$G = \sum_{n=1}^{\infty} \frac{1}{\lambda_n} P_n \tag{4.7/46}$$

mit den gleichen Projektionsoperatoren P_n (vgl. (4.5/19)). Die Eigenwerte des inversen Operators sind die Reziproken der Eigenwerte.

Der Einheitsoperator I läßt sich in

$$I = \sum_{n=1}^{\infty} P_n = \sum_{n=1}^{\infty} \int_A^B P_n(x, \xi) \cdot d\xi, \tag{4.7/47}$$

zerlegen (vgl. (4.7/40)). Er hat trivialerweise nur den Eigenwert $\lambda = 1$. Der Kern des Integraloperators I ist gerade (4.6/15),

$$\delta(x - \xi) = \sum_{n=1}^{\infty} P_n(x, \xi). \tag{4.7/48}$$

Bei diesem kurzen Abriß wollen wir es bewenden lassen und verweisen den Leser auf die einschlägige mathematische Literatur*).

4.8. Übungsbeispiele zu Kap. 4

4.8.1: Man stelle die Differentialoperatoren

(i) $L = -xy'' - (1 - x)y'$, $0 < x < \infty$ (LAGUERRE)
(ii) $L = -y'' + 2xy'$, $-\infty < x < \infty$ (HERMITE)
(iii) $L = -(1 - x^2)y'' - xy'$, $-1 < x < 1$ (TSCHEBYSCHEFF)

in der Gestalt (4.2/11) dar.

4.8.2: Man transformiere die Differentialgleichung

$$L(x) = -(1 - x^2)y'' - xy' = \lambda y, \quad -1 < x < 1,$$

durch die Sturm-Liouville-Tranformation.

4.8.3: Es sei $p(x)$ auf dem Intervall $[A, B]$ stetig und $p(x) > 0$ auf $[A, B]$. Man bestimme die Eigenwerte und Eigenfunktionen des Sturm-Liouville-Differentialoperators

$$L = -\frac{1}{p}\frac{d}{dx}\left(\frac{1}{p}\frac{d}{dx}\right), \quad A < x < B,$$

mit den Randbedingungen (4.2/16) für $\alpha = \beta = 0$ und $\alpha = \beta = \frac{\pi}{2}$.

4.8.4: Die Funktion $F(x)$ genüge auf $]A, B[$ den Voraussetzungen des Entwicklungssatzes. Man entwickle sie in ihre Reihe nach den Eigenfunktionen des Differentialoperators von Beispiel 4.8.3.

4.8.5: Man entwickle die Funktion

$$G(x, \xi) = -\tfrac{1}{2}|x - \xi| - x\xi + \tfrac{1}{2}(x + \xi), \quad 0 \leqslant x, \xi \leqslant 1,$$

in ihre Fourier-Sinus- und Cosinusreihe.

---

*) Hellwig [11], Riesz-Nagy [13], Achieser-Glasmann [14] und die darin zitierten weiteren Werke.

4.8.6: Man berechne unter den Voraussetzungen von Kap. 4.4 die Greensche Funktion der Anfangsrandwertaufgabe

$$\frac{1}{p(x)}\left[-\frac{\partial}{\partial x}\left(f(x)\frac{\partial u}{\partial x}\right)+g(x)\,u\right]=a\frac{\partial u}{\partial t}+bu+\rho(x,t),\quad a\neq 0,\quad A<x<B,\quad t>0,$$

mit den Randbedingungen (4.4/2) und der Anfangsbedingung

$$u(x,0)=u_0(x).$$

4.8.7: Man zeige, daß die Greensche Funktion $G(x, \xi)$ der Randwertaufgabe (4.5/1) durch die folgenden Bedingungen eindeutig bestimmt ist, soferne $\lambda = 0$ kein Eigenwert von L ist:

(i) $G(x, \xi)$ ist für $\xi \in]A, B[$ in jedem der Intervalle $[A, \xi[$ und $]\xi, B]$ zweimal stetig differenzierbar und genügt dort der Differentialgleichung

$$L(G) = 0$$

(bezüglich der Variablen x).

(ii) Für $\xi \in]A, B[$ gilt $r_1(G) = r_2(G) = 0$.

(iii) $G(x, \xi)$ ist im Quadrat $A \leqslant x, \xi \leqslant B$ stetig.

(iv) Für $\xi \in]A, B[$ gilt

$$\frac{\partial G}{\partial x}(\xi+,\xi)-\frac{\partial G}{\partial x}(\xi-,\xi)=-\frac{p(\xi)}{f(\xi)}.$$

4.8.8: Man berechne die Greensche Funktion der Randwertaufgabe (4.5/1) mit

$$L=-\frac{d^2}{dx^2},\qquad 0<x<2\omega,$$

und den Randbedingungen (Bedingungen für periodische Lösungen)

$$y(0)-y(2\omega)=0,\qquad y'(0)-y'(2\omega)=0.$$

4.8.9: Man berechne die Greensche Funktion der Randwertaufgabe (4.5/1) mit

$$L=-\frac{1}{x}\frac{d}{dx}\left(x\frac{d}{dx}\right),\qquad 0<x<l,$$

und den Randbedingungen

"$y(x)$ stetig für $x = 0$", $\quad y(l) = 0$.

4.8.10: Man berechne die Greensche Funktion der Randwertaufgabe (4.5/1) mit

$$L=-\frac{d^2}{dx^2},\qquad 0<x<1,$$

und den Randbedingungen

$$y(0)+y(1)-y'(1)=0,\qquad y(0)+y(1)=0.$$

Man berechne die Eigenwerte und Eigenfunktionen. Man zeige, daß der betragskleinste Eigenwert negativ ist und beweise

$$\sum_{n=1}^{\infty}\lambda_n^{-1}=0.$$

4.8.11*: Sei $\lambda_1 = 0$ Eigenwert des Differentialoperators (4.2/11) mit den Randbedingungen (4.2/16), $y_1(x)$ die zugehörige Eigenfunktion. Man zeige, daß die Randwertaufgabe (4.5/1) unter diesen Umständen genau dann lösbar ist, wenn

$$\int_A^B p(\xi)\,\rho(\xi)\,y_1(\xi)\,d\xi = 0$$

gilt.

4.8.12*: Unter den Voraussetzungen von Beispiel 4.8.11 ist

$$\varphi(x) = \int_A^B G(x,\xi)\,\rho(\xi)\,d\xi$$

Lösung der Randwertaufgabe (4.5/1) (mit homogenen Randbedingungen), wobei die Funktion $G(x,\xi)$ den Bedingungen (ii), (iii), (iv) von Beispiel 4.8.7 genügt und die Bedingung (i) durch

$$\text{(i')}\; L(G) = -p(\xi)\,y_1(\xi)\,y_1(x), \qquad x \in [A, \xi\,[\cup]\,\xi, B]$$

ersetzt wird; dabei ist $y_1(x)$ die normierte Eigenfunktion zum Eigenwert $\lambda_1 = 0$. $G(x,\xi)$ ist nicht eindeutig bestimmt; fordert man zusätzlich

$$\int_A^B p(\xi)\,\varphi(\xi)\,y_1(\xi)\,d\xi = 0,$$

für jede beliebige die Lösbarkeitsbedingung erfüllende Funktion $\rho(x)$, so wird $G(x,\xi)$ eindeutig bestimmt und es gilt

$$G(x,\xi) = p(\xi) \sum_{n=2}^{\infty} \frac{y_n(x)\,y_n(\xi)}{\lambda_n}.$$

Man beachte, daß die Bedingung (i') bedeutet, daß $G(x,\xi)$ Lösung der Differentialgleichung

$$L(G) = \sum_{n=2}^{\infty} p(\xi)\,y_n(x)\,y_n(\xi) = \delta_1(x-\xi)$$

ist, worin $\delta_1(x-\xi)$ die Deltafunktion auf dem Raum aller Funktionen ist, die keine Komponente bezüglich der Basisrichtung $y_1(x)$ haben!

4.8.13: Man löse die Laplacegleichung für das Kreisringgebiet $0 < \rho_1 < r < \rho_2$ mit den Randbedingungen

$$u(\rho_1, \varphi) = u_1(\varphi), \qquad u(\rho_2, \varphi) = u_2(\varphi).$$

4.8.14: Man löse die Laplacegleichung für das Rechteck $0 < x < a$, $0 < y < b$ mit den Randbedingungen

$$u(x,0) = f_1(x), \qquad u(x,b) = f_2(x), \qquad 0 \leqslant x \leqslant a,$$
$$u(0,y) = g_1(y), \qquad u(a,y) = g_2(y), \qquad 0 \leqslant y \leqslant b,$$

Hinweis: Man stelle die Lösung als Summe $u = u_1 + u_2$, $\Delta u_1 = \Delta u_2 = 0$, dar, wobei die Funktionen $u_i(x, y)$ den Randbedingungen

$$u_1(x, 0) = f_1(x), \quad u_1(x, b) = f_2(x), \quad 0 \leqslant x \leqslant a,$$
$$u_1(0, y) = u_1(a, y) \equiv 0, \quad 0 \leqslant y \leqslant b,$$

bzw.

$$u_2(x, 0) = u_2(x, b) \equiv 0, \quad 0 \leqslant x \leqslant a,$$
$$u_2(0, y) = g_1(y), \quad u_2(a, y) = g_2(y), \quad 0 \leqslant y \leqslant b,$$

genügen sollen.

4.8.15: Man berechne die Eigenwerte und Eigenfunktionen des zweidimensionalen Laplaceoperators,

$$-\Delta u = \lambda u, \quad 0 < x < a, \quad 0 < y < b,$$

mit der Bedingung $u = 0$ am Rande.

4.8.16: Man löse die Differentialgleichung der eingespannten Rechteckmembran mit der Anfangslage $u(x, y, 0) = u_0(x, y)$ und der Anfangsgeschwindigkeit $u_t(x, y, 0) = \dot{u}_0(x, y)$.

4.8.17: Es genüge $F(x)$ auf dem Intervall $]A, B[$ den Voraussetzungen des Entwicklungssatzes. Man zeige

$$\lim_{n \to \infty} \int_A^B \delta_n(x, \xi) F(x)\, dx = \tfrac{1}{2}[F(\xi+) + F(\xi-)], \quad \xi \in]A, B[,$$

wenn $\{\delta_n(x, \xi)\}$ irgendeine der Folgen nadelartiger Funktionen von Kap. 4.6 ist.

5. Singuläre Differentialgleichungen

5.1. Der Begriff der singulären Differentialgleichung Differentialgleichungen der Fuchsschen Klasse

Bei der Durchführung der Sturm-Liouvilleschen Transformation (4.2/20) wurde vorausgesetzt, daß h(x) für $x \in [A, B]$ existiert, wenn f(x) an den Intervallenden verschwindet, d. h., daß die uneigentlichen Integrale (4.2/28) stets konvergieren. Nun wird aber i. a. – wir haben dies auch an Beispielen gesehen – die Funktion $\hat{g}(\xi)$ in (4.2/27) nicht mehr überall definiert sein, vielmehr Unendlichkeitsstellen an den Intervallenden aufweisen, wenn f(x) oder auch p(x) dort verschwindet.

Betrachten wir die allgemeine Differentialgleichung

$$w^{(n)} + p_1(z)w^{(n-1)} + \ldots + p_{n-1}(z)w' + p_n(z)w = 0 \tag{5.1/1}$$

für eine komplexe Funktion w(z) der komplexen Variablen z und setzen wir voraus, daß die Koeffizienten $p_i(z)$, wie das in den Anwendungen fast ausschließlich der Fall ist, eindeutige reguläre Funktionen bis auf isolierte singuläre Stellen z_n, $n = 1, \ldots, s$, sind, d. h., irgendeiner der Koeffizienten $p_i(z)$ hat an der Stelle z_j eine singuläre Stelle. Dies kann entweder ein Pol oder eine sogenannte wesentlich singuläre Stelle sein. Die Punkte z_n, $n = 1, \ldots, s$, heißen dann *singuläre Stellen der Differentialgleichung.*

Am Beispiel der Differentialgleichung

$$w'' + \frac{1}{z} w' + \left(1 - \frac{1}{4z^2}\right) w = 0 \tag{5.1/2}$$

zeigen wir nun, daß i. a. die Anfangswertaufgabe für eine singuläre Stelle der Differentialgleichung nicht lösbar ist, wenn wir versuchen, (5.1/2) zu beliebigen Anfangswerten $w(0) = w_0$, $w'(0) = w_1$ durch eine Reihenentwicklung

$$w(z) = w_0 + w_1 z + \sum_{n=2}^{\infty} w_n z^n \tag{5.1/3}$$

mit der Anschlußstelle $z_0 = 0$ zu lösen. Mit

$$w'(z) = w_1 + \sum_{n=2}^{\infty} n w_n z^{n-1}, \qquad w''(z) = \sum_{n=2}^{\infty} n(n-1)\, w_n z^{n-2}$$

ergibt dies

$$w'' + \frac{1}{z} w' + \left(1 - \frac{1}{4z^2}\right) w = \sum_{n=2}^{\infty} n(n-1)\, w_n z^{n-2} + \frac{w_1}{z} +$$

$$+ \sum_{n=2}^{\infty} n w_n z^{n-2} + w_0 + w_1 z + \sum_{n=2}^{\infty} w_n z^n - \frac{w_0}{4z^2} - \frac{w_1}{4z} - \sum_{n=2}^{\infty} \frac{w_n}{4} z^{n-2},$$

also

$$-\frac{w_0}{4z^2} + \frac{3w_1}{4z} + \left[\frac{15w_2}{4} + w_0\right] + \left[\frac{35w_3}{4} + w_1\right] z + \sum_{n=2}^{\infty} \left[\left((n+2)^2 - \frac{1}{4}\right) w_{n+2} + w_n\right] z^n \equiv 0.$$

Daraus folgt

$$w_0 = 0, \qquad w_1 = 0$$

und daher

$$w_n = 0, \qquad n = 0, 1, \dots$$

Im Gegensatz dazu existiert für eine Stelle $z_0 \neq 0$ zu beliebigen Anfangsbedingungen $w_0(z_0)$ und $w_0'(z_0)$ stets eine Lösung von (5.1/2) in der Form der Reihe

$$w(z) = \sum_{n=0}^{\infty} w_n (z - z_0)^n, \tag{5.1/4}$$

die den positiven Konvergenzradius $r = |z_0|$ hat, weil auf der Peripherie des Konvergenzkreises die singuläre Stelle $z = 0$ liegt*).

Sei $w(z)$ irgendeine Lösung von (5.1/1), so kann man erwarten, daß die singuläre Stelle z_k i. a. auch eine singuläre Stelle von $w(z)$ ist; die Vermutung jedoch, daß $w(z)$ an der Stelle z_k einen Pol hat, wenn z_k Pol eines der Koeffizienten der Differentialgleichung (5.1/1) ist, muß i. a. nicht zutreffen, wie das obige Beispiel zeigt: Die Differentialgleichung (5.1/2) besitzt die allgemeine Lösung (vgl. (4.2/30) für $\nu = \frac{1}{2}$)

$$w(z) = \frac{1}{\sqrt{z}} (A \cos z + B \sin z), \tag{5.1/5}$$

die zwar an der Stelle $z = 0$ nicht stetig ist, aber dort auch keinen Pol hat.

Die Lösung (5.1/5) ist vom Typ

$$w(z) = (z - z_k)^\sigma F(z) \tag{5.1/6}$$

mit einer an der Stelle $z = z_k$ regulären Funktion $F(z)$. Das qualitative Verhalten einer Funktion vom vom Typ (5.1/6) wird dadurch charakterisiert, daß für eine ganze Zahl $s > -\operatorname{Re}(\sigma)$

$$\lim_{z \to z_k} |z - z_k|^s |w(z)| = 0 \tag{5.1/7}$$

ausfällt. Man nennt deshalb die singuläre Stelle $z = z_k$ der Differentialgleichung (5.1/1) eine *Stelle der Bestimmtheit* oder außerwesentlich singuläre Stelle, wenn (5.1/7) für *jede* Lösung von (5.1/1) (für die Stelle $z = z_k$) mit einer geeigneten ganzen Zahl s gegeben ist. Andernfalls nennen wir sie eine *Stelle der Unbestimmtheit* oder wesentlich singuläre Stelle.

Nach dem Satz von FUCHS ist die Stelle $z = z_k$ der Differentialgleichung (5.1/1) genau dann eine Stelle der Bestimmtheit, wenn ihre Koeffizienten $p_i(z)$ die Gestalt

$$p_i(z) = \frac{a_i(z)}{(z - z_k)^i}, \qquad i = 1, \dots, n, \tag{5.1/8}$$

haben**). Dabei sind die Funktionen $a_i(z)$ an der Stelle $z = z_k$ regulär, d. h. sie lassen sich an der Stelle z_k in eine Potenzreihe mit positivem Konvergenzradius entwickeln.

Wir bemerken, daß die Funktion $p_i(z)$ zufolge (5.1/8) an der Stelle $z = z_k$ einen Pol *höchstens* i-ter Ordnung besitzt; wenn $a_i(z)$ für $z = z_k$ verschwindet, ist der Exponent in (5.1/8) kleiner als i und z_k bleibt eine Stelle der Bestimmtheit.

Wir erkennen, daß die singuläre Stelle $z = 0$ der Differentialgleichung (5.1/2) eine Stelle der Bestimmtheit ist: für $s \geqslant 1$ gilt für die Lösung (5.1/5)

$$\lim_{z \to 0} |z|^s |w(z)| = 0;$$

tatsächlich ist (für $z = 0$) (5.1/2) vom Typ (5.1/8).

---

*) Vgl. Behnke-Sommer [15].

**) Vgl. Bieberbach [16].

Die von uns betrachteten partiellen Differentialgleichungen führen über den Separationsansatz immer auf Differentialgleichungen zweiter Ordnung dieses Typs,

$$w'' + p_1(z)\,w' + p_2(z)\,w = 0. \tag{5.1/9}$$

Sei $z = z_0$ eine Stelle der Bestimmtheit,

$$\begin{aligned} p_1(z) &= \frac{a_1(z)}{z - z_0} = \sum_{n=0}^{\infty} \alpha_n (z - z_0)^{n-1}, \qquad 0 < |z - z_0| < r_1, \\ p_2(z) &= \frac{a_2(z)}{(z - z_0)^2} = \sum_{n=0}^{\infty} \beta_n (z - z_0)^{n-2}, \qquad 0 < |z - z_0| < r_2, \end{aligned} \tag{5.1/10}$$

so legt das qualitative Verhalten einer Lösung $w(z)$ von (5.1/9) für eine Stelle der Bestimmtheit den Ansatz

$$w(z) = (z - z_0)^\sigma \sum_{n=0}^{\infty} w_n (z - z_0)^n = \sum_{n=0}^{\infty} w_n (z - z_0)^{n+\sigma}, \qquad w_0 \neq 0,^{*)} \tag{5.1/11}$$

nahe. (5.1/11) wird auch als *verallgemeinerte Potenzreihe* bezeichnet. Damit ergibt sich aus der Differentialgleichung (5.1/9)

$$(z - z_0)^{\sigma - 2} \sum_{n=0}^{\infty} (z - z_0)^n \left[w_n (n + \sigma)(n + \sigma - 1) + \sum_{\nu=0}^{n} w_\nu \left[(\beta_{n-\nu} + \alpha_{n-\nu}(\nu + \sigma)) \right] \right] \equiv 0$$

und nach Division durch $(z - z_0)^{\sigma - 2}$ auf Grund des Identitätssatzes für Potenzreihen

$$w_n (n + \sigma)(n + \sigma - 1) + \sum_{\nu=0}^{n} w_\nu \left(\beta_{n-\nu} + \alpha_{n-\nu}(\nu + \sigma) \right) = 0, \qquad n = 0,1,\dots \tag{5.1/12}$$

Für $n = 0$ wird daraus, wenn man $w_0 \neq 0$ beachtet,

$$f_0(\sigma) := \sigma(\sigma - 1) + \sigma\alpha_0 + \beta_0 = 0^{**)}. \tag{5.1/13}$$

Setzt man zur Abkürzung

$$f_k(\sigma) := \alpha_k \sigma + \beta_k,$$

so erhalten wir aus (5.1/12) für die Koeffizienten w_n das „gestaffelte" lineare Gleichungssystem

$$\begin{aligned} &w_0 f_0(\sigma) = 0 \\ &w_1 f_0(\sigma + 1) + w_0 f_1(\sigma) = 0 \\ &w_2 f_0(\sigma + 2) + w_1 f_1(\sigma + 1) + w_0 f_2(\sigma) = 0 \\ &\vdots \\ &w_n f_0(\sigma + n) + w_{n-1} f_1(\sigma + n - 1) + \ldots + w_0 f_n(\sigma) = 0. \end{aligned} \tag{5.1/14}$$

Wir diskutieren die Lösbarkeit von (5.1/14). Offenbar ist (5.1/13) dafür eine notwendige Bedingung. Im folgenden halten wir irgendeine Lösung $\sigma = \sigma_1$ von (5.1/13) fest. Auch erleidet die Allgemeinheit keinen Abbruch, wenn wir $w_0 = 1$ setzen.

---

*) Die Forderung $w_0 \neq 0$ ist offenbar wesentlich, um die allenfalls existierende Zahl σ eindeutig zu bestimmen.

**) Man beachte, daß die Lösungen der Gleichung (5.1/13) i.a. komplex sind; es ist dann, wie übrigens auch im Falle nicht ganzzahliger Lösungen $\sigma = s + it$ die Potenz $(z - z_0)^\sigma = \exp\{\sigma \ln(z - z_0)\}$ zu definieren, wobei der Logarithmus auf seiner Riemannschen Fläche geeignet festzulegen ist.

Aus der zweiten Gleichung (5.1/14) können wir nun w_1 berechnen, solange für die betrachtete Lösung von (5.1/13) $f_0(\sigma_1 + 1) \neq 0$ ist. Nehmen wir nun an, es sei bereits $w_1, w_2, \ldots, w_{n-1}$ aus den ersten n Gleichungen von (5.1/14) bestimmt und

$$f_0(\sigma_1 + n) = 0,$$

was gleichbedeutend damit ist, daß σ_1 und $\sigma_1 + n$ die Nullstellen von (5.1/13) sind. I. a. wird dann natürlich

$$w_{n-1} f_1(\sigma_1 + n - 1) + w_{n-2} f_2(\sigma_1 + n - 2) + \ldots + w_0 f_n(\sigma_1) \neq 0 \qquad (5.1/15)$$

ausfallen. Damit ist aber das System (5.1/14) für jenes betrachtete $\sigma = \sigma_1$ unlösbar. Für die zweite Lösung $\sigma_2 = \sigma_1 + n$ gilt dann aber stets

$$f_0(\sigma_2 + k) \neq 0, \qquad k = 1, 2, \ldots;$$

andernfalls wäre ja $\sigma_2 + k$ eine dritte Nullstelle von (5.1/13). Damit ist für die Nullstelle σ_2 eine (mit $w_0 = 1$) eindeutige Lösung von (5.1/9) möglich, denn die Reihe

$$w_1(z) = (z - z_0)^{\sigma_2} \sum_{n=0}^{\infty} w_n (z - z_0)^n, \qquad |z - z_0| < r, \qquad (5.1/16)$$

stellt jedenfalls eine Lösung von (5.1/9) dar. Ihr positiver Konvergenzradius $r > 0$ ist gleich dem Abstand der singulären Stelle z_0 von der ihr nächstgelegenen.

Gilt aber für beide Nullstellen σ_1 und σ_2 von (5.1/13) stets

$$f_0(\sigma_i + k) \neq 0, \qquad k = 1, 2, \ldots, \qquad i = 1, 2,$$

so gibt es zwei Lösungen von (5.1/9) in der Gestalt

$$\left.\begin{aligned} w_1(z) &= (z - z_0)^{\sigma_1} \sum_{n=0}^{\infty} w_n^{(1)} (z - z_0)^n, \\ w_2(z) &= (z - z_0)^{\sigma_2} \sum_{n=0}^{\infty} w_n^{(2)} (z - z_0)^n, \end{aligned}\right\} \quad |z - z_0| < r, \qquad (5.1/17)$$

die in einem Kreis vom Radius $r > 0$ konvergieren.

Der zentralen Stellung der Gleichung (5.1/13) entsprechend trägt sie die Bezeichnung *determinierende Gleichung*, ihre Lösungen σ_1 und σ_2 heißen die *charakteristischen Exponenten.*

Sind nun die charakteristischen Exponenten σ_1 und σ_2 derart, daß

$$\sigma_1 - \sigma_2 = \sqrt{(1 - \alpha_0)^2 - 4\beta_0}$$

keine ganze Zahl ist, so hat die Differentialgleichung (5.1/9) stets zwei Lösungen (5.1/17), von denen wir anschließend zeigen werden, daß sie linear unabhängig sind. Ist hingegen $\sigma_1 - \sigma_2 = n \neq 0$ eine ganze Zahl, so erhält man eine Lösung (5.1/16) von (5.1/9) für die größere*) der beiden Nullstellen von (5.1/13). Im Sonderfall $\sigma_1 = \sigma_2$ erhält man trivialerweise nur *eine* Lösung der Form (5.1/16).

Um für ganzzahliges $\sigma_1 - \sigma_2 = -n$, $n = 0, 1, 2, \ldots,$ eine weitere von (5.1/16) linear unabhängige Lösung von (5.1/9) zu ermitteln, setzen wir mit einer zu bestimmenden Funktion $u(z)$

$$w_2(z) = w_1(z) \int^{z} u(z')\, dz'. \qquad (5.1/18)$$

*) Im Falle komplexer Nullstellen σ_i bedeutet dies den größeren Realteil.

Wenn wir berücksichtigen, daß $w_1(z)$ die Differentialgleichung (5.1/9) erfüllt, ergibt dieser Ansatz*)

$$u' + u\left(2\frac{w_1'}{w_1} + p_1\right) = 0. \tag{5.1/19}$$

Man sieht sofort, daß (5.1/19) wieder eine Differentialgleichung mit der singulären Stelle $z = z_0$ ist; diese ist eine Stelle der Bestimmtheit, wie man aus

$$\frac{w_1'}{w_1} = \frac{\sigma_2}{z - z_0}\widetilde{P}_1(z - z_0), \qquad \widetilde{P}_1(0) = 1,$$

$$p_1(z) = \frac{\alpha_0}{z - z_0}\widetilde{P}_2(z - z_0), \qquad \widetilde{P}_2(0) = 1$$

und

$$2\frac{w_1'}{w_1} + p_1 = \frac{2\sigma_2 + \alpha_0}{z - z_0}\sum_{n=0}^{\infty}\gamma_n(z - z_0)^n = \frac{2\sigma_2 + \alpha_0}{z - z_0}\widetilde{P}_3(z - z_0), \qquad \gamma_0 = 1,$$

erkennt, wobei $\widetilde{P}_1(z)$, $\widetilde{P}_2(z)$ und $\widetilde{P}_3(z)$ Potenzreihen mit positivem Konvergenzradius sind. Wir setzen daher für $u(z)$ in (5.1/19)

$$u(z) = (z - z_0)^{\hat\sigma}\widetilde{P}(z - z_0) = (z - z_0)^{\hat\sigma}\sum_{n=0}^{\infty}u_n(z - z_0)^n, \qquad u_0 = 1, \tag{5.1/20}$$

und erhalten das lineare Gleichungssystem

$$\begin{aligned} &u_0(\hat\sigma + 2\sigma_2 + \alpha_0) = 0\\ &u_0(2\sigma_2 + \alpha_0)\gamma_1 + u_1(\hat\sigma + 1 + 2\sigma_2 + \alpha_0) = 0\\ &\vdots \end{aligned} \tag{5.1/21}$$

Man sieht, daß das System (5.1/21) für

$$\hat\sigma = -2\sigma_2 - \alpha_0 \tag{5.1/22}$$

eindeutig lösbar ist. Infolgedessen ist die allgemeine Lösung von (5.1/19) durch

$$u(z) = \frac{C}{(z - z_0)^{2\sigma_2 + \alpha_0}}\widetilde{P}(z - z_0) \tag{5.1/23}$$

gegeben, wobei $\widetilde{P}(z - z_0)$ eine Potenzreihe mit positivem Konvergenzradius ist. Aus (5.1/13) folgt $\sigma_1 + \sigma_2 = 1 - \alpha_0$ und damit wegen $\sigma_2 = \sigma_1 + n$

$$2\sigma_2 + \alpha_0 = n + 1. \tag{5.1/24}$$

Daher ergibt sich aus (5.1/23) für $C = 1$

$$\int^z u(z')\,dz' = \sum_{k=0}^{\infty}u_k\int^z(z - z_0)^{k-n-1}\,dz = \sum_{\substack{k=0\\k\neq n}}^{\infty}\delta_k(z - z_0)^{k-n} + u_n\ln(z - z_0),$$

$$\delta_k = \frac{u_k}{k - n}, \quad k \neq n, \quad k = 0, 1, \ldots$$

Wenn wir noch $u_n = A$ setzen, können wir dies auch in der Form

$$\int^z u(z')\,dz' = (z - z_0)^{\sigma_1 - \sigma_2}P(z - z_0) + A\ln(z - z_0) \tag{5.1/25}$$

*) Dies ist der sogenannte „Reduktionsansatz von d'Alembert".

schreiben. Wir erhalten schließlich für die zwei Lösungen von (5.1/9) im Fall $\sigma_1 - \sigma_2 = n \geqslant 0$ (wenn wir die Rollen von σ_1 und σ_2 vertauschen),

$$\begin{aligned} w_1(z) &= (z-z_0)^{\sigma_1} P_1(z-z_0), \\ w_2(z) &= (z-z_0)^{\sigma_2} P_2(z-z_0) + A(z-z_0)^{\sigma_1} \ln(z-z_0) P_1(z-z_0). \end{aligned} \tag{5.1/26}$$

Die Potenzreihen $P_1(z)$ und $P_2(z)$ haben dabei positive Konvergenzradien.

Wir erkennen, daß die Lösung (5.1/26) eine logarithmische Singularität haben kann, nämlich dann, wenn der Koeffizient u_n der n-ten Potenz in (5.1/20) von Null verschieden ist. Wegen $u_0 = 1$ tritt sicher ein logarithmisches Glied auf, wenn $n = 0$, also $\sigma_1 = \sigma_2$ ist.

Wir haben noch den Beweis der linearen Unabhängigkeit der Lösungen (5.1/17) bzw. (5.1/26) nachzuholen. Bei ganzzahligem $\sigma_1 - \sigma_2$ in (5.1/26) tritt für $A \neq 0$ der Logarithmus auf, weshalb die Lösungen (5.1/26) in diesem Fall sicherlich linear unabhängig sind. Es genügt daher offenbar, die lineare Unabhängigkeit zweier Lösungen von Typ (5.1/17) für $\sigma_1 \neq \sigma_2$ zu zeigen. Dazu berechnen wir die Wronskische Determinante

$$W(z; w_1, w_2) = w_1 w_2' - w_2 w_1' = (z-z_0)^{-\alpha} \widetilde{W}(z-z_0) \tag{5.1/27}$$

mit einer Potenzreihe $\widetilde{W}(z-z_0)$, deren Koeffizienten auf Grund unserer Annahme $\sigma_1 \neq \sigma_2$, $w_0^{(1)} = w_0^{(2)} = 1$ von Null verschieden sind. Das bedeutet aber gerade die lineare Unabhängigkeit der Lösungen (5.1/17).

Wir betrachten noch den Fall, daß $z = \infty$ ein singulärer Punkt der Differentialgleichung (5.1/8) ist. Durch die Transformation $z = 1/\zeta$ geht (5.1/9) in

$$\frac{d^2w}{d\zeta^2} + \frac{dw}{d\zeta}\left[\frac{2}{\zeta} - \frac{p_1\left(\frac{1}{\zeta}\right)}{\zeta^2}\right] + w\,\frac{p_2\left(\frac{1}{\zeta}\right)}{\zeta^4} = 0 \tag{5.1/28}$$

über. Ist nun $\zeta = 0$ eine Stelle der Bestimmtheit für (5.1/28), so heißt $z = \infty$ eine Stelle der Bestimmtheit für (5.1/9).

Besonders wichtig sind jene Differentialgleichungen, welche (einschließlich der Stelle $z = \infty$) nur singuläre Stellen der Bestimmtheit haben. Solche Differentialgleichungen heißen *Differentialgleichungen der Fuchsschen Klasse.*

Welche Voraussetzungen müssen die Koeffizienten $p_1(z)$ und $p_2(z)$ erfüllen, damit (5.1/9) der Fuchsschen Klasse angehört?

Seien etwa $z_1, \ldots, z_s$ die singulären Stellen der Differentialgleichung. Dann kann $p_1(z)$ in der ganzen Ebene nur Pole haben, und zwar wegen (5.1/8) höchstens von erster Ordnung. Bedeutet $\pi(z) = (z-z_1)\ldots(z-z_s)$, so muß

$$p_1(z) = \frac{f(z)}{\pi(z)}$$

gelten, worin $f(z)$ eine ganze Funktion ist, d. h., keine singulären Stellen im Endlichen besitzt*). Nun ist aber auch $z = \infty$ eine Stelle der Bestimmtheit, d. h. der Koeffizient

$$\frac{2}{\zeta} - \frac{p_1\left(\frac{1}{\zeta}\right)}{\zeta^2}$$

hat in $\zeta = 0$ einen Pol höchstens erster Ordnung; das bedeutet

$$\lim_{\zeta \to 0} \zeta \left[\frac{2}{\zeta} - \frac{f\left(\frac{1}{\zeta}\right)}{\zeta^2 \pi\left(\frac{1}{\zeta}\right)}\right] = \alpha < \infty. \tag{5.1/29}$$

---

*) Vgl. Anhang A, S. 207

Da $\pi(z)$ ein Polynom vom Grad s ist, muß f(z) ein Polynom höchstens vom Grad $s-1$ sein. Also gilt

$$p_1(z) = \sum_{j=1}^{s} \frac{A_j}{z - z_j}. \tag{5.1/30}$$

Schließlich darf $p_2(z)$ höchstens einen Pol zweiter Ordnung an der Stelle $z = z_j$ haben; folglich muß $p_2(z)$ in der Form

$$p_2(z) = \frac{g(z)}{\pi^2(z)}$$

mit einer ganzen Funktion g(z) dargestellt werden können. Damit nun auch $z = \infty$ eine Stelle der Bestimmtheit ist, muß

$$\frac{1}{\zeta^4} \frac{g\left(\frac{1}{\zeta}\right)}{\pi^2\left(\frac{1}{\zeta}\right)}$$

für $\zeta = 0$ einen Pol höchstens zweiter Ordnung haben. Das bedeutet

$$\lim_{\zeta \to 0} \zeta^2 \frac{1}{\zeta^4} \frac{g\left(\frac{1}{\zeta}\right)}{\pi^2\left(\frac{1}{\zeta}\right)} = \lim_{z \to \infty} z^2 p_2(z) = \beta < \infty. \tag{5.1/31}$$

Dieselbe Überlegung wie oben führt nun zur Bedingung

$$\lim_{\zeta \to 0} \zeta^{2s-2} g\left(\frac{1}{\zeta}\right) = \beta < \infty,$$

was nur möglich ist, wenn g(z) ein Polynom höchstens vom Grad $2s-2$ ist.

Demnach läßt sich auch $p_2(z)$ durch Partialbrüche

$$p_2(z) = \sum_{j=1}^{s} \left[\frac{B_j}{(z - z_j)^2} + \frac{C_j}{z - z_i}\right] \tag{5.1/32}$$

darstellen. Offenbar muß wegen (5.1/31)

$$\sum_{j=1}^{s} C_j - 0 \tag{5.1/33}$$

gelten.

5.2. Die hypergeometrische Differentialgleichung

Von besonderem Interesse für die Integration der partiellen Differentialgleichungen der mathematischen Physik sind die Differentialgleichungen der Fuchsschen Klasse mit zwei im Endlichen gelegenen Singularitäten z_1, z_2 und der Singularität $z = \infty$; nach dem Vorhergehenden sind diese Differentialgleichungen von der Gestalt

$$w'' + \left[\frac{A_1}{z - z_1} + \frac{A_2}{z - z_2}\right] w' + \left[\frac{B_1}{(z - z_1)^2} + \frac{B_2}{(z - z_2)^2} + \frac{C}{z - z_1} - \frac{C}{z - z_2}\right] w = 0. \tag{5.2/1}$$

Die determinierenden Gleichungen für $z = z_1$ und $z = z_2$ sind nach (5.1/13)

$$\sigma(\sigma - 1) + \sigma A_i + B_i = 0, \qquad i = 1, 2. \tag{5.2/2}$$

Zur Bestimmung der determinierenden Gleichung für $z = \infty$ transformieren wir (5.2/1) durch $z = 1/\zeta$,

$$\frac{d^2w}{d\zeta^2} + \frac{1}{\zeta}\left[2 - \frac{A_1}{1 - z_1\zeta} - \frac{A_2}{1 - z_2\zeta}\right]\frac{dw}{d\zeta} + \\ + \frac{1}{\zeta^2}\left[\frac{B_1}{(1 - z_1\zeta)^2} + \frac{B_2}{(1 - z_2\zeta)^2} + \frac{C(z_1 - z_2)}{(1 - z_1\zeta)(1 - z_2\zeta)}\right] w = 0, \tag{5.2/3}$$

und erhalten sie schließlich mit der determinierenden Gleichung von (5.2/3) für $\zeta = 0$

$$\sigma(\sigma - 1) + \sigma(2 - A_1 - A_2) + B_1 + B_2 + C(z_1 - z_2) = 0. \tag{5.2/4}$$

Bezeichnen wir die Lösung von (5.2/2) bzw. (5.2/4) mit

$$\sigma_1^{(i)}, \sigma_2^{(i)}, \sigma_\infty^{(i)}, \qquad i = 1, 2,$$

so ist offenbar

$$\sum_{i=1}^{2} (\sigma_1^{(i)} + \sigma_2^{(i)} + \sigma_\infty^{(i)}) = 1, \tag{5.2/5}$$

denn es folgt aus (5.2/2) und (5.2/4)

$$1 - A_1 = \sigma_1^{(1)} + \sigma_1^{(2)}, \quad 1 - A_2 = \sigma_2^{(1)} + \sigma_2^{(2)}, \quad -1 + A_1 + A_2 = \sigma_\infty^{(1)} + \sigma_\infty^{(2)}. \tag{5.2/6}$$

Ferner erkennt man

$$B_1 = \sigma_1^{(1)}\sigma_1^{(2)}, \quad B_2 = \sigma_2^{(1)}\sigma_2^{(2)}, \quad B_1 + B_2 + C(z_1 - z_2) = \sigma_\infty^{(1)}\sigma_\infty^{(2)}. \tag{5.2/7}$$

Errechnet man nun aus (5.2/6) und (5.2/7) die Koeffizienten A_i, B_i, $i = 1, 2$, und C in Abhängigkeit von den charakteristischen Exponenten $\sigma_1^{(i)}, \sigma_2^{(i)}, \sigma_\infty^{(i)}$, $i = 1, 2$, und setzt in die Differentialgleichung (5.2/1) ein, so wird aus (5.2/3)

$$w'' + \left[\frac{1 - \sigma_1^{(1)} - \sigma_1^{(2)}}{z - z_1} + \frac{1 - \sigma_2^{(1)} - \sigma_2^{(2)}}{z - z_2}\right] w' + \left[\frac{\sigma_1^{(1)}\sigma_1^{(2)}(z_1 - z_2)}{z - z_1} + \right. \\ \left. + \frac{\sigma_2^{(1)}\sigma_2^{(2)}(z_2 - z_1)}{z - z_2} + \sigma_\infty^{(1)}\sigma_\infty^{(2)}\right] \frac{w}{(z - z_1)(z - z_2)} = 0. \tag{5.2/8}$$

(5.2/8) transformieren wir durch

$$w(z) = (z - z_1)^{\sigma_1^{(1)}} (z - z_2)^{\sigma_2^{(2)}} \hat{w}(z) \tag{5.2/9}$$

und erhalten nach einer elementaren Rechnung, wenn

$$\begin{aligned} a &= \sigma_1^{(1)} + \sigma_2^{(1)} + \sigma_\infty^{(1)} \\ b &= \sigma_1^{(1)} + \sigma_2^{(1)} + \sigma_\infty^{(2)} \\ c &= 1 + \sigma_1^{(1)} - \sigma_1^{(2)} \\ d &= 1 + \sigma_2^{(1)} - \sigma_2^{(2)} \end{aligned} \tag{5.2/10}$$

gesetzt wird, die Differentialgleichung

$$\hat{w}'' + [(a + b + 1) z - cz_2 - dz_1] \frac{\hat{w}'}{(z - z_1)(z - z_2)} + ab \frac{\hat{w}}{(z - z_1)(z - z_2)} = 0. \tag{5.2/11}$$

Schließlich wollen wir noch mit der Transformation

$$x = \frac{z - z_1}{z_2 - z_1} \tag{5.2/12}$$

die singulären Stellen z_1, z_2, ∞ in $0, 1, \infty$ überführen; das gibt, wenn wir wieder z statt x und w statt $\hat{w}$ schreiben,

$$w'' + \frac{(a+b+1)z - c}{z(z-1)} w' + \frac{ab}{z(z-1)} w = 0. \tag{5.2/13}$$

(5.2/13) heißt die *hypergeometrische Differentialgleichung.* Jede Differentialgleichung zweiter Ordnung der Fuchsschen Klasse läßt sich durch (5.2/9) und (5.2/12) in diese Gestalt bringen.

Wir versuchen, (5.2/13) zu lösen. Die determinierende Gleichung für die singuläre Stelle $z = 0$ ist zufolge (5.2/2)

$$\sigma(\sigma + c - 1) = 0 \tag{5.2/14'}$$

und für die singuläre Stelle $z = 1$

$$\sigma(\sigma + a + b - c) = 0. \tag{5.2/14''}$$

Wegen (5.2/14') existiert eine Lösung von (5.2/13) in der Gestalt

$$w_1(z) = \sum_{n=0}^{\infty} \gamma_n z^n, \qquad \gamma_0 = 1, \tag{5.2/15}$$

soferne $c \neq 0$ gilt oder c nicht gleich einer negativen ganzen Zahl ist. Setzt man (5.2/15) in (5.2/13) ein, so folgt für $n = 1, 2, \ldots$

$$\gamma_n = \frac{(a+n-1)(b+n-1)}{n(c+n-1)} \gamma_{n-1}. \tag{5.2/16}$$

Daher wird

$$w_1(z) = 1 + \sum_{n=1}^{\infty} \frac{a(a+1)\ldots(a+n-1)}{c(c+1)\ldots(c+n-1)} \frac{b(b+1)\ldots(b+n-1)}{n!} z^n. \tag{5.2/17}$$

Wenn also a (oder b) keine negative ganze Zahl oder Null ist, bricht die Reihe (5.2/17) nie ab. Wegen

$$\frac{\gamma_{n+1}}{\gamma_n} = \frac{\left(1 + \frac{a}{n}\right)\left(1 + \frac{b}{n}\right)}{\left(1 + \frac{c}{n}\right)\left(1 + \frac{1}{n}\right)}$$

folgt

$$\lim_{n \to \infty} \frac{\gamma_{n+1}}{\gamma_n} = 1,$$

was zum Konvergenzradius*)

$$r^{-1} = \lim_{n \to \infty} \sqrt[n]{|\gamma_n|} = \lim_{n \to \infty} \left| \frac{\gamma_{n+1}}{\gamma_n} \right| = 1 \tag{5.2/18}$$

führt.

Die Reihe (5.2/17) heißt *hypergeometrische Reihe.* Die Lösung der hypergeometrischen Differentialgleichung, die im Kreis $|z| < 1$ durch die Reihe (5.2/17) dargestellt wird, heißt *hypergeometrische Funktion:*

$$F(a, b, c; z) := \sum_{n=0}^{\infty} \frac{(a)_n (b)_n}{(c)_n} \frac{z^n}{n!} = \frac{\Gamma(c)}{\Gamma(a)\Gamma(b)} \sum_{n=0}^{\infty} \frac{\Gamma(a+n)\Gamma(b+n)}{\Gamma(c+n)\, n!} z^n. \tag{5.2/19}$$

---

*) Vgl. Knopp [10].

Dabei ist für komplexes x

$$\frac{\Gamma(x+n)}{\Gamma(x)} = (x)_n = \begin{cases} x(x+1)\dots(x+n-1), & n \geqslant 1 \\ 1 \quad , & n = 0, \end{cases} \quad \text{gesetzt.} \tag{5.2/20}$$

Die Form der hypergeometrischen Reihe (5.2/19) zeigt, daß durch Differentiation wieder eine solche entsteht,

$$\frac{d}{dz} F(a, b, c; z) = \frac{ab}{c} F(a+1, b+1, c+1; z). \tag{5.2/21}$$

Wir bemerken, daß $\gamma_{\nu+n} = 0$ für alle $\nu = 0, 1, \dots$ ist, wenn entweder $a = 1 - n$ oder $b = 1 - n$ mit einer natürlichen Zahl n gilt. In diesem Fall und nur in diesem Fall erhalten wir eine polynomiale Lösung von (5.2/13).

Ist c keine ganze Zahl, so läßt sich wegen (5.2/14′) eine zweite Lösung von (5.2/13) in der Gestalt

$$w_2(z) = z^{1-c} P(z) \tag{5.2/22}$$

angeben, wobei $P(z)$ eine Potenzreihe mit positivem Konvergenzradius bedeutet. Wir überlassen dem Leser den Nachweis von

$$P(z) = F(a-c+1, b-c+1, 2-c; z),$$

also

$$w_2(z) = z^{1-c} F(a-c+1, b-c+1, 2-c; z).$$

Diesen erbringt man, wenn man (5.2/22) in (5.2/13) einsetzt. Für $P(z)$ ergibt sich wieder die Differentialgleichung (5.2/13), jedoch mit geänderten Parametern a, b, c.

Damit haben wir im Falle eines nichtganzzahligen c die allgemeine Lösung für $z = 0$ gefunden,

$$w(z) = A\, F(a, b, c; z) + B z^{1-c} F(a-c+1, b-c+1, 2-c; z). \tag{5.2/23}$$

Für $B \neq 0$ ist $w(z)$ für $z = 0$ und $c > 1$ nicht stetig.

Für $c = 1, 2, \dots$ ist die Situation $\sigma_1 - \sigma_2 = -n$ von Kap. 5.1.gegeben. Man erhalt dann die allgemeine Lösung in der Form

$$w(z) = A\, F(a, b, c; z) + B\,[C \ln z\, F(a, b, c; z) + z^{1-c} P(z)], \tag{5.2/24}$$

wo C eine Konstante ist und die Koeffizienten der rechtsstehenden Potenzreihe $P(z)$ eindeutig bestimmt sind*).

Für $c = 0, -1, -2, \dots$ versagt das obige Verfahren zur Konstruktion einer für $z = 0$ regulären Lösung. Dann ist $\sigma = 1 - c$ die größere der beiden Nullstellen von (5.2/14′), weshalb man den Ansatz $w_1(z) = z^{1-c} P(z)$ zu machen hat; man bestätigt durch Einsetzen in (5.2/13), daß für $P(z)$ wieder eine hypergeometrische Differentialgleichung entsteht, die auf

$$w_1(z) = z^{1-c} F(a-c+1, b-c+1, 2-c; z)$$

führt. Eine dazu linear unabhängige Lösung ergibt sich analog (5.2/24) zu

$$w_2(z) = C z^{1-c} \ln z\, F(a-c+1, b-c+1, 2-c; z) + P(z),$$

sodaß in diesem Fall die allgemeine Lösung von (5.2/13) für $z = 0$ durch

$$\begin{aligned} w(z) = {} & A z^{1-c} F(a-c+1, b-c+1, 2-c; z) + \\ & + B\,[C z^{1-c} \ln z\, F(a-c+1, b-c+1, 2-c; z) + P(z)] \end{aligned} \tag{5.2/25}$$

gegeben ist. Der Nachweis sei wieder dem Leser überlassen**).

---

*) C und die Koeffizienten der Potenzreihe sind bis auf ein *gemeinsames* Vielfaches bestimmt (vgl. (5.1/26)).

**) Vgl. auch Bieberbach [16].

Wir suchen nun auch die allgemeine Lösung für $z = 1$ und $z = \infty$. Um eine solche zu gewinnen, substituieren wir in (5.2/13) $z = 1 - \zeta$ und erhalten wieder eine hypergeometrische Differentialgleichung (5.2/13) mit

$$a' = a, \quad b' = b, \quad c' = a + b + 1 - c \tag{5.2/26}$$

für die wir mit nicht ganzzahligem $a + b - c$ aus (5.2/24) die allgemeine Lösung in der Form ($\zeta = 1 - z$)

$$\begin{aligned} w(z) &= A\,F(a, b, a + b + 1 - c; 1 - z) + \\ &+ B(1 - z)^{c - a - b} F(c - b, c - a, 1 + c - a - b; 1 - z) \end{aligned} \tag{5.2/27}$$

angeben können.

Analog zu (5.2/24) erhalten wir für $c' = a + b + 1 - c = 1, 2, \ldots$

$$\begin{aligned} w(z) &= A\,F(a, b, a + b + 1 - c; 1 - z) + \\ &+ B[C \ln(1 - z) F(a, b, a + b + 1 - c; 1 - z) + (1 - z)^{c - a - b} P(1 - z)] \end{aligned} \tag{5.2/28}$$

und schließlich für $c' = a + b + 1 - c = 0, -1, -2, \ldots$ entsprechend (5.2/25)

$$\begin{aligned} w(z) &= A(1 - z)^{c - a - b} F(c - b, c - a, c - a - b + 1; 1 - z) + \\ &+ B[C(1 - z)^{c - a - b} \ln(1 - z) F(c - b, c - a, c - a - b + 1; 1 - z) + P(1 - z)]. \end{aligned} \tag{5.2/29}$$

Für $z = \infty$ erhält man eine Integralbasis durch die beiden Funktionen

$$\begin{aligned} w_1(z) &= z^{-a} F\left(a, a - c + 1, a - b + 1; \frac{1}{z}\right), \\ w_2(z) &= z^{-b} F\left(b, b - c + 1, b - a + 1; \frac{1}{z}\right), \end{aligned} \tag{5.2/30}$$

wenn $b - a$ nicht ganzzahlig ist. Der Nachweis sei dem Leser überlassen*).

Die Integralbasen für $z = 0$ und $z = 1$ sind in der Vereinigung der Kreise $|z| < 1$ und $|z - 1| < 1$ (bei geeigneter Wahl des Zweiges der in $z = 1$ bzw. $z = 0$ singulären Lösung) regulär, so daß sich dort jede der Integralbasen durch die jeweils andere linear ausdrücken läßt. Ähnliches gilt auch für $z = \infty$. Derartige Konstruktionen sind zur Gewinnung von Elementen der analytischen Fortsetzung der hypergeometrischen Funktion von Bedeutung*).

Wir betrachten als Beispiel die *Differentialgleichung der zugeordneten Legendreschen Funktionen,* die wir in Kap. 6.1 noch eingehend besprechen werden,

$$\frac{d}{dz}\left[(1 - z^2)\frac{dw}{dz}\right] + \left[\lambda - \frac{m^2}{1 - z^2}\right] w = 0, \qquad m = 0, 1, 2, \ldots \tag{5.2/31}$$

Für $m = 0$ geht (5.2/31) in die *Legendresche Differentialgleichung* über.

Die Differentialgleichung (5.2/31) ist eine Differentialgleichung der Fuchsschen Klasse, wie man erkennt, wenn man sie in der Gestalt

$$w'' + \left[\frac{1}{z - 1} + \frac{1}{z + 1}\right] w' + \frac{1}{4}\left[\frac{-m^2}{(z - 1)^2} + \frac{-m^2}{(z + 1)^2} + \frac{m^2 - 2\lambda}{z - 1} - \frac{m^2 - 2\lambda}{z + 1}\right] w = 0 \tag{5.2/32}$$

anschreibt. Nach (5.2/2) ist die determinierende Gleichung für $z = \pm 1$

$$\sigma(\sigma - 1) + \sigma - \frac{m^2}{4} = 0$$

mit den Lösungen

$$\sigma = \pm \frac{m}{2}.$$

*) Bieberbach [16].

Für $z = \infty$ ergibt sich mit (5.2/3)

$$\sigma^2 - \sigma - \lambda = 0$$

mit den Lösungen

$$\sigma = \frac{1 \pm \sqrt{4\lambda + 1}}{2} = \begin{cases} \omega_1 \\ \omega_2 \end{cases}.$$

Daraus folgt

$$\sigma_1^{(1)} = \sigma_2^{(1)} = \frac{m}{2}, \qquad \sigma_1^{(2)} = \sigma_2^{(2)} = -\frac{m}{2},$$

$$\sigma_\infty^{(1)} = \omega_1, \qquad \sigma_\infty^{(2)} = \omega_2$$

und auf Grund von (5.2/10)

$$a = m + \omega_1, \qquad c = m + 1,$$
$$b = m + \omega_2, \qquad d = m + 1.$$

Mit den Transformationen

$$w(z) = (1 - z^2)^{\frac{m}{2}}\, \hat{w}(z), \qquad x = \frac{1 - z}{2} \tag{5.2/33}$$

geht (5.2/31) in

$$\frac{d^2 \hat{w}}{dx^2} + (m + 1)\frac{2x - 1}{x(x - 1)}\frac{d\hat{w}}{dx} + \frac{m^2 + m - \lambda}{x(x - 1)}\hat{w} = 0 \tag{5.2/34}$$

über. Da $c = m + 1$ eine natürliche Zahl ist, sind die für $x = 0$ regulären Lösungen von (5.2/34) durch

$$A\, F(m + \omega_1, m + \omega_2, m + 1; x) \tag{5.2/35}$$

gegeben, wobei A eine willkürliche Konstante ist*).

Für die Anwendungen (vgl. Kap. 6.1) benötigt man meist jene Lösungen von (5.2/34), die für $x = 0$ *und* $x = 1$ regulär bzw. stetig sind. Dies entspricht einer „Eigenwertaufgabe" für λ mit Randbedingungen, die wir in Kap. 4.2 als qualitative Randbedingungen bezeichnet haben. Eine Lösung dieses Eigenwertproblems liegt offensichtlich vor, wenn a oder b gleich einer negativen ganzen Zahl ist. Dies ist genau dann der Fall, wenn eine ganze Zahl $l \geqslant m \geqslant 0$ existiert mit

$$\lambda = l(l + 1), \tag{5.2/36}$$

denn dann ist in (5.2/35) $m + \omega_1$ oder $m + \omega_2$ negativ ganzzahlig. Damit bricht die Reihe (5.2/35) ab und stellt ein Polynom vom Grade $l - m$ dar.

Wir wollen nun zeigen, daß *nur* unter der Bedingung (5.2/36) eine für $x = 0$ und $x = 1$ reguläre Lösung von (5.2/34) existiert. Eine solche Lösung $\hat{w}(x)$ ist notwendigerweise von der Form

$$\hat{w}(x) = F(m + \omega_1, m + \omega_2, m + 1; x),$$

wenn wir $\hat{w}(x)$ durch $\hat{w}(0) = 1$ normieren. Da durch die Transformation $x \to 1 - x$ die Differentialgleichung (5.2/34) in sich übergeht, sind auf Grund unserer obigen Überlegung die einzigen für $x = 1$ regulären Lösungen der Differentialgleichung (5.2/34) ebenfalls durch

$$F(m + \omega_1, m + \omega_2, m + 1; 1 - x)$$

gegeben. Dann muß aber eine Darstellung

$$\hat{w}(x) = F(m + \omega_1, m + \omega_2, m + 1; x) = A\, F(m + \omega_1, m + \omega_2, m + 1; 1 - x) \tag{5.2/37}$$

*) Sofern die zweite Lösung nicht einen Logarithmus enthält, hat sie jedenfalls einen Pol für $x = 0$ (vgl. (5.2/24)).

mit einer geeigneten Konstanten $A \neq 0$ im Durchschnitt der beiden Kreise K_1 und K_2 gelten (siehe Abb. 5.1).

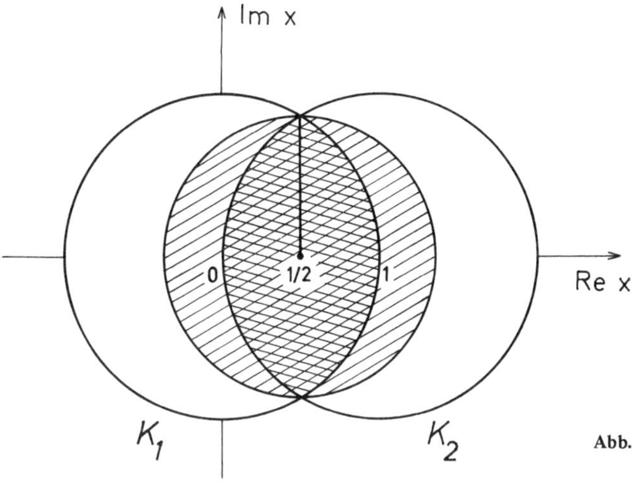

Abb. 5.1.

Um A zu bestimmen, entwickeln wir die Funktion $\hat{w}(x)$ in ihre Potenzreihe an der Stelle $x = 1/2$. Da auf dem Konvergenzkreis mit den Radius $r > 0$ wenigstens ein singulärer Punkt von $\hat{w}(x)$ liegen muß, ist offensichtlich

$$r \geqslant \frac{\sqrt{3}}{2} > \frac{1}{2},$$

denn auf Grund unserer Voraussetzungen ist $\hat{w}(x)$ in der Vereinigung der beiden Kreise K_1 und K_2 regulär. Zur Bestimmung des Konvergenzradius der Potenzreihe

$$\hat{w}(x) = \sum_{n=0}^{\infty} c_n \left(x - \frac{1}{2}\right)^n \tag{5.2/38}$$

mit einer der üblichen Methoden erhält man eine zweigliedrige Rekursionsformel, aus der sich

$$\lim_{n \to \infty} \frac{c_n}{c_{n+2}} = \frac{1}{4}$$

und damit

$$r = \frac{1}{\overline{\lim\limits_{n \to \infty}} \sqrt[n]{|c_n|}} = \frac{1}{2}$$

ergibt. Dies steht aber im Widerspruch zu unserer Annahme, es gäbe eine für $x = 0$ und $x = 1$ reguläre Lösung von (5.2/34) in der Form einer nicht abbrechenden Potenzreihe.

Die einzige (durch $\hat{w}(0) = 1$ normierte) für $x = 0$ und $x = 1$ reguläre Lösung von (5.2/34) ist daher durch

$$\hat{w}(x) = F(m + l + 1, m - l, m + 1; x), \qquad l \geqslant m \geqslant 0, \tag{5.2/39}$$

gegeben. (5.2/39) ist ein Polynom vom Grad $l - m$.

Mann nennt die für z = − 1 und z = 1 stetigen auf die übliche Art normierten Lösungen w(z) von (5.2/31),

$$P_l^m(z) := (1-z^2)^{\frac{m}{2}} \frac{(l+m)!}{(l-m)!} \frac{1}{2^m m!} F\left(m+l+1, m-l, m+1; \frac{1-z}{2}\right), \tag{5.2/40}$$

die zugeordneten *Legendreschen Funktionen.* Offensichtlich ist $P_l^m(z)$ für m = 0 ein Polynom; man nennt

$$P_l^0(z) := P_l(z) = F\left(l+1, -l, 1; \frac{1-z}{2}\right), \quad l = 0, 1, 2, .., \tag{5.2/41}$$

die *Legendreschen Polynome.* Wir kommen auf sie in Kap. 6.1 zurück.

Wir besprechen noch eine wichtige Eigenschaft der zugeordneten Legendreschen Funktionen. Nach (5.2/34) und (5.2/37) besteht eine Darstellung

$$\hat{w}(x) = F(m+l+1, m-l, m+1; x) \equiv A\, F(m+l+1, m-l, m+1; 1-x) \tag{5.2/42}$$

mit einer geeigneten Konstanten $A \neq 0$. Um diese zu bestimmen, bilden wir die $(l-m)$-te Ableitung von (5.2/42) und erhalten mit (5.2/21) aus

$$(2l)!\, \frac{m!}{l!} \frac{(l-m)!}{(l+m)!} (-1)^{m+l} \equiv A(2l)!\, \frac{m!}{l!} \frac{(l-m)!}{(l+m)!}$$

schließlich $A = (-1)^{l+m}$. Dies bedeutet für die zugeordneten Legendreschen Funktionen

$$P_l^m(z) = (-1)^{l+m} P_l^m(-z), \tag{5.2/43}$$

da $(1-z^2)^{\frac{m}{2}}$ eine gerade Funktion ist. Insbesondere sind die Legendreschen Polynome mit ihrer Gradzahl gerade bzw. ungerade Funktionen.

5.3. Die konfluente hypergeometrische Differentialgleichung

Setzt man in der hypergeometrischen Differentialgleichung (5.2/13) $z = \xi/b$, so resultiert

$$\xi\left(1-\frac{\xi}{b}\right)\frac{d^2w}{d\xi^2} + \left[c - \left(1+\frac{a+1}{b}\right)\xi\right]\frac{dw}{d\xi} - aw = 0. \tag{5.3/1}$$

(5.3/1) hat die singulären Stellen $\xi = 0$, $\xi = b$, $\xi = \infty$. Mit $b \to \infty$ folgt daraus, wenn wir wieder z statt ξ schreiben,

$$zw'' + (c-z)\,w' - aw = 0. \tag{5.3/2}$$

(5.3/2) heißt *Kummersche*) Differentialgleichung* oder *konfluente hypergeometrische Differentialgleichung,* weil durch den Grenzübergang $b \to \infty$ die beiden Singularitäten z = b und $z = \infty$ ineinanderfließen. Nach wie vor ist die singuläre Stelle z = 0 eine Stelle der Bestimmtheit, dagegen ist $z = \infty$ jetzt wesentlich singulär.

Die determinierende Gleichung für z = 0 ist nach (5.1/13)

$$\sigma(\sigma - 1 + c) = 0$$

mit den Lösungen $\sigma = 0$ und $\sigma = 1 - c$. Daher erhalten wir für c nicht ganzzahlig analog (5.1/17) zwei linear unabhängige Lösungen. Jene für $\sigma = 0$ ist

$$w_1(z) = \Phi(a, c; z) = \lim_{b\to\infty} F\left(a, b, c; \frac{z}{b}\right) = \sum_{n=0}^{\infty} \frac{(a)_n}{(c)_n} \frac{z^n}{n!} = \frac{\Gamma(c)}{\Gamma(a)} \sum_{n=0}^{\infty} \frac{\Gamma(a+n)}{\Gamma(c+n)} \frac{z^n}{n!}, \tag{5.3/3}$$

*) Vgl. Bieberbach [16], Schäfke [17].

für $\sigma = 1 - c$

$$w_2(z) = z^{1-c}\,\Phi(a-c+1, 2-c; z). \qquad (5.3/4)$$

Die (ganze) Funktion $\Phi(a, c; z)$ heißt *Kummersche Funktion* oder *konfluente hypergeometrische Funktion.*

Der Grenzübergang, eine der außerwesentlich singulären Stellen nach $z = \infty$ zu verschieben, kann auch in etwas anderer Weise vorgenommen werden. Wir betrachten die hypergeometrische Differentialgleichung für die Singularitäten $z = 0$, $z = z_0$, $z = \infty$ mit den charakteristischen Exponenten

$$\sigma_1^{(1)} = \nu,\ \sigma_1^{(2)} = -\nu,\ \sigma_2^{(1)} + \sigma_2^{(2)} = 1,$$

$$\sigma_\infty^{(1)} + \sigma_\infty^{(2)} = 0,\ \sigma_2^{(1)}\sigma_2^{(2)} = \sigma_\infty^{(1)}\sigma_\infty^{(2)} = z_0^2,$$

welche nach (5.2/8) die Gestalt

$$w'' + \frac{1}{z}\,w' + \left[\frac{\nu^2 z_0}{z^2(z-z_0)} + \frac{z_0^2}{(z-z_0)^2}\right] w = 0$$

hat. für $z_0 \to \infty$ geht sie in

$$w'' + \frac{1}{z}\,w' + \left(1 - \frac{\nu^2}{z^2}\right) w = 0 \qquad (5.3/5)$$

über. (5.3/5) heißt *Besselsche Differentialgleichung;* man erhält sie auch aus der konfluenten hypergeometrischen Differentialgleichung für $a = \nu + (1/2)$, $c = 2\nu + 1$ über die Transformationen

$$w(z) = e^{z/2} z^{-\nu}\,\hat{w}(z), \qquad z = 2i\xi.$$

Die Stelle $z = 0$ ist für (5.3/5) eine Stelle der Bestimmtheit, $z = \infty$ ist wieder wesentlich singulär.

Von Bedeutung sind in den Anwendungen weitere Spezialfälle der konfluenten hypergeometrischen Differentialgleichung, nämlich die *Hermitesche Differentialgleichung*

$$w'' - 2zw' + 2\lambda w = 0 \qquad (5.3/6)$$

und die *Laguerresche Differentialgleichung*

$$zw'' + (a + 1 - z)\,w' + \nu w = 0. \qquad (5.3/7)$$

Wir kommen auf sie in Kap. 6.3 zurück.

5.4. Übungsbeispiele zu Kap. 5

5.4.1: Man diskutiere die singulären Stellen der Differentialgleichung

$$w'' + \frac{2(z+2)}{z(z+1)}\,w' - \frac{4}{z^2(z+1)^2}\,w = 0$$

und gebe eine Integralbasis an. Gehört die Differentialgleichung der Fuchsschen Klasse an?

5.4.2: Man ermittle die Stellen der Bestimmtheit der Differentialgleichung

$$\sin^2 z\, w'' + \sin z\, w' - p^2 \cos z\, w = 0$$

und gebe die charakteristischen Exponenten an.

5.4.3: Unter welchen Voraussetzungen über die Funktion $p(z)$ gehört die Differentialgleichung

$$w' + p(z)\,w = 0$$

der Fuchsschen Klasse an?

5.4.4: Es seien

$$p(z) = A_0 z^a + A_1 z^{a-1} + \ldots + A_a, \qquad A_0 \neq 0,$$
$$q(z) = B_0 z^b + B_1 z^{b-1} + \ldots + B_b, \qquad B_0 \neq 0,$$

Polynome. Man zeige: Notwendig dafür, daß

$$w'' + p(z)\,w' + q(z)\,w = 0$$

polynomiale Lösungen besitzt, ist $a = b + 1$. In diesem Fall ist $nA_0 + B_0 = 0$ notwendig für eine Polynomlösung vom Grade n. Hinweis: Man setze

$$w(z) = z^n + \gamma_1 z^{n-1} + \ldots = z^n\left(1 + O\left(\frac{1}{z}\right)\right)$$

und betrachte die Differentialgleichung für große Werte von $|z|$.

5.4.5: Man zeige, daß die Differentialgleichung

$$(1 - z^2)\,w'' - zw' + \lambda w = 0$$

eine Differentialgleichung der Fuchsschen Klasse ist.

5.4.6: Man zeige, daß die Differentialgleichung von Beispiel 5.4.5 polynomiale Lösungen $T_n(z)$ vom Grade n für $\lambda = n^2$ besitzt:

$$T_n(z) = 2^{-n+1}\, F\left(-n, n, \frac{1}{2}; \frac{1-z}{2}\right).$$

Man zeige insbesondere $T_0(x) = 1$ und

$$T_n(x) = 2^{-n+1}\cos(n \arccos x), \qquad -1 \leqslant x \leqslant 1, \qquad n \geqslant 1,$$

(vgl. Beispiel 4.8.2). Die Polynome $T_n(x)$ heißen *Tschebyscheffsche* Polynome.

5.4.7: Man zeige die Orthonormalitätsrelationen

$$\frac{2^n}{\sqrt{\pi}}\frac{2^m}{\sqrt{\pi}}\int_{-1}^{1} T_m(x)\,T_n(x)\,\frac{dx}{\sqrt{1-x^2}} = \delta_{nm}.$$

5.4.8: Man beweise

$$\frac{1-t^2}{1-2xt+t^2} = T_0(x) + \sum_{n=1}^{\infty} 2^n\,T_n(x)\,t^n, \qquad |t| < 1, \qquad -1 \leqslant x \leqslant 1.$$

5.4.9: Man zeige

$$\text{(i)} \quad \int_0^x e^{-t} t^{a-1}\,dt = \frac{1}{a}\,x^a\,\Phi(a, a+1; -x), \qquad a > 0$$

$$\text{(ii)} \quad \int_0^x e^{-t^2}\,dt = x\,\Phi\left(\frac{1}{2}, \frac{3}{2}; -x^2\right)$$

(iii) $$\int_0^x \cos\left(\frac{\pi}{2}u^2\right)du = \frac{x}{2}\left[\Phi\left(\frac{1}{2},\frac{3}{2};\frac{i\pi}{2}x^2\right)+\Phi\left(\frac{1}{2},\frac{3}{2};\frac{i\pi}{2}x^2\right)\right]$$

$$\int_0^x \sin\left(\frac{\pi}{2}u^2\right)du = \frac{x}{2}\left[\Phi\left(\frac{1}{2},\frac{3}{2};\frac{i\pi}{2}x^2\right)-\Phi\left(\frac{1}{2},\frac{3}{2};-\frac{i\pi}{2}x^2\right)\right]$$

(iv) $(1-x)^n = F(-n, 1, 1; x)$

(v) $-\frac{1}{x}\ln(1-x) = F(1, 1, 2; x)$

(vi) $\frac{1}{x}\arcsin x = F\left(\frac{1}{2},\frac{1}{2},\frac{3}{2};x^2\right)$.

Die Integrale (iii) heißen die *Fresnelschen Integrale* und sind für die Beschreibung der sogenannten Fresnelschen Beugung von Wellen wichtig.

5.4.10: Man beweise die Kummersche Transformation

$$\Phi(a, c; z) = e^z\,\Phi(c-a, c; z), \qquad c \neq 0, -1, \ldots$$

5.4.11: Man gebe eine Integralbasis der zugeordneten Legendreschen Differentialgleichung (5.2/31) für das Innere des Einheitskreises an.

5.4.12*: Man zeige, daß

$$P_\nu(z) = \frac{\Gamma(2\nu+1)}{2^\nu(\Gamma(\nu+1))^2}\,z^\nu\,F\left(-\frac{\nu}{2},\frac{1-\nu}{2},\frac{1}{2}-\nu;z^{-2}\right), \qquad |z| > 1$$

Lösung der Legendreschen Differentialgleichung (5.2/32) mit $m = 0$ und $\lambda = \nu(\nu+1)$ für alle jene ν ist, für die die obige hypergeometrische Reihe einen Sinn hat.

Die Funktionen $P_\nu(z)$ heißen *Legendresche Funktionen erster Art* und sind für $\nu = n \in \mathbb{N}$ die Legendreschen Polynome.

5.4.13*: Man zeige, daß

$$Q_\nu(z) = \frac{\sqrt{\pi}}{2^{\nu+1}}\,\frac{\Gamma(\nu+1)}{\Gamma\left(\nu+\frac{3}{2}\right)}\,z^{-\nu-1}\,F\left(\frac{\nu+1}{2}, 1+\frac{\nu}{2}, \nu+\frac{3}{2}; z^{-2}\right), \qquad |z| > 1$$

Lösung der Legendreschen Differentialgleichung (5.2/31) mit $m = 0$ und $\lambda = \nu(\nu+1)$ für alle jene ν ist, für die die obige hypergeometrische Reihe einen Sinn hat.

Die Funktionen $Q_\nu(z)$ heißen *Legendresche Funktionen zweiter Art.*

6. Spezielle Funktionen

Als spezielle Funktionen der mathematischen Physik bezeichnet man diejenigen Funktionen, die sich als Lösung der durch Separation der Gleichung $\Delta u + \lambda u = 0$ in krummlinigen orthogonalen Koordinaten entstehenden Differentialgleichungen ergeben. Wir werden in diesem Kapitel eine Auswahl der einfachsten speziellen Funktionen besprechen, nämlich die Kugelfunktion und Zylinderfunktionen. Diese treten bei Zugrundelegung von Kugelkoordinaten und Zylinderkoordinaten auf. Im Anschluß daran behandeln wir auch zwei Probleme der Quantenmechanik, die auf der Lösung der Schrödingergleichung beruhen und zu den Hermiteschen und Laguerreschen Polynomen führen.

6.1. Kugelfunktionen

6.1.1. Die Laplacegleichung in Kugelkoordinaten

Wir haben schon früher*) gesehen, daß die Geometrie des Problems ein geeignetes Koordinatensystem nahelegt. So behandelten wir die Laplacegleichung für ein Rechteck in rechtwinkeligen kartesischen Koordinaten, für den Kreis in (ebenen) Polarkoordinaten.

Daher verwenden wir zur Lösung der Laplacegleichung für eine Kugel räumliche Polarkoordinaten (1.2/29). Nach (1.4/21) ist Δ in Polarkoordinaten

$$\Delta = \frac{1}{r^2}\frac{\partial}{\partial r}\left(r^2 \frac{\partial}{\partial r}\right) + \frac{1}{r^2 \sin\theta}\frac{\partial}{\partial\theta}\left(\sin\theta \frac{\partial}{\partial\theta}\right) + \frac{1}{r^2 \sin^2\theta}\frac{\partial^2}{\partial\varphi^2}\,. \tag{6.1/1}$$

Wir versuchen wieder, die Gleichung $\Delta u = 0$ mit der Methode der Separation der Variablen zu lösen und machen den Ansatz

$$u(r, \theta, \varphi) = R(r)\, S(\theta, \varphi). \tag{6.1/2}$$

(6.1/1) ergibt, auf (6.1/2) angewendet, wenn wir durch $S(\theta, \varphi)\, R(r)/r^2$ dividieren,

$$-\frac{1}{S}\left[\frac{1}{\sin\theta}\frac{\partial}{\partial\theta}\left(\sin\theta\frac{\partial S}{\partial\theta}\right) + \frac{1}{\sin^2\theta}\frac{\partial^2 S}{\partial\varphi^2}\right] = \frac{1}{R}\frac{d}{dr}\left(r^2\frac{dR}{dr}\right). \tag{6.1/3}$$

Das heißt aber, daß beide Seiten von (6.1/3) gleich einer Konstanten sein müssen. Daher zerfällt $\Delta u = 0$ in die beiden Differentialgleichungen

$$\frac{d}{dr}\left(r^2\frac{dR}{dr}\right) = \lambda R \tag{6.1/4}$$

bzw.

$$-\frac{1}{\sin\theta}\frac{\partial}{\partial\theta}\left(\sin\theta\frac{\partial S}{\partial\theta}\right) - \frac{1}{\sin^2\theta}\frac{\partial^2 S}{\partial\varphi^2} = \lambda S \tag{6.1/5}$$

mit dem Separationsparameter λ. Die Differentialgleichung (6.1/4) ist eine Eulersche Differentialgleichung. Ihre allgemeine Lösung erhält man durch den Ansatz $R(r) = r^\alpha$ zu

$$R(r) = A\, r^{\alpha_1} + B\, r^{\alpha_2}, \qquad \alpha_{1,2} = \tfrac{1}{2}\left(-1 \pm \sqrt{1 + 4\lambda}\right). \tag{6.1/6}$$

(6.1/5) ist eine partielle Differentialgleichung, die wir durch

$$S(\theta, \varphi) = \Phi(\varphi)\, \Theta(\theta)$$

*) Vgl. Kap. 3.2.

in die beiden gewöhnlichen Differentialgleichungen

$$\Phi'' + \omega\Phi = 0 \tag{6.1/7}$$

bzw.

$$\frac{1}{\sin\theta}\frac{d}{d\theta}\left(\sin\theta\,\frac{d\Theta}{d\theta}\right) + \left(\lambda - \frac{\omega}{\sin^2\theta}\right)\Theta = 0 \tag{6.1/8}$$

mit dem Parameter ω separieren. Die allgemeine Lösung von (6.1/7) ist für $\omega \neq 0$ durch

$$\Phi(\varphi) = C\sin\varphi\sqrt{\omega} + D\cos\varphi\sqrt{\omega} \tag{6.1/9}$$

gegeben. Analog zu den Überlegungen in Kap. 3 müssen wir aus Gründen der Eindeutigkeit der Funktion $S(\theta, \varphi)$ auf der Kugeloberfläche verlangen, daß $\Phi(\varphi)$ eine 2π-periodische Funktion ist. Dies ist, wie wir schon früher gesehen haben, nur für

$$\omega = m^2, \qquad m = 0, 1, 2, \ldots,$$

der Fall. Dann geht (6.1/8) mit der Transformation

$$\xi = \cos\theta, \qquad \frac{d}{d\theta} = \frac{d\xi}{d\theta}\frac{d}{d\xi} = -\sqrt{1-\xi^2}\,\frac{d}{d\xi}, \qquad \Theta(\theta) = \widetilde{\Theta}(\xi),$$

in

$$\frac{d}{d\xi}\left[(1-\xi^2)\frac{d\widetilde{\Theta}}{d\xi}\right] + \left[\lambda - \frac{m^2}{1-\xi^2}\right]\widetilde{\Theta} = 0 \tag{6.1/10}$$

über. (6.1/10) heißt die *Differentialgleichung der zugeordneten Legendreschen Funktionen,* im besonderen für $m = 0$ die *Legendresche Differentialgleichung.* Wir haben sie in Kap. 5.2 studiert und dabei festgestellt, daß sie nur für gewisse Werte des Parameters λ eine für $\xi = 1$ und $\xi = -1$ stetige Lösung besitzt, nämlich für die Eigenwerte

$$\lambda = l(l+1), \qquad l \geqslant m \geqslant 0, \qquad m = 0, 1, \ldots \text{ *)} \tag{6.1/11}$$

Die damit sich ergebenden Eigenfunktionen sind die zugeordneten Legendreschen Funktionen $P_l^m(\xi)$**) (vgl. (5.2/40)),

$$P_l^m(\xi) = \frac{(l+m)!}{(l-m)!}\frac{1}{m!\,2^m}(1-\xi^2)^{\frac{m}{2}}\,F\left(l+m+1, m-l, m+1; \frac{1-\xi}{2}\right) \tag{6.1/12}$$

bzw. für $m = 0$ die Legendreschen Polynome (vgl. (5.2/41))

$$P_l(\xi) = F\left(l+1, -l, 1; \frac{1-\xi}{2}\right). \tag{6.1/13}$$

Aus (6.1/9) folgt nun

$$\Phi_0(\varphi) = D_0, \qquad \Phi_m(\varphi) = C_m\sin m\varphi + D_m\cos m\varphi, \qquad m = 1, 2, \ldots \tag{6.1/14}$$

Damit lassen sich die auf der ganzen Kugeloberfläche stetigen Lösungen von (6.1/5) in der Form

$$S(\theta, \varphi) = S_l(\theta, \varphi) = \sum_{m=0}^{l} P_l^m(\cos\theta)\left[C_{l,m}\sin m\varphi + D_{l,m}\cos m\varphi\right] \tag{6.1/15}$$

darstellen.

---

*) λ ist nicht von der Gestalt (6.1/11), wenn die Lösung etwa für das Innere eines Kegels $0 \leqslant \theta \leqslant \theta_1$ zu suchen ist, auf dessen Mantel gewisse Randbedingungen vorgeschrieben sind. Auch hier ist ein enger Zusammenhang zwischen den Werten von λ und dem Verhalten der gesuchten Lösung am Rande gegeben.

**) (6.1/12) und (6.1/13) werden auch Legendresche Funktionen erster Art genannt. Die zweite Lösungen werden als Legendresche Funktionen zweiter Art bezeichnet. Vlg. etwa Lense [18], [19], Schäfke [17], Beispiel 5.4.13, Beispiel 6.4.4 bis 6.4.7.

Wir bemerken, daß die Funktionen (6.1/15) die einzigen Lösungen von (6.1/5) sind, die für $\theta = 0$ und $\theta = \pi$ stetig und auf der Kugeloberfläche eindeutig sind. Sie sind Eigenfunktionen der Differentialgleichung (6.1/5) zu den Eigenwerten (6.1/11) und von besonderem Interesse, da wir natürlich von der Lösung $U(x_1, x_2, x_3) = u(r, \theta, \varphi)$ von (6.1/1) fordern, daß sie auf den (willkürlichen) Polen der Kugel stetig ist.

Aus (6.1/11) ergeben sich nun für α_1 und α_2 die Werte $\alpha_1 = l$ und $\alpha_2 = -(l+1)$; damit erhalten wir die Lösung von (6.1/1) als Summe

$$u(r, \theta, \varphi) = u_1(r, \theta, \varphi) + u_2(r, \theta, \varphi) \tag{6.1/16}$$

mit*)

$$u_1(r, \theta, \varphi) = \sum_{l \in L} r^l S_l(\theta, \varphi) \tag{6.1/17'}$$

und

$$u_2(r, \theta, \varphi) = \sum_{l \in L} r^{-l-1} S_l(\theta, \varphi), \tag{6.1/17''}$$

wo in den Funktionen $S_l(\theta, \varphi)$ jeweils $(2l+1)$ willkürliche Konstanten enthalten sind.

Die Lösung $u_1(r, \theta, \varphi)$ ist offensichtlich eine im Inneren der gegebenen Kugel (insbesondere im Kugelmittelpunkt) stetige Funktion, während $u_2(r, \theta, \varphi)$ eine für das Äußere der Kugel stetige Funktion ist, die für den unendlich fernen Punkt verschwindet, wie es meist von einer Potentialfunktion verlangt wird.

Es sei dem Leser der Nachweis überlassen, daß die Funktionen

$$r^l S_l(\theta, \varphi), \qquad l = 0, 1, \ldots, \tag{6.1/18}$$

homogene Polynome vom Grad l sind, d. h. Polynome von der Gestalt

$$\sum_{\substack{i,j,k=0 \\ i+j+k=l}}^{l} A_{ijk} x_1^i x_2^j x_3^k. \tag{6.1/19}$$

Man nennt eine homogene Funktion $V(x_1, x_2, x_3)$ vom Grade k, also eine Funktion, die der Bedingung

$$V(tx_1, tx_2, tx_3) = t^k V(x_1, x_2, x_3) \tag{6.1/20}$$

genügt, und zusätzlich eine Lösung der Laplaceschen Differentialgleichung $\Delta V = 0$ ist, eine *Kugelfunktion vom Grad k;* ist im besonderen $V(x_1, x_2, x_3)$ ein Polynom vom Grad k, also $V(x_1, x_2, x_3)$ ein homogenes Polynom (6.1/19), so heißt $V(x_1, x_2, x_3)$ eine *ganze rationale Kugelfunktion* vom Grade k.

Sei nun

$$V(x_1, x_2, x_3) = V(r \sin\theta \cos\varphi, r \sin\theta \sin\varphi, r \cos\varphi) = v(r, \theta, \varphi)$$

eine Kugelfunktion vom Grade k, so gilt zufolge (6.1/20) offensichtlich

$$v(r, \theta, \varphi) = r^k V(\sin\theta \cos\varphi, \sin\theta \sin\varphi, \cos\varphi) = r^k S(\theta, \varphi). \tag{6.1/21}$$

Wir nennen die Funktion $S(\theta, \varphi)$ die zur Kugelfunktion k-ten Grades $V(x_1, x_2, x_3) = v(r, \theta, \varphi)$ gehörige *Kugelflächenfunktion* k-ten Grades. Eine Kugelflächenfunktion $S(\theta, \varphi)$, die von φ unabhängig ist, nennt man eine *zonale Kugelflächenfunktion.* Die wichtigsten zonalen Kugelflächenfunktionen sind die Legendreschen Polynome, deren Eigenschaften in den folgenden Abschnitten besprochen werden.

---

*) L bedeute wieder eine endliche Menge nicht negativer ganzer Zahlen.

6.1.2. Die Legendreschen Polynome und ihre erzeugende Funktion

Die Legendreschen Polynome $P_l(\xi)$ genügen der Differentialgleichung (6.1/10) (vgl. (5.2/31)) für m = 0,

$$\frac{d}{d\xi}\left[(1-\xi^2)\frac{dP_l}{d\xi}\right] + l(l+1)P_l = 0. \qquad (6.1/22)$$

Mit der in (6.1/13) gewählten Normierung erfüllen sie

$$P_l(1) = 1, \qquad l = 0, 1, \dots \qquad (6.1/23)$$

Da zufolge (5.2/43) die Legendreschen Polynome mit ihrer Gradzahl gerade bzw. ungerade Funktionen sind,

$$P_l(-\xi) = (-1)^l P_l(\xi), \qquad (6.1/24)$$

erkennt man auch leicht die Beziehungen

$$P_l(-1) = (-1)^l P_l(1) = (-1)^l. \qquad (6.1/25)$$

Zur expliziten Berechnung der Legendreschen Polynome kann (6.1/13) mit (5.2/19),

$$P_l(\xi) = \sum_{n=0}^{l} (-1)^n \frac{(l+n)!}{(l-n)!}\frac{1}{2^n}\frac{1}{n!^2}(1-\xi)^n, \qquad (6.1/26)$$

herangezogen werden.

Daraus erhält man für $l = 0, 1, 2, \dots$

$$P_0(\xi) = 1,$$
$$P_1(\xi) = \xi,$$
$$P_2(\xi) = \tfrac{1}{2}(3\xi^2 - 1),$$
$$P_3(\xi) = \tfrac{1}{2}(5\xi^3 - 3\xi) \qquad \text{etc.}$$

Der Verlauf dieser Polynome ist in Abb. 6.1 dargestellt.

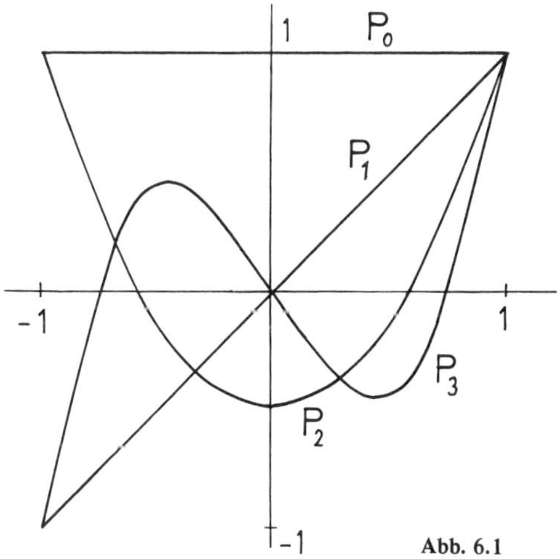

Abb. 6.1

Nach (4.2/18) sind die Legendreschen Polynome orthogonal, weil $f(\xi) = 1 - \xi^2$ an den Intervallenden $\xi = 1, \xi = -1$ verschwindet,

$$\int_{-1}^{+1} P_l(\xi)\, P_{l'}(\xi)\, d\xi = 0, \qquad l \neq l'. \qquad (6.1/27)$$

Sie lassen sich mit geeigneten Konstanten c_l normieren, sodaß

$$\int_{-1}^{+1} [c_l P_l(\xi)]^2\, d\xi = 1$$

wird. Wir werden im folgenden mit Hilfe der sogenannten erzeugenden Funktion den Nachweis erbringen, daß

$$\int_{-1}^{+1} P_l^2(\xi)\, d\xi = \frac{2}{2l+1} \qquad (6.1/28)$$

ist, also $c_l = \sqrt{l + (1/2)}$ gesetzt werden muß.

An dieser Stelle sei erwähnt, daß für die Legendreschen Polynome ein Entwicklungssatz (4.3/44) gilt. Wir werden ihn in Kap. 6.1.8 als Spezialfall eines allgemeineren Satzes für Kugelflächenfunktionen herleiten.

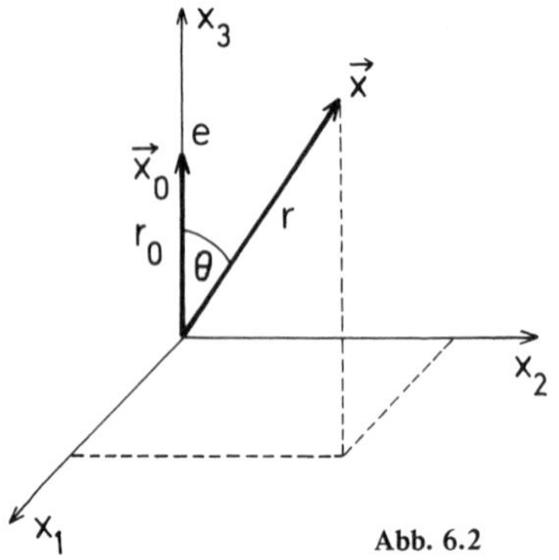

Abb. 6.2

Ein wertvolles Hilfsmittel zum Studium der Legendreschen Polynome stellt die erzeugende Funktion dar. Eine Ladung e im Punkt $\mathbf{x}_0 = (0, 0, r_0)$ auf der x_3-Achse erzeugt das elektrostatische Potential im Aufpunkt $\mathbf{x} = (x_1, x_2, x_3)$ (Abb. 6.2)

$$U(x_1, x_2, x_3) = \frac{e}{|\mathbf{x} - \mathbf{x}_0|} = \frac{e}{\sqrt{r^2 + r_0^2 - 2rr_0 \cos\theta}}. \tag{6.1/29}$$

Wir überlassen dem Leser den Nachweis, daß $U(x_1, x_2, x_3)$ eine Kugelfunktion vom Grade -1 ist. Die Funktion $rU(x_1, x_2, x_3)$ wird in ihre Reihe nach Potenzen von $1/r$ ($e = 1$),

$$rU(x_1, x_2, x_3) = \left[1 + \left(\frac{r_0}{r}\right)^2 - 2\frac{r_0}{r}\cos\theta\right]^{-\frac{1}{2}} = \sum_{l=0}^{\infty} r^{-l} a_l(\theta), \tag{6.1/30}$$

entwickelt. Da für $\mathbf{x} \neq \mathbf{x}_0$ die linke Seite von (6.1/30) für $\theta = 0$ und $\theta = \pi$ stetig ist, muß zufolge (6.1/17) eine Darstellung

$$r\,U(x_1, x_2, x_3) = \sum_{l=0}^{\infty} r^{-l} S_l(\theta, \varphi) \tag{6.1/31}$$

möglich sein, denn jeder Summand von (6.1/30) ist Kugelfunktion. Offenbar sind die Kugelflächenfunktionen $S_l(\theta, \varphi)$ von φ unabhängig, also zonale Kugelflächenfunktionen. Dann muß aber

$$a_l(\theta) = S_l(\theta, \varphi) \equiv c_l P_l(\cos\theta)$$

sein. Zur Bestimmung der Konstanten c_l setzen wir $\theta = 0$ und erhalten

$$\frac{1}{r - r_0} = \frac{1}{r}\sum_{l=0}^{\infty}\left[\frac{r_0}{r}\right]^l = \frac{1}{r}\sum_{l=0}^{\infty} r^{-l} c_l P_l(1) = \frac{1}{r}\sum_{l=0}^{\infty} c_l r^{-l}, \qquad r > r_0,$$

also

$$c_l = r_0^l.$$

Somit ergibt sich die Entwicklung

$$(r^2 + r_0^2 - 2rr_0\cos\theta)^{-1/2} = \frac{1}{r}\sum_{l=0}^{\infty}\left[\frac{r_0}{r}\right]^l P_l(\cos\theta), \qquad r > r_0. \tag{6.1/32'}$$

Um die Konvergenz der Reihe (6.1/32′) für $r > r_0$ zu zeigen, betrachten wir die Funktion

$$f(z) = (1 + z^2 - 2z\cos\theta)^{-1/2},$$

die in $z = 0$ holomorph ist, sodaß ihre Potenzreihe

$$(1 + z^2 - 2z\cos\theta)^{-1/2} = \sum_{n=0}^{\infty} a_n z^n$$

im Inneren eines Kreises konvergiert, auf dessen Peripherie mindestens eine singuläre Stelle von $f(z)$ liegt. Diese sind die Nullstellen von

$$1 + z^2 - 2z\cos\theta,$$

die man zu $e^{\pm i\theta}$ berechnet: Wegen $|e^{\pm i\theta}| = 1$ liegen sie auf dem Einheitskreis. Das bedeutet aber, daß die Reihe (6.1/32′) für $|z| = r_0/r < 1$ bzw. für $r > r_0$ konvergiert.

Wir können (6.1/29) auch nach Potenzen von r entwickeln. Mit Hilfe von (6.1/17) überlegt man sich die Entwicklung

$$(r^2 + r_0^2 - 2rr_0 \cos\theta)^{-1/2} = \frac{1}{r_0} \sum_{l=0}^{\infty} \left[\frac{r}{r_0}\right]^l P_l(\cos\theta), \quad r < r_0. \tag{6.1/32''}$$

(6.1/32″) ergibt sich auch aus der Symmetrie von (6.1/29) in r und r_0 aus (6.1/32′).

Die Funktion

$$g(\xi, t) = (1 - 2t\xi + t^2)^{-1/2} = \sum_{l=0}^{\infty} t^l P_l(\xi), \qquad |t| < 1, \tag{6.1/33}$$

heißt *erzeugende Funktion* der Legendreschen Polynome. Aus ihr kann man einige – auch für die praktische Berechnung nützliche – Beziehungen zwischen den Legendreschen Polynomen herleiten. Differenziert man (6.1/33) nach t, so folgt

$$\frac{\xi - t}{\sqrt{1 - 2t\xi + t^2}} = (1 - 2t\xi + t^2) \sum_{l=1}^{\infty} l t^{l-1} P_l(\xi); \tag{6.1/34}$$

setzt man weiteres (6.1/33) in die linke Seite von (6.1/34) ein und ordnet nach Potenzen von t, so erhält man

$$\sum_{l=0}^{\infty} t^l \Big((l+1) P_{l+1}(\xi) - (2l+1)\xi P_l(\xi) + l P_{l-1}(\xi)\Big) \equiv 0, \tag{6.1/35}$$

wenn $P_{-1}(\xi) \equiv 0$ gesetzt wird. Durch Koeffizientenvergleich folgt die *Rekursionsformel*

$$(l+1) P_{l+1}(\xi) = (2l+1)\xi P_l(\xi) - l P_{l-1}(\xi), \qquad l = 0, 1, 2, \ldots \tag{6.1/36}$$

Eine zweite Rekursionsformel erhält man, wenn man (6.1/33) nach ξ differenziert; entsprechend der obigen Vorgangsweise kommt man zu

$$P'_{l+1}(\xi) - 2\xi P'_l(\xi) + P'_{l-1}(\xi) = P_l(\xi), \qquad l = 0, 1, 2, \ldots \tag{6.1/37}$$

Weitere Beziehungen findet man durch Kombination von (6.1/36) und (6.1/37): Differenziert man (6.1/36) und eliminiert $P'_l(\xi)$, so folgt

$$(2l+1) P_l(\xi) = P'_{l+1}(\xi) - P'_{l-1}(\xi), \qquad l = 0, 1, 2, \ldots \tag{6.1/38}$$

Als Übung sei dem Leser die Herleitung der Formel

$$\sum_{l=0}^{n} \left(l + \frac{1}{2}\right) P_l(\xi) = \frac{1}{2}\left[P'_n(\xi) + P'_{n+1}(\xi)\right] \tag{6.1/39}$$

empfohlen.

Wir holen nun den Beweis von (6.1/28) nach. Dazu bilden wir das Integral ($|t| < 1$)

$$\int_{-1}^{1} \frac{d\xi}{1 - 2t\xi + t^2} = \int_{-1}^{1} \sum_{l=0}^{\infty} \sum_{l'=0}^{\infty} t^{l+l'} P_l(\xi) P_{l'}(\xi)\, d\xi = \sum_{l=0}^{\infty} \sum_{l'=0}^{\infty} t^{l+l'} \int_{-1}^{1} P_l(\xi) P_{l'}(\xi)\, d\xi$$

$$= \sum_{l=0}^{\infty} t^{2l} \int_{-1}^{1} P_l^2(\xi)\, d\xi;$$

andererseits gilt für $|t| < 1$

$$\int_{-1}^{1} \frac{d\xi}{1 - 2t\xi + t^2} = \frac{1}{2t} \int_{(1-t)^2}^{(1+t)^2} \frac{dx}{x} = \frac{1}{t} \ln \frac{1+t}{1-t} = 2 \sum_{l=0}^{\infty} \frac{t^{2l}}{2l+1}.$$

Der Vergleich der beiden Seiten führt gerade zu (6.1/28).

6.1.3. Die Formel von Rodrigues

Aus (6.1/33) erkennen wir, daß sich die Legendreschen Polynome $P_l(\xi)$ durch die Ableitungen

$$P_l(\xi) = \frac{1}{l!} \left.\frac{\partial^l g(\xi, t)}{\partial t^l}\right|_{t=0}$$

ausdrücken lassen. Bekanntlich berechnen sich diese aus der Cauchyschen Formel*)

$$\left.\frac{\partial^l g(\xi, t)}{\partial t^l}\right|_{t=0} = \frac{l!}{2\pi i} \oint_K \frac{g(\xi, z)}{z^{l+1}}\, dz, \tag{6.1/40}$$

wenn K ein Kreis mit beliebig kleinem Radius um den Punkt $z = 0$ ist. Substituieren wir in (6.1/40) die neue Veränderliche τ,

$$(1 - 2\xi z + z^2)^{1/2} = z\tau - 1, \qquad z = 2\frac{\tau - \xi}{\tau^2 - 1}, \qquad \frac{dz}{d\tau} = -2\frac{1 - 2\xi\tau + \tau^2}{(\tau^2 - 1)^2}, \tag{6.1/41}$$

so transformiert sich der Integrand von (6.1/40) zu

$$-\frac{1}{2^l l!} \frac{l!}{2\pi i} \frac{(\tau^2 - 1)^l}{(\tau - \xi)^{l+1}}. \tag{61/42}$$

Der Kreis K geht bei der Transformation (6.1/41) in eine geschlossene Kurve K' um $\tau = \xi$ über. Durchläuft man den Kreis K im positiven Sinn, wie in (6.1/40) verlangt ist, so wird K' im negativen Sinn durchlaufen, wie man feststellen kann, wenn man das Vorzeichen der Funktionaldeterminante der Abbildung

$$z = f(\tau) = u + iv,\ x = u(\rho, \sigma),\ \ y = v(\rho, \sigma),\ \ \tau = \rho + i\sigma, \quad z = x + iy$$

ermittelt. Wenn man daher K' im positiven Sinn durchläuft, muß das Vorzeichen in (6.1/42) geändert werden, sodaß sich nun das Ergebnis

$$P_l(\xi) = \frac{1}{2^l l!} \frac{l!}{2\pi i} \oint_{K'} \frac{(\tau^2 - 1)^l}{(\tau - \xi)^{l+1}}\, d\tau \tag{6.1/43}$$

einstellt. K' kann dabei stetig zu einem Kreis mit beliebig kleinem Radius um den Mittelpunkt ξ deformiert werden.

Aus (6.1/43) sieht man nun, daß wegen

$$\frac{1}{2^l l!} \frac{d^l}{d\xi^l} (\xi^2 - 1)^l = \frac{1}{2^l l!} \frac{l!}{2\pi i} \oint_{K'} \frac{(\tau^2 - 1)^l}{(\tau - \xi)^{l+1}}\, d\tau$$

---

*) Siehe Anhang A, S. 204

offensichtlich*)

$$P_l(\xi) = \frac{1}{2^l l!} \frac{d^l}{d\xi^l} [(\xi^2 - 1)^l], \qquad l = 0, 1, 2, \ldots, \qquad (6.1/44)$$

gilt. (6.1/44) nennt man die Formel von RODRIGUES.

Aus (6.1/44) ergibt sich für $n < l$

$$\int_{-1}^{1} \xi^n P_l(\xi)\, d\xi = 0$$

und

$$\int_{-1}^{1} \xi^l P_l(\xi)\, d\xi = \frac{2^l (l!)^2}{(2l)!} \frac{2}{2l+1}. \qquad (6.1/45)$$

Den einfachen Beweis überlassen wir dem Leser.

6.1.4. Die Integraldarstellung von LAPLACE

Wir berechnen nun das Integral (6.1/43), indem wir

$$\tau = \xi + \rho e^{i\varphi}, \quad d\tau = i\rho e^{i\varphi} d\varphi, \qquad -\pi \leqslant \varphi \leqslant \pi,$$

mit beliebigem ρ setzen; es folgt daraus

$$P_l(\xi) = \frac{1}{2\pi} \int_{-\pi}^{\pi} \left[\xi + \frac{(\xi^2 - 1)\, e^{-i\varphi} + \rho^2 e^{i\varphi}}{2\rho}\right]^l d\varphi.$$

Setzen wir für $|\xi| > 1$ schließlich $\rho = \sqrt{\xi^2 - 1}$, so ergibt sich

$$P_l(\xi) = \frac{1}{\pi} \int_0^{\pi} (\xi + \sqrt{\xi^2 - 1} \cos\varphi)^l\, d\varphi. \qquad (6.1/46')$$

Diese Darstellung der Legendreschen Polynome ist auf Grund der Herleitung nur für $|\xi| > 1$ gültig. Berechnet man aber das Integral (6.1/46'), so folgt wegen

$$\int_0^{\pi} \cos^{2k+1}\varphi\, d\varphi = 0, \qquad k = 0, 1, 2, \ldots,$$

daß nach Ausführung der Integration über die Binomialentwicklung des Integranden von (6.1/46') das Ergebnis keine ungeradzahligen Potenzen von $\sqrt{\xi^2 - 1}$ enthält. Das Resultat ist daher ein Polynom vom Grade l und stellt die Legendreschen Polynome auch für $-1 \leqslant \xi \leqslant 1$ dar.

Setzen wir in (6.1/46') $\xi = \cos\theta$, so erhalten wir endlich die Darstellung

$$P_l(\cos\theta) = \frac{1}{\pi} \int_0^{\pi} (\cos\theta \pm i \sin\theta \cos\varphi)^l d\varphi. \qquad (6.1/46'')$$

*) Siehe Anhang A, S. 204

(6.1/46) nennt man eine *Integraldarstellung* für die Legendreschen Polynome. Sie geht auf LAPLACE zurück.

Mit Hilfe dieser Integraldarstellung kann man einen bemerkenswerten Zusammenhang mit den trigonometrischen Funktionen herstellen, auf dessen Beweis wir aus Platzgründen verzichten müssen*). Man findet für (festes) $\epsilon > 0$, $\epsilon \leqslant \theta \leqslant \pi - \epsilon$, die asymptotische Darstellung für große Werte des Zeigers l:

$$P_l(\cos\theta) = \sqrt{\frac{2}{l\pi\sin\theta}}\cos\left[\left(l+\frac{1}{2}\right)\theta - \frac{\pi}{4}\right] + R_1(\theta), \tag{6.1/47'}$$

bzw.

$$P_l(\cos\theta) = \sqrt{\frac{2}{l\pi\sin\theta}}\sin\left[\left(l+\frac{1}{2}\right)\theta + \frac{\pi}{4}\right] + R_2(\theta), \tag{6.1/47''}$$

wobei die Abschätzungen

$$|R_i(\theta)| < C_i(\epsilon)\, l^{-3/2}, \qquad i = 1, 2,$$

mit nur von ϵ abhängigen Konstanten $C_i(\epsilon)$ bestehen. Demnach gilt für $-1 + \epsilon' \leqslant \xi \leqslant 1 - \epsilon'$

$$|P_l(\xi)| \leqslant C'(\epsilon')\, l^{-1/2}, \tag{6.1/48}$$

wo desgleichen die Konstante $C'(\epsilon')$ nur von ϵ' allein abhängig ist.

Eine andere sehr wichtige Beziehung besteht in

$$|P_l(\xi)| \leqslant 1, \qquad -1 \leqslant \xi \leqslant 1. \tag{6.1/49}$$

Der Leser zeigt dies sehr leicht mit Hilfe der Darstellung

$$P_l(\cos\theta) = \frac{2}{2^{2l}}\binom{2l}{l}\left[\cos l\theta + \frac{\binom{l}{1}^2}{\binom{2l}{2}}\cos(l-2)\theta + \ldots + \frac{\binom{l}{k}^2}{\binom{2l}{2k}}\cos(l-2k)\theta + \ldots\right],$$

wo der letzte Summand entweder eine Konstante oder $\cos\theta$ ist, je nachdem, ob l gerade oder ungerade ist.

6.1.5. Die zugeordneten Legendreschen Funktionen

Wir kehren nun zur Differentialgleichung der zugeordneten Legendreschen Funktionen (6.1/10) zurück. In Kap. 6.1.1 haben wir ihre für $\xi = 1$ und $\xi = -1$ stetigen Lösungen, die zugeordneten Legendreschen Funktionen, eingeführt. Aus (5.2/40) erkennt man unter Berücksichtigung von (5.2/21), (5.2/41) und (6.1/44)

$$\begin{aligned} P_l^m(\xi) &= \frac{(l+m)!}{(l-m)!}\frac{1}{2^m m!}(1-\xi^2)^{m/2}\, F\left(l+m+1, m-l, m+1; \frac{1-\xi}{2}\right) \\ &= (1-\xi^2)^{m/2}\frac{d^m}{d\xi^m} F\left(l+1, -l, 1; \frac{1-\xi}{2}\right) = (1-\xi^2)^{m/2}\frac{d^m}{d\xi^m}P_l(\xi) \\ &= \frac{1}{2^l l!}(1-\xi^2)^{m/2}\frac{d^{l+m}}{d\xi^{l+m}}(\xi^2-1)^l. \end{aligned} \tag{6.1/50}$$

Es wird sich für unsere folgenden Betrachtungen als zweckmäßig erweisen, die zugeordneten Legendreschen Funktionen $P_l^m(\xi)$ auch für negative Werte des Zeigers m zu erklären. Da die Differentialgleichung (6.1/10) bei der Transformation $m \to -m$ in sich übergeht, folgert man, daß

$$P_l^{-m}(\xi) = \frac{1}{2^l l!}(1-\xi^2)^{-m/2}\frac{d^{l-m}}{d\xi^{l-m}}(\xi^2-1)^l, \quad 0 \leqslant m \leqslant l, \quad l = 0, 1, 2, \ldots, \tag{6.1/51}$$

---

*) Vgl. Lense [18].

ebenfalls eine Lösung von (6.1/10) ist. Auch sie ist für $\xi = 1$ und $\xi = -1$ stetig, wie man mit Hilfe der Leibnizschen Formel erkennt, denn der Ausdruck

$$(\xi^2 - 1)^{-m} \frac{d^{l-m}}{d\xi^{l-m}} (\xi^2 - 1)^l =$$

$$= (\xi - 1)^{-m} (\xi + 1)^{-m} \sum_{k=0}^{l-m} \binom{l-m}{k} [(\xi - 1)^l]^{(k)} [(\xi + 1)^l]^{(l-m-k)} =$$

$$= \sum_{k=0}^{l-m} \binom{l-m}{k} \frac{l!}{(l-k)!} \frac{l!}{(m+k)!} (\xi - 1)^{l-m-k} (\xi + 1)^k$$

ist ein Polynom in ξ vom Grade $l - m$. Bei festem l und m, $0 \leqslant m \leqslant l$, muß daher eine Relation

$$P_l^{-m}(\xi) = \alpha P_l^m(\xi)$$

bestehen. Die Konstante α bestimmen wir nun, indem wir diese Beziehung durch $(1 - \xi^2)^{m/2}$ dividieren und $\xi = 1$ setzen. Mit

$$(\xi^2 - 1)^{-m} \frac{d^{l-m}}{d\xi^{l-m}} (\xi^2 - 1)^l \Big|_{\xi = 1} = \frac{l!}{m!} 2^{l-m}$$

und

$$\frac{d^{l+m}}{d\xi^{l+m}} (\xi^2 - 1)^l \Big|_{\xi = 1} = \frac{l!}{m!} \frac{(l+m)!}{(l-m)!} 2^{l-m}$$

erhält man aus

$$(1 - \xi^2)^{-m} \frac{d^{l-m}}{d\xi^{l-m}} (\xi^2 - 1)^l \Big|_{\xi = 1} = (-1)^m 2^{l-m} \frac{l!}{m!} = \alpha\, 2^{l-m} \frac{l!}{m!} \frac{(l+m)!}{(l-m)!}$$

$$= \frac{d^{l+m}}{d\xi^{l+m}} (\xi^2 - 1)^l \Big|_{\xi = 1}$$

schließlich

$$\alpha = (-1)^m \frac{(l-m)!}{(l+m)!}$$

und daher

$$P_l^{-m}(\xi) = (-1)^m \frac{(l-m)!}{(l+m)!} P_l^m(\xi), \qquad -l \leqslant m \leqslant l, \qquad l = 0, 1, 2, .. \tag{6.1/52}$$

Die zugeordneten Legendreschen Funktionen können also für negative Werte des Zeigers m durch

$$\begin{aligned} P_l^{-m}(\xi) &= (1 - \xi^2)^{-m/2} \frac{1}{2^l l!} \frac{d^{l-m}}{d\xi^{l-m}} (\xi^2 - 1)^l \\ &= (-1)^m \frac{(l-m)!}{(l+m)!} \frac{1}{2^l l!} (1 - \xi^2)^{m/2} \frac{d^{l+m}}{d\xi^{l+m}} (\xi^2 - 1)^l, \quad -l \leqslant m \leqslant l, \quad l = 0, 1, 2, \ldots, \end{aligned} \tag{6.1/53}$$

berechnet werden.

Die Funktionen $P_l^m(\xi)$ genügen ebenso wie die Legendreschen Polynome gewissen Orthogonalitätsrelationen. Bei festem m ist $P_l^m(\xi)$ Eigenfunktion zum Eigenwert $l(l + 1)$ des Operators

$$L = -\frac{d}{d\xi}\left[(1 - \xi^2) \frac{d}{d\xi} \right] + \frac{m^2}{1 - \xi^2};$$

da $f(\xi) = 1 - \xi^2$ an den Intervallenden verschwindet, führt (4.2/19) wieder auf die Orthogonalitätsrelationen

$$\int_{-1}^{1} P_l^m(\xi)\, P_{l'}^m(\xi)\, d\xi = 0, \qquad l \neq l'. \tag{6.1/54}$$

Für $l = l'$ ergibt sich aus (6.1/53) durch fortgesetzte partielle Integration

$$\int_{-1}^{1} P_l^m(\xi)\, P_{l'}^m(\xi)\, d\xi = \frac{2}{2l+1} \frac{(l+m)!}{(l-m)!} \delta_{l,l'}, \tag{6.1/55'}$$

bzw.

$$\int_{-1}^{1} P_l^m(\xi)\, P_{l'}^{-m}(\xi) = (-1)^m \frac{2}{2l+1} \delta_{l,l'}. \tag{6.1/55''}$$

Die Rechnung sei dem Leser überlassen.

Da die zugeordneten Legendreschen Funktionen auch als Eigenfunktionen zu den Eigenwerten m^2 aufgefaßt werden können, gelten für festes $l = 1, 2, \ldots$ die Orthogonalitätsrelationen

$$\int_{-1}^{1} P_l^m(\xi)\, P_l^{m'}(\xi) \frac{d\xi}{1-\xi^2} = 0, \qquad m \neq m', \qquad m, m' \geqslant 1. \tag{6.1/56}$$

Aus (6.1/50) können wir auch eine Integraldarstellung für die zugeordneten Legendreschen Funktionen gewinnen. Zufolge der Cauchyschen Formel ist

$$P_l^m(\xi) = \frac{1}{2^l l!} (1-\xi^2)^{m/2} \frac{(l+m)!}{2\pi i} \oint_K \frac{(z^2-1)^l}{(z-\xi)^{l+m+1}} dz,$$

wo K ein beliebiger Kreis um $z = \xi$ ist. Setzt man hier $z = \xi + \rho e^{i\varphi}$, so erhält man analog wie in Kap. 6.1.4, wenn schließlich wieder $\rho = \sqrt{\xi^2 - 1}$ für $|\xi| > 1$ gesetzt wird, die Integraldrastellung

$$P_l^m(\xi) = i^m \frac{(l+m)!}{l!} \frac{1}{\pi} \int_0^{\pi} (\xi \pm i\sqrt{1-\xi^2} \cos\varphi)^l \cos m\varphi\, d\varphi, \qquad -l \leqslant m \leqslant l. \tag{6.1/57'}$$

Auch sie ist für alle ξ gültig; für $\xi = \cos\theta$ geht sie in

$$P_l^m(\cos\theta) = i^m \frac{(l+m)!}{l!} \frac{1}{\pi} \int_0^{\pi} (\cos\theta \pm i \sin\theta \cos\varphi)^l \cos m\varphi\, d\varphi \tag{6.1/57''}$$

über.

6.1.6. Kugelflächenfunktion als Eigenfunktionen

In Kap. 6.1.1 haben wir den Begriff der Kugelflächenfunktion eingeführt. Eine solche genügt der Differentialgleichung (6.1/5) für gewisse Werte des Separationsparameters λ. Auf Grund unserer bisherigen Überlegungen können wir sagen, daß die einzigen auf der gesamten Kugeloberfläche stetigen

Lösungen die Parameterwerte $\lambda = l(l+1)$ erfordern und in der Form (6.1/15) dargestellt werden können, bzw., wenn wir $P_l^{-m}(\xi)$ gemäß (6.1/51) einführen,

$$S_l(\theta, \varphi) = \sum_{m=-l}^{l} c_{l,m} P_l^m(\cos\theta)\, e^{im\varphi}. \tag{6.1/58}$$

Dabei sind die Konstanten $c_{l,m}$ willkürlich. (6.1/5) kann im Sinne von Kap. 4.2.3 als Eigenwertaufgabe mit qualitativen Randbedingungen angesehen werden, nämlich der Forderung, daß eine auf der ganzen Kugeloberfläche stetige Lösung von (6.1/5) zu ermitteln ist. Für die Eigenwerte $\lambda = l(l+1)$ ergeben sich damit die Eigenfunktionen in der Gestalt (6.1/58). Da in (6.1/58) $2l+1$ willkürliche Koeffizienten enthalten sind, ist eine Normierung in der bisher gehandhabten Weise nicht zweckmäßig; es ist üblich, die (komplexwertigen) Funktionen

$$Y_{l,m}(\theta, \varphi) = (-1)^m \sqrt{\frac{1}{2\pi}\,\frac{2l+1}{2}\,\frac{(l-m)!}{(l+m)!}}\; P_l^m(\cos\theta)\, e^{im\varphi}, \qquad -l \leqslant m \leqslant l, \quad l = 0, 1, 2, \ldots, \tag{6.1/59}$$

normierte Kugelflächenfunktionen zu nennen. Ihre Orthonormalitätseigenschaft ist im Sinne von Kap. 4.7 (vgl. (4.7/13)) zu verstehen; aus

$$\overline{Y}_{l,m}(\theta, \varphi) = (-1)^m\, Y_{l,-m}(\theta, \varphi) \quad {}^{*)}$$

ergibt sich (K bedeute hier und im folgenden stets die Oberfläche der Einheitskugel)

$$\int_K \overline{Y}_{l',m'}(\theta, \varphi)\, Y_{l,m}(\theta, \varphi)\, d\Omega = \delta_{l,l'}\, \delta_{m,m'}, \tag{6.1/60}$$

wie man mit (6.1/55″) und

$$\frac{1}{2\pi}\int_0^{2\pi} e^{i\varphi(m-m')}\, d\varphi = \delta_{m,m'}$$

verifiziert.

Man erkennt, daß es zum Eigenwert $\lambda = l(l+1)$ genau $2l+1$ linear unabhängige Eigenfunktionen (6.1/58) gibt, nämlich die Funktionen (6.1/59)**). Offensichtlich ist daher für zwei zu verschiedenen Eigenwerten gehörigen Eigenfunktionen $S_l(\theta, \varphi)$ stets

$$\int_K S_l(\theta, \varphi)\, S_{l'}(\theta, \varphi)\, d\Omega = 0, \qquad l \neq l'. \tag{6.1/61}$$

Wir werden im folgenden sehen, daß die Analogie zur Sturm-Liouville-Eigenwertaufgabe von Kap. 4.3 sehr weitgehend ist. Sei nämlich $f(\theta, \varphi)$ eine auf der Kugeloberfläche integrierbare Funktion, so können wir vermuten, daß eine Entwicklung

$$f(\theta, \varphi) = \sum_{l=0}^{\infty} S_l(\theta, \varphi) = \sum_{l=0}^{\infty}\sum_{m=-l}^{l} \gamma_{l,m}\, Y_{l,m}(\theta, \varphi) \tag{6.1/62}$$

---

*) Vielfach bezeichnet man in der Physik die konjugiert komplexen Funktionen $Y_{l,m}$ mit $Y_{l,m}^*$.

**) Man sag daher, der Eigenwert $\lambda = l(l+1)$ ist $(2l+1)$-fach, denn es existieren $2l+1$ linear unabhängige Eigenfunktionen.

unter gewissen zusätzlichen Voraussetzungen über $f(\theta, \varphi)$ möglich ist. Der allgemeine Formalismus von Kap. 4.7 läßt erwarten, daß sich die Koeffizienten $\gamma_{l,m}$ zu

$$\gamma_{l,m} = \int_K f(\theta', \varphi')\, \overline{Y}_{l,m}(\theta', \varphi')\, d\Omega', \qquad -l \leqslant m \leqslant l, \qquad l = 0, 1, 2, \ldots, \tag{6.1/63}$$

bestimmen. Um die Entwicklung (6.1/62) zu beweisen, benötigen wir aber noch eine sehr wichtige Eigenschaft der Kugelflächenfunktionen, nämlich das sogenannte Additionstheorem.

6.1.7. Das Additionstheorem der Kugelflächenfunktionen

Wir betrachten auf einer Kugel vom Radius r zwei Punkte $\mathbf{x}$ und $\mathbf{x}'$ mit den Kugelkoordinaten (r, θ, φ) bzw. (r, θ', φ'). Den Winkel, den die Radiusvektoren $\mathbf{x}$ und $\mathbf{x}'$ dieser beiden Punkte miteinander einschließen, bezeichnen wir mit η. Dann gilt

$$\cos\eta = \frac{x_1 x_1' + x_2 x_2' + x_3 x_3'}{\sqrt{x_1^2 + x_2^2 + x_3^2}\,\sqrt{x_1'^2 + x_2'^2 + x_3'^2}} = \cos\theta\,\cos\theta' + \sin\theta\,\sin\theta'\,\cos(\varphi - \varphi'). \tag{6.1/64}$$

Man weist unschwer nach, daß $P_l(\cos\eta)$ eine Kugelflächenfunktion bezüglich (θ, φ) und (θ', φ') ist, wenn man $P_l(\cos\eta)$ in die Differentialgleichung (6.1/5) mit $\lambda = l(l+1)$ einsetzt und beachtet, daß $r^l P_l(\cos\eta)$ ein homogenes Polynom (6.1/19) vom Grade l in x_1, x_2, x_3 sowie x_1', x_2', x_3' ist. Dies zieht nun nach sich, daß für $P_l(\cos\eta)$ eine Darstellung der Form (6.1/15) möglich sein muß; weiteres ist $P_l(\cos\eta)$ ein Polynom vom Grade l in $\cos(\varphi - \varphi')$, also ein trigonometrisches Polynom

$$P_l(\cos\eta) = \frac{A_0}{2} + \sum_{m=1}^{l} A_m(\theta, \theta')\cos m(\varphi - \varphi'),$$

dessen Fourierkoeffizienten $(\psi = \varphi - \varphi')$

$$A_m(\theta, \theta') = \frac{1}{\pi}\int_{-\pi}^{\pi} P_l(\cos\eta)\cos m\psi\, d\psi, \qquad m = 0, 1, \ldots, l,$$

lauten. Daher ergibt (6.1/15)

$$P_l(\cos\eta) = \sum_{m=0}^{l} \alpha_m P_l^m(\cos\theta)\, P_l^m(\cos\theta')\cos m(\varphi - \varphi'),$$

da ja $A_m = A_m(\theta, \theta')$ eine symmetrische Funktion in θ und θ' sein muß. Wir berechnen nun die Integrale

$$\begin{aligned}\frac{1}{\pi}\int_{-\pi}^{\pi} P_l(\cos\eta)\cos m\psi\, d\psi &= \alpha_m\, P_l^m(\cos\theta)\, P_l^m(\cos\theta') \\ &= \alpha_m \sin^m\theta\,\sin^m\theta'\, P_l^{(m)}(\cos\theta)\, P_l^{(m)}(\cos\theta').\end{aligned}$$

Im Falle $m = 0$ erkennt man für $\theta = \theta' = 0$ sofort: $1 = P_l(1) = \alpha_0$. Das Taylorpolynom von $P_l(\cos\eta)$,

$$P_l(\cos\eta) = \sum_{m=0}^{l} \frac{P_l^{(m)}(\cos\theta\,\cos\theta')}{m!}\sin^m\theta\,\sin^m\theta'\,\cos^m(\varphi - \varphi'),$$

gibt wegen

$$\frac{1}{\pi}\int_{-\pi}^{\pi} \cos^k\psi\,\cos m\psi\, d\psi = 0, \qquad k < m,$$

schließlich nach Division durch $\sin^m\theta \sin^m\theta'$

$$\alpha_m P_l^{(m)}(\cos\theta) P_l^{(m)}(\cos\theta') =$$

$$= \sum_{k=m}^{l} \frac{P_l^{(k)}(\cos\theta \cos\theta')}{k!} \sin^{k-m}\theta \sin^{k-m}\theta' \frac{1}{\pi} \int_{-\pi}^{\pi} \cos^k\psi \cos k\psi \, d\psi .$$

Für $\theta = \theta' = 0$ erhalten wir daraus

$$\alpha_m [P_l^{(m)}(1)]^2 = \frac{1}{m!} P_l^{(m)}(1) \frac{1}{\pi} \int_{-\pi}^{\pi} \cos^m\psi \cos m\psi \, d\psi = \frac{2}{2^m m!} P_l^{(m)}(1).$$

Beachtet man noch, daß aus (6.1/12) die Formel

$$P_l^{(m)}(1) = \frac{(l+m)!}{(l-m)!} \frac{1}{2^m m!}$$

folgt, so hat man

$$\alpha_m = 2 \frac{(l-m)!}{(l+m)!} .$$

Dies gibt schließlich

$$P_l(\cos\eta) = P_l(\cos\theta) P_l(\cos\theta') +$$

$$+ 2 \sum_{m=1}^{l} \frac{(l-m)!}{(l+m)!} P_l^m(\cos\theta) P_l^m(\cos\theta') \cos m(\varphi - \varphi'), \quad l = 0, 1, 2, \dots \tag{6.1/65}$$

(6.1/65) läßt sich wegen (6.1/52) auch in der Form

$$P_l(\cos\eta) = P_l(\cos\theta) P_l(\cos\theta') + 2 \sum_{m=1}^{l} (-1)^m P_l^m(\cos\theta) P_l^{-m}(\cos\theta') \cos m(\varphi - \varphi')$$

schreiben oder mit $\Omega = (\theta, \varphi)$, $\Omega' = (\theta', \varphi')$

$$P_l(\cos\eta) = 2\pi \frac{2}{2l+1} \sum_{m=-l}^{l} Y_{l,m}(\Omega) \overline{Y}_{l,m}(\Omega'). \tag{6.1/66}$$

(6.1/65) bzw. (6.1/66) heißt das sogenannte *Additionstheorem der Kugelflächenfunktionen.* Es geht auf LAPLACE zurück.

6.1.8. Der Entwicklungssatz nach Kugelflächenfunktionen

Wir knüpfen nun an unsere Betrachtungen von Kap. 6.1.6 an. $f(\theta, \varphi)$ sei eine auf K stetige Funktion. Wir wollen die Konvergenz der Reihe

$$\sum_{l=0}^{\infty} S_l(\theta, \varphi) = \sum_{l=0}^{\infty} \sum_{m=-l}^{l} \gamma_{l,m} Y_{l,m}(\theta; \varphi) \tag{6.1/67}$$

mit den Koeffizienten (6.1/63) untersuchen. Zunächst können wir die Funktionen $S_l(\theta, \varphi)$ in sehr einfacher Weise darstellen. Wegen des Additionstheorems (6.1/66) wird

$$\begin{aligned} S_l(\theta,\varphi) &= \sum_{m=-l}^{l} Y_{l,m}(\theta,\varphi) \int_K f(\theta',\varphi')\,\overline{Y}_{l,m}(\theta',\varphi')\,d\Omega' \\ &= \frac{2l+1}{4\pi}\int_K f(\theta',\varphi')\,P_l(\cos\eta)\,d\Omega'; \end{aligned} \tag{6.1/68}$$

die Kugelflächenfunktionen $S_l(\vartheta, \varphi)$ sind durch $f(\theta, \varphi)$ eindeutig bestimmt. Um diese Abhängigkeit deutlicher zu kennzeichnen, wollen wir im folgenden

$$S_l(\theta,\varphi;f) := \frac{2l+1}{4\pi}\int_K f(\theta',\varphi')\,P_l(\cos\eta)\,d\Omega' \tag{6.1/69}$$

schreiben. Damit besteht unsere Aufgabe in der Untersuchung der Folge

$$\sigma_n(\theta,\varphi) = \sum_{l=0}^{n} S_l(\theta,\varphi;f). \tag{6.1/70}$$

Wir führen zunächst in den Integralen (6.1/69) eine Koordinatentransformation durch, die den „Nordpol“ der Einheitskugel in den Punkt (θ, φ) bringt; dies geschieht zuerst durch eine Drehung der (x_1, x_2)-Ebene um den Winkel φ, die durch die Transformationsmatrix (vgl. Kap. 1.3)

$$A_{ij} = \begin{bmatrix} \cos\varphi, & \sin\varphi, & 0 \\ -\sin\varphi, & \cos\varphi, & 0 \\ 0, & 0, & 1 \end{bmatrix}$$

bewirkt wird (Abb. 6.3a). Sie beschreibt den Übergang $x_1 \to \overline{x}_1, x_2 \to \overline{x}_2, x_3 \to \overline{x}_3$. Anschließend drehen wir die $\overline{x}_3$-Achse um die $\overline{x}_2$-Achse um den Winkel $-\theta$, was durch die Transformationsmatrix

$$B_{ij} = \begin{bmatrix} \cos\theta, & 0, & -\sin\theta \\ 0, & 1, & 0 \\ \sin\theta, & 0, & \cos\theta \end{bmatrix}$$

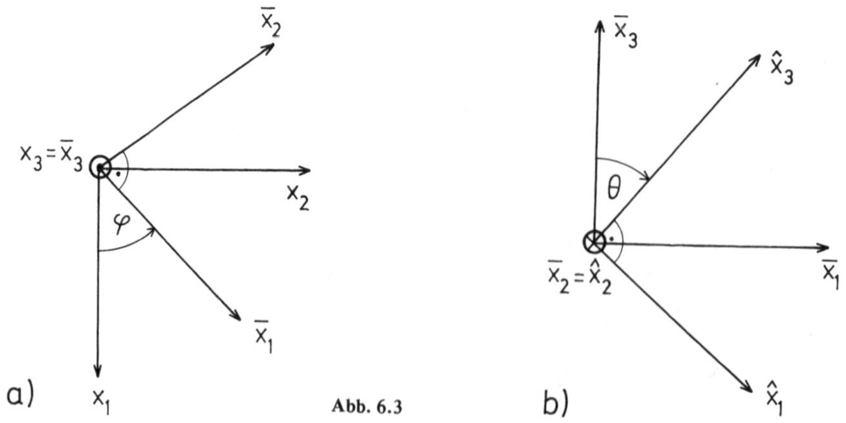

Abb. 6.3

erreicht wird (vgl. Abb. 6.3b). Sie beschreibt die Transformation von $x_1 \to \hat{x}_1, x_2 \to \hat{x}_2, x_3 \to \hat{x}_3$. Bezeichnet nun (η, ψ) die Kugelkoordinaten im System $(\hat{x}_1, \hat{x}_2, \hat{x}_3)$, so folgen die Transformationsgleichungen $\hat{x}_i = B_{ij}A_{jk}x_k$, d. h.

$$\begin{aligned} \hat{x}_1 &= \sin\eta \cos\psi = \cos\theta \sin\theta' \cos(\varphi' - \varphi) - \sin\theta \cos\theta' \\ \hat{x}_2 &= \sin\eta \sin\psi = \sin\theta' \sin(\varphi' - \varphi) \\ \hat{x}_3 &= \cos\eta \qquad\;\; = \sin\theta \sin\theta' \cos(\varphi' - \varphi) + \cos\theta \cos\theta'. \end{aligned} \tag{6.1/71}$$

Man beachte, daß die Kugel K bei der Transformation (6.1/71) in sich übergeht, das Flächenelement also nicht geändert wird; dies drückt sich durch

$$d\Omega' = \sin\theta' \, d\theta' \, d\varphi' = \sin\eta \, d\eta \, d\psi \tag{6.1/72}$$

aus. Schreiben wir nun $f(\theta', \varphi') = \hat{f}(\eta, \psi)$, so folgt

$$S_l(\theta, \varphi; f) = \frac{2l+1}{4\pi} \int_0^{2\pi} d\psi \int_0^{\pi} \hat{f}(\eta, \psi) P_l(\cos\eta) \sin\eta \, d\eta. \tag{6.1/73}$$

Damit resultiert aus (6.1/70) auf Grund von (6.1/39)

$$\begin{aligned} \sigma_n(\theta, \varphi) &= \frac{1}{4\pi} \int_0^{2\pi} d\psi \int_0^{\pi} \hat{f}(\eta, \psi) [P'_n(\cos\eta) + P'_{n+1}(\cos\eta)] \sin\eta \, d\eta \\ &= \frac{1}{2} \int_0^{\pi} \hat{F}(\eta) [P'_n(\cos\eta) + P'_{n+1}(\cos\eta)] \sin\eta \, d\eta \\ &= \frac{1}{2} \int_{-1}^{1} F(\xi) [P'_n(\xi) + P'_{n+1}(\xi)] \, d\xi, \end{aligned} \tag{6.1/74}$$

wenn

$$F(\cos\eta) = \hat{F}(\eta) = \frac{1}{2\pi} \int_0^{2\pi} \hat{f}(\eta, \psi) \, d\psi$$

gesetzt wird.

Wir zeigen, daß

$$\lim_{n\to\infty} \sigma_n(\theta, \varphi) = \lim_{n\to\infty} \frac{1}{2} \int_{-1}^{1} F(\xi) [P'_n(\xi) + P'_{n+1}(\xi)] \, d\xi = F(1) \tag{6.1/75}$$

gilt, wenn die Funktion $f(\theta, \varphi)$ auf der Kugeloberfläche stetige partielle Ableitungen besitzt. Offensichtlich ist dann $F(\xi)$ auf $[-1, 1]$ stetig differenzierbar, und aus (6.1/75) wird durch partielle Integration

$$\lim_{n\to\infty} \sigma_n(\theta, \varphi) = F(1) - \lim_{n\to\infty} \frac{1}{2} \int_{-1}^{1} F'(\xi) [P_n(\xi) + P_{n+1}(\xi)] \, d\xi.$$

Zum Nachweis, daß der Grenzwert auf der rechten Seite verschwindet, betrachten wir zwei (beliebig kleine) positive Zahlen δ_1 und δ_2 und zerlegen die Integration in

$$\int_{-1}^{1} = \int_{-1}^{-1+\delta_1} + \int_{-1+\delta_1}^{1-\delta_2} + \int_{1-\delta_2}^{1}.$$

Nun ist wegen (6.1/49) ($M = \mathrm{Max}\,|F'(x)|$)

$$\left| \frac{1}{2} \int_{-1}^{-1+\delta_1} F'(\xi)\,[P_n(\xi) + P_{n+1}(\xi)]\,d\xi \right| \leqslant M\,\delta_1$$

und desgleichen

$$\left| \frac{1}{2} \int_{1-\delta_2}^{1} F'(\xi)\,[P_n(\xi) + P_{n+1}(\xi)]\,d\xi \right| \leqslant M\,\delta_2 .$$

Andererseits folgt auf Grund von (6.1/48) für $\delta = \mathrm{Min}\,\{\delta_1, \delta_2\}$

$$\left| \frac{1}{2} \int_{-1+\delta_1}^{1-\delta_2} F'(\xi)\,[P_n(\xi) + P_{n+1}(\xi)]\,d\xi \right| \leqslant 2MC'(\delta)\,\frac{1}{\sqrt{n}} .$$

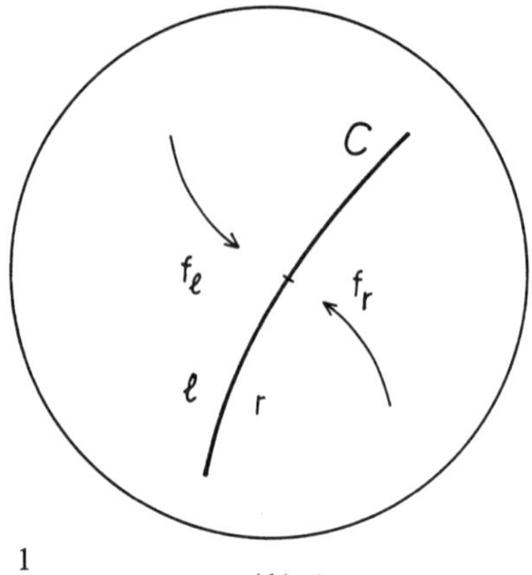

Abb. 6.4

Sei nun $\epsilon > 0$ beliebig vorgegeben und bestimmt man die Zahlen δ_1 und δ_2 derart, daß $\delta_i < \epsilon/(3M + 1)$, $i = 1, 2$, ferner eine natürliche Zahl $n(\epsilon)$, so daß $2MC'(\delta)/\sqrt{n} < \epsilon/3$ $n \geqslant n(\epsilon)$ wird, so folgt

$$\left| \frac{1}{2} \int_{-1}^{1} F'(\xi)\,[P_n(\xi) + P_{n+1}(\xi)]\,d\xi \right| < \epsilon, \qquad n \geqslant n(\epsilon),$$

und damit die Gültigkeit von (6.1/75). Wegen

$$F(1) = \hat{F}(0) = \frac{1}{2\pi} \int_0^{2\pi} \hat{f}(0, \psi)\,d\psi = \frac{1}{2\pi} \int_0^{2\pi} f(\theta, \varphi)\,d\psi = f(\theta, \varphi)$$

haben wir den Entwicklungssatz nach Kugelflächenfunktionen

$$f(\theta, \varphi) = \frac{1}{2\pi} \sum_{l=0}^{\infty} \left(l + \frac{1}{2}\right) \int_K f(\theta', \varphi')\,P_l(\cos\eta)\,d\Omega' \tag{6.1/76}$$

für Funktionen $f(\theta, \varphi)$ mit auf der Kugeloberfläche stetigen partiellen Ableitungen bewiesen.

Die Konvergenz der Reihe (6.1/76) kann auch unter allgemeineren Voraussetzungen über $f(\theta, \varphi)$ gesichert werden. Läßt sich durch den Punkt (θ, φ) eine im Punkt (θ, φ) differenzierbare Kurve C legen, sodaß sich für $f(\theta, \varphi)$ der Grenzwert f_l einstellt, wenn man sich dem Punkt (θ, φ) vom „linken Ufer“ her nähert, während sich der Grenzwert f_r einstellt, wenn man vom „rechten Ufer“ kommt (Abb. 6.4), so konvergiert die Reihe (6.1/76) und hat die Summe*)

$$\frac{1}{2}(f_l + f_r) = \frac{1}{2\pi} \sum_{l=0}^{\infty} \left(l + \frac{1}{2}\right) \int_K f(\theta', \varphi')\,P_l(\cos\eta)\,d\Omega' . \tag{6.1/77}$$

Auf den Beweis wollen wir nicht eingehen*).

*) Lense [18].

Ein Spezialfall von Entwicklungen nach Kugelflächenfunktionen sind die Entwicklungen nach Legendreschen Polynomen. Setzt man nämlich $f(\theta, \varphi) \equiv f(\theta)$, so folgt in (6.1/76) $\gamma_{l,m} = 0$ für $m \neq 0$, was die Entwicklung

$$f(\theta) = \sum_{l=0}^{\infty} \left(l + \frac{1}{2}\right) P_l(\cos\theta) \int_0^{\pi} f(\theta')\, P_l(\cos\theta') \sin\theta'\, d\theta' \qquad (6.1/78)$$

ergibt, bzw. mit $\cos\theta = x$ und $F(x) = f(\theta)$

$$F(x) = \sum_{l=0}^{\infty} \left(l + \frac{1}{2}\right) P_l(x) \int_{-1}^{+1} F(\xi)\, P_l(\xi)\, d\xi. \qquad (6.1/79)$$

Wir erwähnen in diesem Zusammenhang, daß ein entsprechender Entwicklungssatz auch für die zugeordneten Legendreschen Funktionen,

$$F(x) = \sum_{l=m}^{\infty} \frac{(l-m)!}{(l+m)!} \left(l + \frac{1}{2}\right) P_l^m(x) \int_{-1}^{1} F(\xi)\, P_l^m(\xi)\, d\xi, \qquad (6.1/80)$$

für $m = 0, 1, \ldots$ gilt*).

6.1.9. Die Randwertaufgaben der Potentialtheorie

Der Entwicklungssatz nach Kugelflächenfunktionen setzt uns in die Lage, die Randwertaufgaben der Potentialtheorie zu lösen.

I. *Die erste Randwertaufgabe der Potentialtheorie* besteht in der Lösung der Laplaceschen Differentialgleichung $\Delta U = 0$ für das Innere (bzw. Äußere) einer Kugel K mit dem Radius R, wobei $U(x_1, x_2, x_3)$ auf der Kugeloberfläche vorgegebene Werte $f(\theta, \varphi)$ annehmen soll.

Die Lösung dieser Aufgabe ist mit dem Entwicklungssatz leicht zu gewinnen. Sei $u(x_1, x_2, x_3) = u(r, \theta, \varphi)$ die Lösung, so gilt die Entwicklung für das Innengebiet

$$u_i(r, \theta, \varphi) = \sum_{l=0}^{\infty} S_l(\theta, \varphi; u_i), \qquad 0 < r < R, \qquad (6.1/81)$$

bzw. für das Außengebiet

$$u_a(r, \theta, \varphi) = \sum_{l=0}^{\infty} S_l(\theta, \varphi; u_a), \qquad r > R. \qquad (6.1/82)$$

Die Funktionen $S_l(\theta, \varphi; u_i)$ bzw. $S_l(\theta, \varphi; u_a)$ sind linear unabhängig und müssen der Laplaceschen Differentialgleichung genügen. Für jedes festes r sind dann $S_l(\theta, \varphi; u_i)$ bzw. $S_l(\theta, \varphi; u_a)$ Kugelfunktionen l-ten Grades. Daher gilt mit (6.1/17)

$$S_l(\theta, \varphi; u_i) = r^l S_l^{(i)}(\theta, \varphi), \quad l = 0, 1, 2, \ldots \qquad (6.1/83)$$

und

$$S_l(\theta, \varphi; u_a) = r^{-l-1} S_l^{(a)}(\theta, \varphi), \quad l = 0, 1, 2, \ldots \qquad (6.1/84)$$

---

*) Titchmarsh [9], Vol. I.

Darin sind die Funktionen $S_l^{(i)}(\theta, \varphi)$ bzw. $S_l^{(a)}(\theta, \varphi)$ gewisse Kugelflächenfunktionen l-ten Grades der Gestalt (6.1/15). Wir bestimmen sie, indem wir $r = R$ setzen. Das gibt

$$f(\theta, \varphi) = \sum_{l=0}^{\infty} S_l(\theta, \varphi; f) = \sum_{l=0}^{\infty} R^l S_l^{(i)}(\theta, \varphi) \tag{6.1/85}$$

bzw.

$$f(\theta, \varphi) = \sum_{l=0}^{\infty} S_l(\theta, \varphi; f) = \sum_{l=0}^{\infty} \frac{1}{R^{l+1}} S_l^{(a)}(\theta, \varphi), \tag{6.1/86}$$

woraus auf Grund der linearen Unabhängigkeit der Kugelflächenfunktionen

$$S_l^{(i)}(\theta, \varphi) = \frac{1}{R^l} S_l(\theta, \varphi; f), \quad l = 0, 1, 2, \ldots$$

bzw.

$$S_l^{(a)}(\theta, \varphi) = R^{l+1} S_l(\theta, \varphi; f), \quad l = 0, 1, 2, \ldots$$

folgt, sodaß wir die Lösung in der Form

$$u_i(r, \theta, \varphi) = \sum_{l=0}^{\infty} \left(\frac{r}{R}\right)^l S_l(\theta, \varphi; f), \quad r < R, \tag{6.1/87}$$

für das Innengebiet und

$$u_a(r, \theta, \varphi) = \sum_{l=0}^{\infty} \left(\frac{R}{r}\right)^{l+1} S_l(\theta, \varphi; f), \quad r > R, \tag{6.1/88}$$

für das Außengebiet schreiben können.

Diese Lösungen können wir auch noch in einer anderen Form darstellen. Beachten wir die Formel

$$\sum_{l=0}^{\infty} \frac{2l+1}{2} t^l P_l(\xi) = \frac{1}{2} \frac{1 - t^2}{(1 - 2t\xi + t^2)^{3/2}}, \tag{6.1/89}$$

die sich mit (6.1/33) ableiten läßt, so ergibt sich für die Lösung im Inneren der Kugel die Integraldarstellung

$$u_i(r, \theta, \varphi) = \frac{R}{4\pi}(R^2 - r^2) \int_K \frac{f(\theta', \varphi')}{(R^2 + r^2 - 2rR\cos\eta)^{3/2}} d\Omega', \qquad r < R. \tag{6.1/90}$$

Für das Außengebiet folgt analog

$$u_a(r, \theta, \varphi) = \frac{R}{4\pi}(r^2 - R^2) \int_K \frac{f(\theta', \varphi')}{(R^2 + r^2 - 2rR\cos\eta)^{3/2}} d\Omega', \qquad r > R. \tag{6.1/91}$$

(6.1/90) bzw. (6.1/91) nennt man *Poissonsche Integraldarstellungen* der Lösungen der ersten Randwertaufgabe der Potentialtheorie für die Kugel.

II. *Die zweite Randwertaufgabe der Potentialtheorie* besteht in der Lösung der Laplaceschen Differentialgleichung $\Delta U = 0$, wenn auf der Kugeloberfläche die Ableitung $\mathbf{n} \cdot \operatorname{grad} U = \partial U/\partial r$ in Richtung der Normalen $\mathbf{n}$ vorgegebene Werte $f(\theta, \varphi)$ annehmen soll.

Setzen wir wieder voraus, daß eine Lösung $U(x_1, x_2, x_3) = u(r, \theta, \varphi)$ existiert, so können wir sie auf Grund des Entwicklungssatzes für das Innengebiet der Kugel mit gewissen Kugelflächenfunktionen $S_l^{(i)}(\theta, \varphi)$ als Reihe

$$u_i(r, \theta, \varphi) = \sum_{l=0}^{\infty} r^l S_l^{(i)}(\theta, \varphi) \tag{6.1/92}$$

darstellen. Daraus folgt durch Differentiation

$$\frac{\partial u_i}{\partial r}(r, \theta, \varphi) = \sum_{l=1}^{\infty} l r^{l-1} S_l^{(i)}(\theta, \varphi),$$

und schließlich für $r = R$

$$f(\theta, \varphi) = \sum_{l=0}^{\infty} S_l(\theta, \varphi; f) = \sum_{l=1}^{\infty} l R^{l-1} S_l^{(i)}(\theta, \varphi), \tag{6.1/93}$$

was nur möglich ist, wenn

$$S_l^{(i)}(\theta, \varphi) = \frac{1}{l R^{l-1}} S_l(\theta, \varphi; f), \qquad l = 1, 2, \ldots,$$

und $S_0(\theta, \varphi; f) = 0$ gilt, d. h.

$$\int_K f(\theta, \varphi)\, d\Omega = 0. \tag{6.1/94}$$

Dies ist die bekannte Bedingung, unter der die zweite Randwertaufgabe der Potentialtheorie lösbar ist. Damit folgt für die Lösung im Innengebiet der Kugel K

$$u_i(r, \theta, \varphi) = R \sum_{l=1}^{\infty} \frac{1}{l} \left(\frac{r}{R}\right)^l S_l(\theta, \varphi; f), \quad r < R. \tag{6.1/95}$$

Offensichtlich ist die Lösung nur bis auf eine Konstante bestimmt, was zwangsläufig schon aus der Problemstellung folgt. In entsprechender Weise ergibt sich die Lösung für das Außengebiet zu

$$u_a(r, \theta, \varphi) = -R \sum_{l=0}^{\infty} \frac{1}{l+1} \left(\frac{R}{r}\right)^{l+1} S_l(\theta, \varphi; f), \quad r > R. \tag{6.1/96}$$

Sie ist eindeutig bestimmt, da das Potential im Unendlichen verschwinden muß.

III) *Die dritte Randwertaufgabe der Potentialtheorie* besteht in der Lösung der Laplaceschen Differentialgleichung $\Delta U = 0$ mit der Bedingung

$$\left(\frac{\partial u}{\partial r} + \alpha u\right)\bigg|_{r=R} = f(\theta, \varphi), \ \alpha \neq 0 \tag{6.1/97}$$

auf der Kugeloberfläche.

Sei $u_i(r, \theta, \varphi)$ die gesuchte Lösung für das Innengebiet, so stellen wir sie wieder mit gewissen Kugelflächenfunktionen $S_l^{(i)}(\theta, \varphi)$ in der Form

$$u_i(r, \theta, \varphi) = \sum_{l=0}^{\infty} r^l S_l^{(i)}(\theta, \varphi)$$

dar. Um die Randbedingungen zu erfüllen, bilden wir

$$\left(\frac{\partial u_i}{\partial r} + \alpha u_i\right)\Bigg|_{r=R} = \alpha S_0^{(i)}(\theta, \varphi) + \sum_{l=1}^{\infty} (l R^{l-1} + \alpha R^l)\, S_l^{(i)}(\theta, \varphi) = f(\theta, \varphi) = \sum_{l=0}^{\infty} S_l(\theta, \varphi; f)$$

und erhalten daraus, soferne $l + \alpha R \neq 0$, $l = 1, 2, \ldots$ gilt,

$$S_l^{(i)}(\theta, \varphi) = \frac{R}{l + \alpha R}\, \frac{1}{R^l}\, S_l(\theta, \varphi; f), \qquad l = 0, 1, \ldots$$

Daher lautet die Lösung

$$u_i(r, \theta, \varphi) = R \sum_{l=0}^{\infty} \frac{1}{l + \alpha R} \left(\frac{r}{R}\right)^l S_l(\theta, \varphi; f), \quad r < R. \tag{6.1/98}$$

Entsprechend kann die Lösung für das Außengebiet berechnet werden, soferne nur $\alpha R \neq l$, $l = 1, 2, \ldots$ ist,

$$u_a(r, \theta, \varphi) = R \sum_{l=0}^{\infty} \frac{1}{\alpha R - l - 1} \left(\frac{R}{r}\right)^{l+1} S_l(\theta, \varphi; f), \quad r > R. \tag{6.1/99}$$

6.2. Zylinderfunktionen

6.2.1. Die Laplacegleichung in Zylinderkoordinaten

Die Behandlung der Laplacegleichung und verwandter Aufgaben für kreiszylindrische Probleme erfordert die Transformation auf Zylinderkoordinaten (1.4/22). Der Laplaceoperator ist nach (1.4/23)

$$\Delta = \frac{1}{r}\frac{\partial}{\partial r}\left(r \frac{\partial}{\partial r}\right) + \frac{1}{r^2}\frac{\partial^2}{\partial \varphi^2} + \frac{\partial^2}{\partial z^2}. \tag{6.2/1}$$

Zur Lösung der Gleichung $\Delta u = 0$ beginnen wir mit dem Separationsansatz

$$u(r, \varphi, z) = V(r, z)\, \Phi(\varphi) \tag{6.2/2}$$

und erhalten damit aus (6.2/1)

$$0 = \frac{r^2}{u} \Delta u = \frac{r^2}{V}\left[\frac{1}{r}\frac{\partial}{\partial r}\left(r \frac{\partial V}{\partial r}\right) + \frac{\partial^2 V}{\partial z^2}\right] + \frac{1}{\Phi}\frac{d^2\Phi}{d\varphi^2}$$

oder

$$\frac{r^2}{V}\left[\frac{1}{r}\frac{\partial}{\partial r}\left(r \frac{\partial V}{\partial r}\right) + \frac{\partial^2 V}{\partial z^2}\right] = \nu^2 = -\frac{1}{\Phi}\frac{d^2\Phi}{d\varphi^2},$$

was uns auf die beiden Differentialgleichungen

$$\Phi'' + \nu^2 \Phi = 0, \tag{6.2/3}$$

bzw.

$$\frac{1}{r}\frac{\partial}{\partial r}\left(r \frac{\partial V}{\partial r}\right) + \frac{\partial^2 V}{\partial z^2} - \frac{\nu^2}{r^2} V = 0 \tag{6.2/4}$$

führt. Bei Vorliegen eines Problems für den vollen Kreiszylinder hat der Separationsparameter ν^2 wieder die Form $\nu = n$, $n = 0, 1, 2, \ldots$ (vgl. Kap. 3.2.2). Nicht ganzzahlige Werte des Parameters ν treten offenbar auf, wenn das Randwertproblem für ein „Tortenstück" gelöst werden soll.

Trennen wir schließlich die Veränderlichen r und z in (6.2/4) durch

$$V(r, z) = R(r)\, Z(z), \tag{6.2/5}$$

so kommen wir zu den Differentialgleichungen

$$Z'' - \lambda Z = 0 \tag{6.2/6}$$

bzw.

$$-\frac{1}{r}\frac{d}{dr}\left(r\frac{dR}{dr}\right) + \frac{\nu^2}{r^2} R = \lambda R. \tag{6.2/7}$$

Wir erkennen, daß (6.2/7) eine singuläre Differentialgleichung mit der Singularität r = 0 ist. Durch die Transformation auf die dimensionslose Variable $\rho = \sqrt{\lambda} r$ wird aus (6.2/7)

$$\frac{d^2R}{d\rho^2} + \frac{1}{\rho}\frac{dR}{d\rho} + \left(1 - \frac{\nu^2}{\rho^2}\right)R = 0, \tag{6.2/8}$$

die *Besselsche Differentialgleichung* (5.3/6). Da sie stets bei der Variablentrennung des Laplaceoperators in Zylinderkoordinaten auftritt, bezeichnet man jede Lösung von (6.2/8) als Zylinderfunktion.

6.2.2. Besselfunktionen

Die Besselsche Differentialgleichung (6.2/8) hatten wir in Kap. 5.3 aus der konfluenten hypergeometrischen Differentialgleichung gewonnen. Die Stelle $\rho = 0$ ist eine Stelle der Bestimmtheit, sonst existieren im Endlichen keine Singularitäten. Hingegen ist der Punkt $\rho = \infty$ eine wesentliche Singularität. Die Besselsche Differentialgleichung gehört also *nicht* der Fuchsschen Klasse an. Nichtsdestoweniger ist im Punkt $\rho = 0$ eine Lösung in der Form einer verallgemeinerten Potenzreihe (5.1/11) möglich. Der Konvergenzradius der in (5.1/11) enthaltenen Protenzreihe ist unendlich, da sich im Endlichen keine Singularität von (6.2/9) befindet. Wegen (5.1/17) erhält man eine vollständige Integralbasis im Falle $\sigma_1 - \sigma_2 = 2\nu \notin \mathbb{N}$ in der Form

$$w_1(\rho) = \rho^{\nu} F_1(\rho), \qquad w_2(\rho) = \rho^{-\nu} F_2(\rho), \tag{6.2/9}$$

worin $F_1(\rho)$ und $F_2(\rho)$ gewisse ganze Funktionen sind. Man errechnet zunächst mit Potenzreihenansätzen für F_1 und F_2 in Übereinstimmung mit der Vorgangsweise in Kap. 5.1

$$F_1(\rho) = \sum_{n=0}^{\infty} \frac{(-1)^n}{n!\,(\nu+1)_n\, 2^{2n}} \rho^{2n} \tag{6.2/10}$$

und

$$F_2(\rho) = \sum_{n=0}^{\infty} \frac{(-1)^n}{n!\,(-\nu+1)_n\, 2^{2n}} \rho^{2n}. \tag{6.2/11}$$

Diese lassen sich mit Hilfe der Γ-Funktion*) auf die Gestalt

$$\begin{aligned} F_1(\rho) &= \Gamma(\nu+1) \sum_{n=0}^{\infty} \frac{(-1)^n}{\Gamma(n+\nu+1)} \left(\frac{\rho}{2}\right)^{2n}, \\ F_2(\rho) &= \Gamma(-\nu+1) \sum_{n=0}^{\infty} \frac{(-1)^n}{n!\,\Gamma(n-\nu+1)} \left(\frac{\rho}{2}\right)^{2n} \end{aligned} \tag{6.2/12}$$

bringen.

---

*) Vgl. Anhang B, S. 208

Es ist üblich, statt $w_1(\rho)$ und $w_2(\rho)$ anders normierte Lösungsfunktionen einzuführen, nämlich

$$J_\nu(\rho) := \sum_{n=0}^{\infty} \frac{(-1)^n}{n!\,\Gamma(n+\nu+1)} \left(\frac{\rho}{2}\right)^{2n+\nu}, \tag{6.2/13'}$$

bzw.

$$J_{-\nu}(\rho) := \sum_{n=0}^{\infty} \frac{(-1)^n}{n!\,\Gamma(n-\nu+1)} \left(\frac{\rho}{2}\right)^{2n-\nu}. \tag{6.2/13''}$$

Man bezeichnet sie als *Besselsche Funktionen erster Art.* Sie bilden nur im Falle $\nu \notin \mathbb{N}$ eine Integralbasis von (6.2/8). Wie wir in Kap. 5.1 gesehen haben, kann $J_{-\nu}(\rho)$ für $\nu = m \in \mathbb{N}$ keine zweite Lösung sein. Daher muß eine Beziehung

$$J_{-m}(\rho) = \alpha_m J_m(\rho) = (-1)^m J_m(\rho) \tag{6.2/14}$$

bestehen, die man aus der Tatsache ableitet, daß die reziproke Γ-Funktion in (6.2/13'') einfache Nullstellen für $n = 0, 1, \dots m-1$ besitzt*).

Eine zweite Lösung kann man wie in Kap. 5.1 gewinnen. Zweckmäßiger ist jedoch die folgende Vorgangsweise. Für $\nu \notin \mathbb{N}$ ist die Funktion

$$N_\nu(\rho) := \frac{J_\nu(\rho)\cos\nu\pi - J_{-\nu}(\rho)}{\sin\nu\pi} \tag{6.2/15}$$

als Linearkombination linear unabhängiger Lösungen von (6.2/9) sicher wieder eine Lösung von (6.2/8). Soferne (6.2/15) für $\nu \to m$ existiert, ist dieser Grenzwert aus Stetigkeitsgründen auch eine Lösung,

$$\lim_{\nu\to m} N_\nu(\rho) = \lim_{\nu\to m} \frac{\frac{\partial}{\partial\nu}\left[J_\nu(\rho)\cos\nu\pi - J_{-\nu}(\rho)\right]}{\pi\cos\nu\pi} = \lim_{\nu\to\infty} \frac{1}{\pi}\left[\frac{\partial J_\nu(p)}{\partial\nu} - (-1)^m \frac{\partial J_{-\nu}(\rho)}{\partial\nu}\right];$$

wir definieren

$$N_m(\rho) := \lim_{\nu\to m} \frac{1}{\pi}\left[\frac{\partial J_\nu(\rho)}{\partial\nu} - (-1)^m \frac{\partial J_{-\nu}(\rho)}{\partial\nu}\right]. \tag{6.2/16}$$

Es ist offensichtlich, daß die Funktion $N_m(\rho)$ mit $J_m(\rho)$ eine Integralbasis bildet. Man erhält nämlich

$$N_m(\rho) = \frac{2}{\pi}\left\{J_m(\rho)\left[\ln\frac{\rho}{2} + C - \frac{1}{2}\sum_{n=1}^{m}\frac{1}{n}\right] - \frac{1}{2}\sum_{j=0}^{m-1}\frac{(m-j-1)!}{j!}\left(\frac{\rho}{2}\right)^{2j-m}\right.$$
$$\left. - \frac{1}{2}\sum_{n=0}^{\infty}\frac{(-1)^n}{n!\,(n+m)!}\left(\frac{\rho}{2}\right)^{m+2n}\left[\sum_{k=1}^{n}\frac{1}{k} + \sum_{k=1}^{n+m}\frac{1}{k}\right]\right\}; \tag{6.2/17}$$

dabei ist C die sogenannte „Euler-Mascheronische Konstante"

$$C = 0{,}5772156649\dots$$

Die Funktionen $N_\nu(\rho)$ heißen *Neumannsche Funktionen.*

Damit haben wir für $\nu = m \in \mathbb{N}$ eine Integralbasis in der Form

$$w(\rho) = A\,J_m(\rho) + B\,N_m(\rho) \tag{6.2/18}$$

---

*) Vgl. Anhang B, S. 209

gefunden. Vielfach sind auch die Funktionen

$$\begin{aligned} H_\nu^{(1)}(\rho) &:= J_\nu(\rho) + i N_\nu(\rho), \\ H_\nu^{(2)}(\rho) &:= J_\nu(\rho) - i N_\nu(\rho) \end{aligned} \tag{6.2/19}$$

in Gebrauch. Die Funktionen $H_\nu^{(i)}(\rho)$, i = 1, 2, heißen *Hankelsche Funktionen* oder auch *Besselsche Funktionen zweiter Art.* Sie bilden als Linearkombinationen von $J_\nu(\rho)$ und $N_\nu(\rho)$ klarerweise wieder eine Integralbasis.

Als Lösung von (6.2/9) sind

$$J_\nu(\rho),\ J_{-\nu}(\rho),\ N_\nu(\rho),\ H_\nu^{(1)}(\rho),\ H_\nu^{(2)}(\rho) \tag{6.2/20}$$

Zylinderfunktionen. Bedeutet $Z_\nu(\rho)$ eine der Funktionen (6.2/20) so ist

$$Z_\nu(\sqrt{\lambda}r)\, e^{\pm z\sqrt{\lambda}}\, e^{\pm i\nu\varphi} \tag{6.2/21}$$

eine Lösung der Laplacegleichung.

6.2.3. Besselfunktionen als Eigenfunktionen

Die Besselfunktionen $J_\nu(\rho) = J_\nu(\sqrt{\lambda}r)$ sind Lösungen der Eigenwertgleichung (6.2/7). Wir wollen nun deutlich machen, daß sie auch Eigenfunktionen sind. Um dies zu sehen, müssen wir uns zunächst mit den Nullstellen der Besselfunktionen auseinandersetzen.

In der Theorie der ganzen Funktionen wird gezeigt, daß die durch die Potenzreihe

$$\sum_{m=0}^{\infty} \frac{(-1)^m}{m!\,\Gamma(m+\nu+1)} \left(\frac{z}{4}\right)^m \tag{6.2/22}$$

dargestellte ganze Funktion bei beliebigem komplexem ν stets abzählbar unendlich viele i. a. komplexe Nullstellen $z_n^{(\nu)}$, n = 1, 2, ..., besitzt*). Ein Vergleich von (6.2/22) mit $J_\nu(z)$ zeigt daher, daß die Besselfunktionen, abgesehen von der für $\mathrm{Re}(\nu) > 0$ sicher existierenden Nullstelle z = 0, abzählbar unendlich viele Nullstellen $\pm\rho_n^{(\nu)}$, $(\rho_n^{(\nu)})^2 = z_n^{(\nu)}$, n = 1, 2, ... besitzen. Wir wollen zeigen, daß diese Nullstellen $\rho_n^{(\nu)}$ für $\nu > -1$ stets reell und einfach sind.

Aus

$$t\,J_\nu(at)\,J_\nu(bt) = t^{2\nu+1} \frac{(ab)^\nu}{4^\nu(\Gamma(\nu+1))^2} + O(t^{2\nu+3})$$

folgert man für $\nu > -1$ die Existenz der uneigentlichen Integrale

$$\int_0^r t\,J_\nu(at)\,J_\nu(bt)\,dt$$

bei beliebigem komplexem a und b. In der üblichen Vorgangsweise für den Sturm-Liouville-Differentialoperator in (6.2/7) zeigt man nun für $a \neq b$

$$\int_0^r t\,J_\nu(at)\,J_\nu(bt)\,dt = \frac{r}{a^2-b^2}\left[J_\nu(ar)\frac{d}{dr}J_\nu(br) - J_\nu(br)\frac{d}{dr}J_\nu(ar)\right]. \tag{6.2/23}$$

---

*) Die Reihe (6.2/22) stellt eine ganze Funktion der „Ordnung 1/2" dar; ganze Funktionen nicht ganzzahliger Ordnung haben stets abzählbar unendlich viele Nullstellen. Vgl. Boas [20].

Berechnet man die rechte Seite von (6.2/23) für $a \to b$ (etwa nach der Regel von de l'Hospital), so folgt unter Beachtung von (6.2/7) die Beziehung

$$\int_0^r t(J_\nu(bt))^2\,dt = \frac{r^2}{2}\left[J_\nu'^2(br) + \left(1 - \frac{\nu^2}{b^2 r^2}\right) J_\nu^2(br)\right]. \tag{6.2/24}$$

Weiters stellen wir fest, daß für $\nu > -1$ stets

$$\Gamma(\nu+1)\,\frac{(-1)^m}{m!\,\Gamma(\nu+m+1)}\left[\frac{i\beta}{2}\right]^{2m} = \left[\frac{|\beta|}{2}\right]^{2m} \frac{1}{m!\,(\nu+1)_m} > 0, \qquad m = 0, 1, \ldots,$$

gilt, folglich für beliebiges reelles $\beta \neq 0$ auch

$$\Gamma(\nu+1)\;(i\beta)^{-\nu}\,J_\nu(i\beta) > 0$$

und daher stets

$$J_\nu(i\beta) \neq 0.$$

Damit haben die Funktionen $J_\nu(\rho)$ für $\nu > -1$ keine rein imaginären Nullstellen. Sei nun $\rho_0 = \alpha + i\beta$, $\alpha \neq 0$, $\beta \neq 0$, eine komplexe Nullstelle von $J_\nu(\rho)$, so folgt aus (6.2/23) für $a = \rho_0$, $b = \bar{a}$ und $J_\nu(\overline{\rho_0}) = \overline{J_\nu(\rho_0)} = 0$

$$\int_0^1 t\,J_\nu(t\rho_0)\,J_\nu(t\overline{\rho_0})\,dt = \int_0^1 t\,|J_\nu(t\rho_0)|^2\,dt = 0,$$

was offenbar nicht möglich ist. Daher sind für $\nu > -1$ auch sämtliche Nullstellen von $J_\nu(\rho)$ reell. Nehmen wir nun an, daß $\rho_0 \neq 0$ eine k-fache Nullstelle von $J_\nu(\rho)$ ist, d.h. $J_\nu(\rho_0) = J_\nu'(\rho_0) = \ldots = J^{(k-1)}(\rho_0) = 0$, $J_\nu^{(k)}(\rho_0) \neq 0$, $k \geq 2$, so ergibt dies mit (6.2/24) für $b = \rho_0$, $r = 1$ einen Widerspruch.

Betrachten wir nun auf $]0, l]$ für festes $\nu > -1$ die Funktionen

$$J_\nu\left[\rho_m^{(\nu)}\frac{r}{l}\right], \qquad m = 1, 2, \ldots, \tag{6.2/25}$$

wo $\rho_m^{(\nu)} > 0$, $m = 1, 2, \ldots$, die (positiven) Nullstellen von $J_\nu(\rho)$ bedeuten. Aus (6.2/23) erhalten wir

$$\int_0^l t\,J_\nu\left[\frac{t}{l}\rho_m^{(\nu)}\right] J_\nu\left[\frac{t}{l}\rho_{m'}^{(\nu)}\right] dt = 0, \qquad m \neq m', \tag{6.2/26}$$

schließlich aus (6.2/24)

$$\int_0^l t\left[J_\nu\left(\frac{t}{l}\rho_m^{(\nu)}\right)\right]^2 dt = \frac{l^2}{2} J_\nu'^2(\rho_m^{(\nu)}). \tag{6.2/27}$$

Bei festem $\nu > -1$ sind demnach die Funktionen (6.2/26) auf dem Intervall $[0, l]$ orthogonal bezüglich der Belegungsfunktion $p(x) = x$, wie mit (6.2/7) auch zu erwarten war. Sie sind die Eigenfunktionen von (6.2/7) für das Intervall $]0, l[$ mit den Randbedingungen „integrierbar auf $[0, l]$" (was $\nu > -1$ voraussetzt) und

$$R(l) = 0 \tag{6.2/28'}$$

zu den Eigenwerten $\lambda_n = (\rho_n^{(\nu)}/l)^2$.

Schließlich läßt sich damit der folgende Entwicklungssatz beweisen*): Ist die Funktion f(x) auf dem Intervall $[0, l]$ integrierbar und erfüllt sie in einer Umgebung von $x \in]0, l[$ eine Dirichletbedingung, so gilt für $\nu > -1$

$$\frac{1}{2}[f(x+) + f(x-)] = \frac{2}{l^2} \sum_{n=1}^{\infty} \frac{J_\nu\left(\frac{x}{l}\rho_n^{(\nu)}\right)}{J_\nu'^2(\rho_n^{(\nu)})} \int_0^l \xi J_\nu\left(\frac{\xi}{l}\rho_n^{(\nu)}\right) f(\xi)\, d\xi. \qquad (6.2/29)$$

Die Reihe (6.2/29) heißt eine *Fourier-Bessel-Reihe.* Sie gilt auch noch, wenn f(x) von der Form $g(x)/\sqrt{x}$ mit einer auf $[0, l]$ integrierbaren Funktion g(x) ist.

Entwickelt man die Funktion $f(x)/\sqrt{x}$ in eine Fourier-Bessel-Reihe für $\nu = 1/2$, so ergibt sich für f(x) die gewöhnliche Sinusreihe (4.3/51), für $\nu = -1/2$ die Cosinusreihe (4.3/52).

Ersetzt man die Nullstellen $\rho_m^{(\nu)}$ von $J_\nu(\rho)$ durch die Nullstellen $\sigma_m^{(\nu)}$ der ganzen Funktion

$$\rho^{-\nu}[h J_\nu(\rho) + k\rho J_\nu'(\rho)], \qquad \nu > -1, \qquad h, k \quad \text{konstant},$$

so bilden die Funktionen (6.2/25) gleichfalls ein bezüglich $p(x) = x$ orthogonales Funktionensystem auf $[0, l]$, wie der Leser unschwer mit (6.2/23) und (6.2/24) zeigt. Die Funktionen (6.2/25) sind dann als Eigenfunktionen von (6.2/7) mit den Randbedingungen „integrierbar auf $[0, l]$" und

$$h R(l) + k R'(l) = 0 \qquad (6.2/28'')$$

zu den Eigenwerten $\lambda_m = (\sigma_m^{(\nu)}/l)^2$ aufzufassen. Die Nullstellen $\sigma_m^{(\nu)}$ sind reell bis auf höchstens endlich viele rein imaginäre Nullstellen, so daß hier auch negative Eigenwerte auftreten können. Nach Normierung der Eigenfunktionen (6.2/25) gilt ein Entwicklungssatz (6.2/29) unverändert. (6.2/29) heißt dann eine *Fourier-Dini-Reihe***)

Wir erwähnen in diesem Zusammenhang noch das Analogon zum Fourierschen Integraltheorem: Ist die Funktion f(x) auf dem Intervall $[0, \infty[$ absolut integrierbar und erfüllt sie in einer Umgebung von $x \in]0, \infty[$ eine Dirichletbedingung, so gilt für $\nu > -1$

$$\frac{1}{2}[f(x+) + f(x-)] = \int_0^\infty \sqrt{x\xi}\, J_\nu(x\xi) H(\xi)\, d\xi, \qquad H(\xi) = \int_0^\infty \sqrt{x\xi}\, J_\nu(\xi x) f(x)\, dx. \qquad (6.2/30)$$

(6.2/30) heißt das *Hankelsche Integraltheorem****). Für $\nu = -1/2$ und $\nu = 1/2$ erhält man als Spezialfälle das Fourier-Cosinus- bzw. Fourier-Sinus-Theorem.

6.2.4. Integraldarstellung und erzeugende Funktion der Besselfunktionen $J_n(\rho)$

Die Besselfunktionen $J_\nu(\rho)$ mit ganzzahligem Zeiger $\nu = n$ sind für viele Betrachtungen von besonderer Bedeutung. Den Zugang zur Herleitung ihrer Eigenschaften ermöglicht eine Integraldarstellung, die uns auch die erzeugende Funktion bringen wird.

Wir gehen von der Reihenentwicklung

$$J_n(\rho) = \left(\frac{\rho}{2}\right)^n \sum_{m=0}^{\infty} \frac{(-1)^m}{m!\,\Gamma(m+n+1)!} \left(\frac{\rho}{2}\right)^{2m}, \qquad n = 0, \pm 1, \pm 2, \ldots, \qquad (6.2/31)$$

---

*) Titchmarsh [9], Vol I, Watson [21],

**) Watson [21],

***) Titchmarsh [22].

aus und ersetzen darin die reziproke Gammafunktion durch das Integral (vgl. (A/19))

$$\frac{1}{\Gamma(m+n+1)} = \frac{1}{(m+n)!} = \frac{1}{2\pi i} \oint_K e^z z^{-(m+n+1)} \, dz, \tag{6.2/32}$$

worin K ein beliebiger Kreis um den Ursprung $z = 0$ ist. In

$$J_n(\rho) = \left(\frac{\rho}{2}\right)^n \frac{1}{2\pi i} \oint_K \left[\sum_{m=0}^{\infty} \frac{(-1)^m}{m!} \left(\frac{\rho^2}{4z}\right)^m \right] e^z z^{-n-1} \, dz \tag{6.2/33}$$

summieren wir nun

$$e^{-(\rho^2/4z)} = \sum_{m=0}^{\infty} \frac{(-1)^m}{m!} \left(\frac{\rho^2}{4z}\right)^m$$

und folgern aus (6.2/33)

$$J_n(\rho) = \left(\frac{\rho}{2}\right)^n \frac{1}{2\pi i} \oint_K e^{z-(\rho^2/4z)} \frac{dz}{z^{n+1}}.$$

Transformiert man das Integral rechts noch durch $z = \rho\xi/2$, so geht der Kreis K wieder in einen Kreis K' um den Ursprung über, so daß wir schließlich auf

$$J_n(\rho) = \frac{1}{2\pi i} \oint_{K'} e^{(\rho/2)(\xi - (1/\xi))} \frac{d\xi}{\xi^{n+1}}, \quad n = 0, \pm 1, \pm 2, \ldots, \tag{6.2/34}$$

kommen. Dies ist eine *Integraldarstellung der Besselfunktionen* mit ganzzahligem Zeiger; sie geht auf F. W. BESSEL zurück. Eine Erweiterung auf beliebige komplexe Zeiger ist möglich, doch wollen wir darauf nicht eingehen*).

Für $\xi = e^{i\varphi}$ folgt aus (6.2/34)

$$J_n(\rho) = \frac{1}{2\pi} \int_{-\pi}^{\pi} e^{i(\rho \sin\varphi - n\varphi)} \, d\varphi = \frac{1}{\pi} \int_0^{\pi} \cos(\rho \sin\varphi - n\varphi) \, d\varphi. \tag{6.2/35}$$

Die Integraldarstellung (6.2/34) zeigt uns aber auch, daß die Besselfunktionen $J_n(\rho)$ die Koeffizienten der Laurententwicklung der Funktion $e^{(\rho/2)(t-(1/t))}$ für die Stelle $t = 0$ sind (vgl. (A/20)), d. h.

$$\exp\left[\frac{\rho}{2}\left(t - \frac{1}{t}\right)\right] = \sum_{n=-\infty}^{\infty} J_n(\rho) \, t^n. \tag{6.2/36'}$$

Dies ist die *erzeugende Funktion* der Besselfunktionen $J_n(\rho)$. Wenn wir $t = e^{i\varphi}$ setzen, lautet (6.2/36')

$$e^{i\rho \sin\varphi} = \sum_{n=-\infty}^{\infty} J_n(\rho) \, e^{in\varphi}. \tag{6.2/36''}$$

*) Vgl. Lense [19], Watson [21].

(6.2/36″) erhält man auch aus der Überlegung, daß $e^{\sqrt{\lambda}(iy + z)}$ eine Lösung der Laplacegleichung ist; entwickelt man den von z unabhängigen Teil in seine Fourierreihe (in komplexer Form),

$$e^{i\sqrt{\lambda}y} = e^{i\rho \sin\varphi} = \sum_{n=-\infty}^{\infty} c_n(\rho)\, e^{in\varphi}, \qquad \sqrt{\lambda}\, r = \rho, \qquad y = r \sin\varphi, \tag{6.2/37}$$

mit den Fourierkoeffizienten

$$c_n(\rho) = \frac{1}{2\pi} \int_{-\pi}^{\pi} e^{i(\rho \sin\varphi - n\varphi)}\, d\varphi, \tag{6.2/38}$$

so ist jeder einzelne Summand von (6.2/37) Lösung des „z-separierten" Laplaceoperators

$$\hat{\Delta}_{r,\varphi} = \left[\frac{1}{r}\frac{\partial}{\partial r}\left(r\frac{\partial}{\partial r}\right) + \frac{1}{r^2}\frac{\partial^2}{\partial\varphi^2} + \lambda\right]. \tag{6.2/39}$$

Durch einfache Überlegung kommt man nun zu dem Ergebnis, daß die in ρ notwendigerweise regulären Koeffizienten $c_n(\rho)$ der Besselschen Differentialgleichung (5.3/8) genügen, d. h.

$$c_n(\rho) = \alpha_n J_n(\rho). \tag{6.2/40}$$

Der Vergleich von (6.2/35) und (6.2/38) mit (6.2/40) zeigt $\alpha_n = 1$.

Aus (6.2/36″) folgt

$$e^{i\rho \sin\varphi} = J_0(\rho) + 2 \sum_{n=1}^{\infty} e^{in\pi/2} J_n(\rho) \cos n\left(\varphi - \frac{\pi}{2}\right).$$

Daraus erhalten wir durch Vergleich von Realteil und Imaginärteil die Beziehungen

$$\cos(\rho \sin\varphi) = J_0(\rho) + 2 \sum_{n=1}^{\infty} J_{2n}(\rho) \cos 2n\varphi \tag{6.2/41}$$

bzw.

$$\sin(\rho \sin\varphi) = 2 \sum_{n=1}^{\infty} J_{2n-1}(\rho) \sin(2n-1)\varphi. \tag{6.2/42}$$

Aus der erzeugenden Funktion können wir wieder Rekursionsformeln für die Besselfunktionen ableiten. Bildet man

$$\frac{d}{dt} \exp\left[\frac{\rho}{2}\left(t - \frac{1}{t}\right)\right] = \frac{\rho}{2}\left(1 + \frac{1}{t^2}\right) \exp\left[\frac{\rho}{2}\left(t - \frac{1}{t}\right)\right] = \sum_{n=-\infty}^{\infty} n\, t^{n-1} J_n(\rho), \tag{6.2/43}$$

so folgt durch Koeffizientenvergleich die Formel

$$J_{n+1}(\rho) + J_{n-1}(\rho) = \frac{2n}{\rho} J_n(\rho), \qquad n = 0, \pm 1, \ldots \tag{6.2/44}$$

Eine weitere Beziehung erhält man durch Differentiation von (6.2/36′) nach ρ; nach einigen elementaren Rechnungen resultiert die Rekursionsformel

$$J_{n+1}(\rho) - J_{n-1}(\rho) = -2 J_n'(\rho), \qquad n = 0, \pm 1, \ldots \tag{6.2/45}$$

Als Spezialfall lesen wir daraus für n = 0 wegen $J_{-1}(\rho) = -J_1(\rho)$

$$J_0'(\rho) = -J_1(\rho) \tag{6.2/46}$$

ab. Eliminiert man schließlich aus den Rekursionsformeln (6.2/44) und (6.2/45) $J_{n+1}(\rho)$, so ergibt sich

$$J_{n-1}(\rho) = \frac{n}{\rho} J_n(\rho) + J'_n(\rho), \qquad n = 0, \pm 1, \ldots \tag{6.2/47}$$

Multipliziert man noch (6.2/47) mit ρ^n, so findet man

$$\frac{d}{d\rho}[\rho^n J_n(\rho)] = \rho^n J_{n-1}(\rho) \tag{6.2/48}$$

und bestätigt durch ähnliche Überlegungen

$$\frac{d}{d\rho}[\rho^{-n} J_n(\rho)] = -\rho^{-n} J_{n+1}(\rho), \qquad n = 0, \pm 1, \ldots \tag{6.2/49}$$

Wir empfehlen dem Leser zur Übung, die Beziehungen

$$\frac{1}{2^m}\left[\frac{d}{\rho\, d\rho}\right]^m \frac{J_\nu(\rho)}{\rho^\nu} = \left[\frac{d}{d(\rho^2)}\right]^m \frac{J_\nu(\rho)}{\rho^\nu} = (-1)^m \frac{J_{\nu+m}(\rho)}{2^m \rho^{\nu+m}}, \qquad m \geqslant 0, \tag{6.2/50}$$

$$\frac{1}{2^m}\left[\frac{d}{\rho\, d\rho}\right]^m \rho^\nu J_\nu(\rho) = \left[\frac{d}{d(\rho^2)}\right]^m \rho^\nu J_\nu(\rho) = \frac{\rho^{\nu-m}}{2^m} J_{\nu-m}(\rho), \qquad m \geqslant 0, \tag{6.2/51}$$

nachzuweisen.

6.2.5. Das Additionstheorem der Besselfunktionen mit ganzzahligem Zeiger

Ein sehr wichtiger Zusammenhang der Besselfunktionen besteht in den sogenannten Additionstheoremen. Wir beweisen zunächst das allgemeine Additionstheorem

$$J_n(\rho_1 + \rho_2) = \sum_{m=-\infty}^{\infty} J_m(\rho_1) J_{n-m}(\rho_2), \qquad n = 0, \pm 1, \pm 2, \ldots \tag{6.2/52}$$

Aus

$$\exp\left[\frac{\rho_1 + \rho_2}{2}\left(t - \frac{1}{t}\right)\right] = \exp\left[\frac{\rho_1}{2}\left(t - \frac{1}{t}\right)\right] \exp\left[\frac{\rho_2}{2}\left(t - \frac{1}{t}\right)\right]$$

wird nämlich, wenn wir aus (6.2/36') in die linke und rechte Seite einsetzen,

$$\sum_{n=-\infty}^{\infty} J_n(\rho_1 + \rho_2)\, t^n = \sum_{n=-\infty}^{\infty} t^n \sum_{m=-\infty}^{\infty} J_m(\rho_1) J_{n-m}(\rho_2).$$

Durch Koeffizientenvergleich folgern wir (6.2/52).

Eine Verallgemeinerung dieses Additionstheorems besteht in folgendem. Wir betrachten zwei Punkte $P(x_1, x_2)$ und $P'(x'_1, x'_2)$ in der (x_1, x_2)-Ebene mit den Polarkoordinaten ρ, φ und ρ', φ', deren Abstand durch

$$R = \sqrt{(x_1 - x'_1)^2 + (x_2 - x'_2)^2} = \sqrt{\rho^2 + \rho'^2 - 2\rho\rho' \cos(\varphi - \varphi')} \tag{6.2/53}$$

gegeben ist. Da R eine in ρ und ρ' symmetrische, 2π-periodische Funktion in φ, φ' und auch $\varphi - \varphi'$ ist, lautet die Fourierreihenentwicklung von $J_0(R)$ in der komplexen Form

$$J_0(R) = \sum_{n=-\infty}^{\infty} A_n(\rho, \rho')\, e^{in(\varphi - \varphi')},$$

wobei die Fourierkoeffizienten $A_n(\rho, \rho')$ durch

$$A_n(\rho,\rho') = \frac{1}{2\pi}\int_{-\pi}^{\pi} J_0(\sqrt{\rho^2 + \rho'^2 - 2\rho\rho'\cos\psi})\, e^{-in\psi}\, d\psi = \frac{1}{2\pi}\int_{-\pi}^{\pi} J_0(R)\cos n\psi\, d\psi \qquad (6.2/54)$$

gegeben sind. Offensichtlich sind diese Funktionen in ρ und ρ' symmetrisch, d. h. $A_n(\rho, \rho') = A_n(\rho', \rho)$. Um die Koeffizienten $A_n(\rho, \rho')$ zu berechnen, überlegen wir, daß der z-separierte Laplaceoperator (6.2/39) invariant gegenüber Translationen und orthogonalen Transformationen ist, d. h. $J_0(R)$ muß der Gleichung $\hat{\Delta}_{\rho,\varphi} J_0(R) = 0$ bzw. $\hat{\Delta}_{\rho',\varphi'} J_0(R) = 0$ genügen. Somit sind die Koeffizienten $A_n(\rho, \rho')$ in ρ bzw. ρ' (reguläre) Lösungen der Differentialgleichung (5.3/8); das bedeutet

$$A_n(\rho,\rho') = \alpha_n J_n(\rho) J_n(\rho')$$

mit geeigneten Konstanten α_n. Um diese zu bestimmen, setzen wir $\varphi = \varphi'$ und bekommen unter Berücksichtigung von (6.2/52)

$$J_0(\rho - \rho') = \sum_{m=-\infty}^{\infty} J_m(\rho) J_m(\rho') = \sum_{m=-\infty}^{\infty} \alpha_m J_m(\rho) J_m(\rho').$$

Offenbar muß $\alpha_m = 1$ gelten. Damit erhalten wir das Ergebnis

$$J_0(\sqrt{\rho^2 + \rho'^2 - 2\rho\rho'\cos(\varphi - \varphi')}) = \sum_{m=-\infty}^{\infty} J_m(\rho) J_m(\rho')\, e^{im(\varphi-\varphi')}, \qquad (6.2/55)$$

das auch verallgemeinertes Additionstheorem für $J_0(R)$ genannt wird.

6.2.6. Die Wellengleichung. Sphärische Besselfunktionen

Über den Separationsansatz (3.1/9) zerfällt die Wellengleichung (2.2/23) in (3.1/13) mit $a = v^{-2}$, $b = c = 0$ und in (3.1/12) mit $L = -\Delta$,

$$-\Delta u = \lambda u. \qquad (6.2/56)$$

Mit $\lambda = k^2$ wird diese Gleichung *Schwingungsgleichung* oder auch *Helmholtz-Gleichung* genannt. Der weitere Lösungsvorgang von (6.2/56) ist nun wieder durch die Methode der Variablentrennung bestimmt. Dabei wollen wir hier die Separation in Kugelkoordinaten durchführen. Der Winkelanteil einer partikulären Lösung von

$$\left[\frac{1}{r^2}\frac{\partial}{\partial r}\left(r^2\frac{\partial}{\partial r}\right) + \frac{1}{r^2\sin\theta}\frac{\partial}{\partial\theta}\left(\sin\theta\frac{\partial}{\partial\theta}\right) + \frac{1}{r^2\sin^2\theta}\frac{\partial^2}{\partial\varphi^2} + k^2\right] u = 0 \qquad (6.2/57)$$

muß nach Kap. 6.1 Kugelflächenfunktion sein, wenn wir ein Problem für den ganzen Winkelbereich lösen wollen. Wir setzen daher von vornherein

$$u(r,\theta,\varphi) = R(r)\, S_l(\theta,\varphi) \qquad (6.2/58)$$

mit einer Kugelflächenfunktion $S_l(\theta, \varphi)$ der Gestalt (6.1/15), während der Radialanteil

$$r^2\frac{d^2R}{dr^2} + 2r\frac{dR}{dr} + [k^2r^2 - l(l+1)]\, R = 0 \qquad (6.2/59)$$

zu erfüllen hat. Die Substitution $kr = \rho$ liefert zunächst die Differentialgleichung

$$\rho^2\frac{d^2R}{d\rho^2} + 2\rho\frac{dR}{d\rho} + [\rho^2 - l(l+1)]\, R = 0, \qquad (6.2/60)$$

die wir mit Hilfe des Ansatzes

$$R(\rho) = \rho^{\alpha}\, y(\rho) \tag{6.2/61}$$

in die Form

$$\rho^2 \frac{d^2y}{d\rho^2} + \rho \frac{dy}{d\rho}(2 + 2\alpha) + [\rho^2 - l(l+1) + \alpha(\alpha+1)]\, y = 0 \tag{6.2/62}$$

bringen. Die Wahl $\alpha = -1/2$ macht aus (6.2/62) eine Besselsche Differentialgleichung (6.2/9),

$$\rho^2 \frac{d^2y}{d\rho^2} + \rho \frac{dy}{d\rho} + \left[\rho^2 - \left(l + \frac{1}{2}\right)^2\right] y = 0, \tag{6.2/63}$$

für halbzahligen Index $\nu = l + \frac{1}{2}$.

Damit ergeben sich für $R(\rho)$ die beiden Lösungen

$$\frac{1}{\sqrt{\rho}} J_{l+1/2}(\rho), \qquad \frac{1}{\sqrt{\rho}} J_{-l-1/2}(\rho). \tag{6.2/64}$$

Oft nimmt man als zweite Lösung für eine vollständige Integralbasis auch (6.2/15)

$$\frac{1}{\sqrt{\rho}} N_{l+1/2}(\rho) = \frac{1}{\sqrt{\rho}} (-1)^{l+1} J_{-l-1/2}(\rho). \tag{6.2/65}$$

Üblicherweise bezeichnet man die Funktionen

$$j_l(\rho) := \sqrt{\frac{\pi}{2\rho}}\, J_{l+1/2}(\rho) = \frac{\sqrt{\pi}}{2} \left(\frac{\rho}{2}\right)^l \sum_{n=0}^{\infty} \frac{(-1)^n}{n!\, \Gamma(n + l + \frac{3}{2})} \left(\frac{\rho}{2}\right)^{2n} \tag{6.2/66}$$

bzw.

$$n_l(\rho) := \sqrt{\frac{\pi}{2\rho}}\, N_{l+1/2}(\rho) = (-1)^{l+1} \sqrt{\frac{\pi}{2\rho}}\, J_{-l-1/2}(\rho) = (-1)^{l+1}\, j_{-l-1}(\rho) \tag{6.2/67}$$

als *sphärische Besselfunktionen* bzw. *sphärische Neumannfunktionen.* Analog zu $H_\nu^{(1)}(\rho)$ und $H_\nu^{(2)}(\rho)$ definiert man

$$h_l^{(1)}(\rho) := \sqrt{\frac{\pi}{2\rho}}\, H_{l+1/2}^{(1)}(\rho) = j_l(\rho) + i\, n_l(\rho) \tag{6.2/68}$$

bzw.

$$h_l^{(2)}(\rho) := \sqrt{\frac{\pi}{2\rho}}\, H_{l+1/2}^{(2)}(\rho) = j_l(\rho) - i\, n_l(\rho) \tag{6.2/69}$$

als *sphärische Handelfunktionen.*

6.2.7. Entwicklung einer ebenen Welle nach Kugelwellen

In vielen physikalischen Problemen, insbesondere bei Streuproblemen in der Quantenmechanik, ist es wünschenswert, für eine ebene Welle der Gestalt $e^{i(\mathbf{k}\cdot\mathbf{x} - \omega t)}$, $\mathbf{k}^2 = \omega^2/v^2$, eine Darstellung zu besitzen, die vor allem die Winkelabhäniggkeit in Form der (normierten) Kugeflächenfunktionen (6.1/59) enthält, sowie einen Radialteil, der vom Abstand zu einem vorgegebenen Zentrum („Streuzentrum") abhängt.

Ohne die Allgemeinheit einzuschränken, nehmen wir an, daß unsere Welle in der z-Richtung einläuft, d. h., daß die zu untersuchende Welle die Form e^{ikz} besitzt (der Zeitfaktor sei ab nun abgespaltet).

Die Funktion e^{ikz} erfüllt die Schwingungsgleichung (6.2/56) mit $\lambda = k^2$,

$$(\Delta + k^2)\, e^{ikz} = 0. \tag{6.2/70}$$

Mit $z = r\cos\theta$ findet man $(kr = \rho)$

$$e^{ikz} = e^{ikr\cos\theta} = e^{i\rho\cos\theta}. \tag{6.2/71}$$

Wir entwickeln die Funktion $e^{i\rho\cos\theta}$ in eine Reihe nach Legendreschen Polynomen. Aus (6.1/79) folgt

$$e^{i\rho\cos\theta} = \sum_{l=0}^{\infty} C_l(\rho)\, P_l(\cos\theta). \tag{6.2/72}$$

Die Funktionen $C_l(\rho)$ bestimmen sich dabei zu

$$C_l(\rho) = \frac{2l+1}{2} \int_{-1}^{1} e^{i\rho\xi}\, P_l(\xi)\, d\xi, \qquad l = 0, 1, \ldots \tag{6.2/73}$$

Da andererseits $e^{i\rho\cos\theta}$ eine Lösung der Schwingungsgleichung (6.2/56) ist, ergibt die lineare Unabhängigkeit der Legendreschen Polynome, daß die Funktionen $C_l(\rho)$ Lösungen der Gleichung (6.2/63) sein müssen, d. h., da $C_l(\rho)$ für $\rho = 0$ regulär ist,

$$C_l(\rho) = \alpha_l\, j_l(\rho) \tag{6.2/74}$$

mit einer geeigneten Konstanten α_l. Diese bestimmen wir durch Koeffizientenvergleich. Aus (6.1/45) folgt

$$\alpha_l j_l(\rho) = \frac{\sqrt{\pi}}{2}\left(\frac{\rho}{2}\right)^l \frac{1}{\Gamma(l+\frac{3}{2})} + \ldots$$

$$= \frac{2l+1}{2} \int_{-1}^{1} P_l(\xi) \sum_{n=0}^{\infty} \frac{(i\rho\xi)^n}{n!}\, d\xi = \frac{2l+1}{2} \sum_{n=l}^{\infty} \frac{(i\rho)^n}{n!} \int_{-1}^{1} P_l(\xi)\, \xi^n\, d\xi =$$

$$= \frac{2l+1}{2} \frac{(i\rho)^l}{l!} \int_{-1}^{1} P_l(\xi)\, \xi^l d\xi + \ldots = \frac{2l+1}{2} \frac{(i\rho)^l}{l!} \frac{2^l (l!)^2}{(2l)!} \frac{2}{2l+1} + \ldots$$

und daraus nach Division durch ρ^l für $\rho = 0$

$$\alpha_l = 2^{2l+1} \frac{l!}{(2l)!}\, i^l\, \frac{\Gamma(l+\frac{3}{2})}{\sqrt{\pi}};$$

berücksichtigt man noch (vgl. (B/8))

$$\Gamma\left(l+\frac{3}{2}\right) = \left(l+\frac{1}{2}\right)\left(l-\frac{1}{2}\right)\ldots\frac{3}{2}\frac{1}{2}\Gamma\left(\frac{1}{2}\right) = (2l+1)\frac{(2l)!}{2^{2l+1}l!}\sqrt{\pi},$$

so ergibt sich

$$\alpha_l = (2l+1)\, i^l \tag{6.2/75}$$

und somit

$$e^{ikz} = e^{i\rho\cos\theta} = \sum_{l=0}^{\infty} (2l+1)\, i^l\, j_l(\rho)\, P_l(\cos\theta). \tag{6.2/76}$$

Aus (6.2/74) fällt noch eine bemerkenswerte Integraldarstellung der sphärischen Besselfunktionen ab; setzt man nämlich (6.2/74) und (6.2/75) in (6.2/73) ein, so folgt

$$j_l(\rho) = (-i)^l \frac{1}{2} \int_{-1}^{1} e^{i\rho\xi} P_l(\xi)\, d\xi. \tag{6.2/77}$$

Daraus erhält man explizite Ausdrücke für die sphärischen Besselfunktionen: (6.2/77) ergibt für $l = 0$: $j_0(\rho) = \frac{\sin\rho}{\rho}$. Bei $l = 1, 2, \ldots$, verwendet man besser (6.2/50) und (6.2/51):

$$j_l(\rho) = (-1)^l \rho^l \frac{d^l}{(\rho\, d\rho)^l} \frac{\sin\rho}{\rho}. \tag{6.2/78}$$

Für eine allgemeine Einfallsrichtung $\mathbf{k}$ der einfallenden Welle ist $\cos\theta = \mathbf{k}\cdot\mathbf{x}/(|\mathbf{k}|\,|\mathbf{x}|)$. Die Richtungen $\mathbf{k}/|\mathbf{k}|$ und $\mathbf{x}/|\mathbf{x}|$ sind daher mit $\Omega = \Omega_k$ bzw. $\Omega' = \Omega_x$ in (6.1/74) zu identifizieren. Unter Anwendung des Additionstheorems (6.1/66) folgt also

$$e^{i\mathbf{k}\cdot\mathbf{x}} = 4\pi \sum_{l=0}^{\infty} i^l j_l(\rho) \sum_{m=-l}^{l} Y_{l,m}(\Omega_k)\, \bar{Y}_{l,m}(\Omega_x). \tag{6.2/79}$$

6.2.8. Asymptotische Darstellungen für sphärische Besselfunktionen

Um das Verhalten einer Welle in großem Abstand vom Zentrum untersuchen zu können, ist es erforderlich, die asymptotischen Eigenschaften der Besselfunktionen zu kennen. Zu diesem Zweck integrieren wir die Integraldarstellung (6.2/77) partiell,

$$j_l(\rho) = (-i)^l \frac{1}{2i\rho} e^{i\rho\xi} P_l(\xi) \Big|_{-1}^{1} - (-i)^l \frac{1}{2i\rho} \int_{-1}^{1} e^{i\rho\xi} P_l'(\xi)\, d\xi. \tag{6.2/80}$$

Da $P_l(\xi)$ ein Polynom l-ten Grades ist, bricht bei fortgesetzter partieller Integration dieser Prozeß nach l Schritten ab. Man erhält schließlich

$$j_l(\rho) = \sum_{m=0}^{l} \frac{\cos\left(\rho + \frac{m-l-1}{2}\pi\right)}{\rho^{m+1}} \frac{(l+m)!}{(l-m)!} \frac{1}{m!\, 2^m}. \tag{6.2/81}$$

Die Rechnung sei dem Leser überlassen.

Demnach ist das Verhalten von $j_l(\rho)$ für große Werte von ρ durch

$$j_l(\rho) \sim \frac{\cos\left(\rho - \frac{l+1}{2}\pi\right)}{\rho} \tag{6.2/82}$$

charakterisiert. Eine solche *asymptotische Darstellung* läßt sich in gleicher Weise auch für die sphärischen Neumannfunktionen angeben. Aus (6.2/66) und (6.2/67) folgert man, wenn in (6.2/83) l durch $-l-1$ ersetzt wird,

$$n_l(\rho) \sim -\frac{\cos\left(\rho - l\frac{\pi}{2}\right)}{\rho} = \frac{\sin\left(\rho - \frac{l+1}{2}\pi\right)}{\rho}. \tag{6.2/83}$$

Mit der asymptotischen Darstellung der Funktionen $j_l(\rho)$ und $n_l(\rho)$ ist eine solche auch für die sphärischen Hankelfunktionen gegeben:

$$h_l^{(1)}(\rho) \sim \frac{1}{\rho} e^{i\left(\rho - \frac{l+1}{2}\pi\right)} \tag{6.2/84}$$

und

$$h_l^{(2)}(\rho) \sim \frac{1}{\rho}\, e^{-i\left(\rho - \frac{l+1}{2}\pi\right)}. \tag{6.2/85}$$

(6.2/84) bzw. (6.2/85) beschreibt (abgesehen vom üblichen Zeitfaktor $e^{-i\omega t}$) einlaufende bzw. auslaufende Kugelwellen.

Ähnliche asymptotische Darstellungen erhält man auch für beliebige Besselfunktionen. Zunächst ist

$$J_{l+1/2}(\rho) = \sqrt{\frac{2\rho}{\pi}}\, j_l(\rho) \sim \sqrt{\frac{2}{\pi\rho}} \cos\left(\rho - \frac{l+1}{2}\pi\right). \tag{6.2/86}$$

Mit Hilfe von Integraldarstellungen für die Besselfunktionen $J_\nu(\rho)$ läßt sich zeigen*), daß (6.2/86) auch für beliebige Zeiger gilt, d. h.

$$J_\nu(\rho) \sim \sqrt{\frac{2}{\pi\rho}} \cos\left(\rho - \nu\frac{\pi}{2} - \frac{\pi}{4}\right) \tag{6.2/87}$$

und

$$N_\nu(\rho) \sim \sqrt{\frac{2}{\pi\rho}} \sin\left(\rho - \nu\frac{\pi}{2} - \frac{\pi}{4}\right), \tag{6.2/88}$$

sowie

$$\begin{aligned} H_\nu^{(1)}(\rho) &\sim \sqrt{\frac{2}{\pi\rho}}\, e^{i\left(\rho - \nu\frac{\pi}{2} - \frac{\pi}{4}\right)}, \\ H_\nu^{(2)}(\rho) &\sim \sqrt{\frac{2}{\pi\rho}}\, e^{-i\left(\rho - \nu\frac{\pi}{2} - \frac{\pi}{4}\right)}. \end{aligned} \tag{6.2/89}$$

Diese Formeln entstehen durch die formale Substitution $\nu = l + \frac{1}{2}$.

6.3. Hermitesche und Laguerresche Polynome

6.3.1. Der harmonische Oszillator (Hermitesche Polynome)

Die klassische Bewegungsgleichung für ein in Richtung x schwingendes Teilchen der Masse m lautet

$$m\ddot{x} = F = -kx = -\frac{dV}{dx}, \tag{6.3/1}$$

wenn die rücktreibende Kraft F proportional zur Auslenkung ist. Setzt man

$$k = m\omega_0^2, \qquad V(x) = \frac{m}{2}\omega_0^2 x^2, \tag{6.3/2}$$

so haben die klassischen Lösungen von (6.3/1) die besonders einfache Gestalt $x = e^{\pm i\omega_0 t}$.

In der klassischen Quantenmechanik wird ein solcher Schwingungsvorgang durch die Schrödingergleichung (2.4/9) beschrieben, die im eindimensionalen Fall nach Separation eines Zeitfaktors $e^{-i(E/\hbar)t} = e^{-i\omega t}$ die Gestalt

$$\left[-\frac{\hbar^2}{2m}\frac{d^2}{dx^2} + V(x)\right]\Psi(x) = E\,\Psi(x) \tag{6.3/3}$$

annimmt, oder mit (6.3/2)

$$\frac{d^2\Psi}{dx^2} + \frac{2m}{\hbar^2}\left[E - \frac{m}{2}\omega_0^2 x^2\right]\Psi(x) = 0. \tag{6.3/4}$$

---

*) Vgl. Lense [19], Watson [21].

Die Lösung von (6.3/4) ist nur mit entsprechenden Randbedingungen sinnvoll. In der Quantenmechanik ist $|\Psi(x)|^2\,dx$ als Aufenthaltswahrscheinlichkeit des Teilchens in $[x, x + dx]$ zu interpretieren. Daher ist zu fordern, daß

$$\int_{-\infty}^{+\infty} |\Psi(x)|^2\,dx < \infty \tag{6.3/5}$$

existiert, damit die Gesamtwahrscheinlichkeit auf 1 normiert werden kann. Entsprechend unserer Modellvorstellung können wir erwarten, daß sich das Teilchen hauptsächlich in der Nähe der Ruhelage $x = 0$ aufhält und daß seine Aufenthaltswahrscheinlichkeit für $x \to \infty$ stark abnimmt. (6.3/5) bedeutet auch, daß $|\Psi(x)|$ für $x \to \infty$ verschwinden muß.

Für das Folgende kürzen wir

$$z = \sqrt{\frac{m\omega_0}{\hbar}}\,x, \qquad \lambda = \frac{E}{\hbar\omega_0} - \frac{1}{2} \tag{6.3/6}$$

ab; aus (6.3/4) wird dann

$$\frac{d^2\Psi}{dz^2} + [(2\lambda + 1) - z^2]\,\Psi = 0. \tag{6.3/7}$$

Wir untersuchen zunächst (6.3/7) für große Werte von z. Vernachlässigen wir den (konstanten) Faktor $2\lambda + 1$ gegenüber z, so geht (6.3/7) in

$$\frac{d^2\Psi_\infty}{dz^2} - z^2\Psi_\infty = 0 \tag{6.3/8}$$

über. Bei Vernachlässigung von Termen $\Psi_\infty(z)$ gegen $z^2\Psi_\infty(z)$ in (6.3/8) hat Gleichung (6.3/8) eine „asymptotische Lösung“ der Form $e^{\pm z^2/2}$. Dies legt für (6.3/7) den Ansatz

$$\Psi(z) = e^{-z^2/2}\,H(z) \tag{6.3/9}$$

nahe. Setzt man (6.3/9) in (6.3/7) ein, so erhält man für die Funktion $H(z)$ die Differentialgleichung

$$\frac{d^2H}{dz^2} - 2z\,\frac{dH}{dz} + 2\lambda\,H(z) = 0. \tag{6.3/10}$$

(6.3/10) heißt die *Hermitesche Differentialgleichung* (vgl. (5.3/6)). Sie geht durch Substitution $z^2 = x$ in die konfluente hypergeometrische Differentialgleichung (5.3/2),

$$x\,\frac{d^2H}{dx^2} + \left(\frac{1}{2} - x\right)\frac{dH}{dx} + \frac{\lambda}{2}\,H = 0 \tag{6.3/11}$$

über, deren allgemeine Lösung durch

$$H(x) = C_1\,\Phi\left(-\frac{\lambda}{2}, \frac{1}{2}; x\right) + C_2\,\sqrt{x}\,\Phi\left(-\frac{\lambda}{2} + \frac{1}{2}, \frac{3}{2}; x\right) \tag{6.3/12}$$

gegeben ist, was auf

$$\Psi(z) = e^{-z^2/2}\left[C_1\,\Phi\left(-\frac{\lambda}{2}, \frac{1}{2}; z^2\right) + C_2\,z\,\Phi\left(-\frac{\lambda}{2} + \frac{1}{2}, \frac{3}{2}; z^2\right)\right] \tag{6.3/13}$$

führt. Auf Grund des asymptotischen Verhaltens der konfluenten hypergeometrischen Funktion $(a \neq 0, -1, -2, \ldots)$*),

$$\Phi(a, c; x) = \frac{\Gamma(c)}{\Gamma(a)}\,e^x\,x^{a-c}\left[1 + O\left(\frac{1}{x}\right)\right], \qquad x \to \infty, \tag{6.3/14}$$

*) Vgl. Magnus/Oberhettinger/Soni [23], Erdélyi et. al. [24].

ergibt die Forderung nach der Konvergenz der Integrale (6.3/5)

$$C_1 = 0, \qquad \lambda = 2n + 1$$

oder

$$C_2 = 0, \qquad \lambda = 2n,$$

denn nur in diesem Fall brechen die Reihen in (6.3/13) ab. Damit haben die Lösungen von (6.3/7) die Gestalt

$$\Psi(z) = C\, e^{-z^2/2}\, \Phi\left(-n, \frac{1}{2}; z^2\right) \tag{6.3/15'}$$

oder

$$\Psi(z) = C\, e^{-z^2/2}\, z\, \Phi\left(-n, \frac{3}{2}; z^2\right) . \tag{6.3/15''}$$

Die speziellen Polynome

$$H_{2n}(z) := (-1)^n \frac{(2n)!}{n!}\, \Phi\left(-n, \frac{1}{2}; z^2\right) \tag{6.3/16'}$$

bzw.

$$H_{2n+1}(z) := (-1)^n\, 2\, \frac{(2n+1)!}{n!}\, z\, \Phi\left(-n, \frac{3}{2}; z^2\right) \tag{6.3/16''}$$

heißen *Hermitesche Polynome.* Man findet

$$H_0(z) = 1,$$
$$H_1(z) = 2z,$$
$$H_2(z) = 4z^2 - 2, \quad \text{etc.}$$

Die Hermiteschen Polynome $H_n(z)$ erfüllen zufolge (6.3/16) die Relationen

$$H_n(z) = (-1)^n H_n(-z). \tag{6.3/17}$$

Wegen (6.3/6) können nur Quantenzustände für diskrete *Energieeigenwerte*

$$E_n = \hbar\omega_0 \left(n + \frac{1}{2}\right), \qquad n = 0, 1, 2, \ldots, \tag{6.3/18}$$

für die (normierten) Wellenfunktionen

$$\Psi_n(z) = e^{-z^2/2} H_n(z) \frac{1}{\int\limits_0^\infty e^{-z^2} H_n^2(z)\, dz} \tag{6.3/19}$$

auftreten.

6.3.2. Die erzeugende Funktion der Hermiteschen Polynome

Auch für die Hermiteschen Polynome kann eine erzeugende Funktion gefunden werden. $g(z, t)$ sei eine solche mit konstanten Koeffizienten c_n,

$$g(z, t) = \sum_{n=0}^{\infty} \frac{t^n}{n!} c_n H_n(z). \tag{6.3/20}$$

Man zeigt zunächst leicht auf Grund von (6.3/10) mit $\lambda = n$, daß $g(z, t)$ der Differentialgleichung gleichung

$$\frac{\partial^2 g}{\partial z^2} - 2z \frac{\partial g}{\partial z} + 2t \frac{\partial g}{\partial t} = 0 \tag{6.3/21}$$

genügen muß. Sucht man eine Lösung von (6.3/21) in der Gestalt

$$g(z, t) = f(zt)\, h(t),$$

so zerfällt (6.3/21) bei der üblichen Separationsmethode in die gewöhnlichen Differentialgleichungen $(zt = \xi)$

$$f''(\xi) - 4\mu^2 f(\xi) = 0, \qquad h'(t) + 2t\mu^2 h(t) = 0 \tag{6.3/22}$$

mit dem Separationsparameter μ. In den Lösungen von (6.3/22),

$$f(zt) = e^{2\mu z t}, \qquad h(t) = e^{-\mu^2 t^2},$$

wählen wir $\mu = 1$, so daß

$$g(z, t) = e^{-t^2 + 2zt} = \sum_{n=0}^{\infty} \frac{t^n}{n!} H_n(z) \tag{6.3/23}$$

folgt, wenn wir die Normierung der Funktionen $H_n(z)$ bei $z = 0$, (6.3/16), bei der Bestimmung der c_n in (6.3/20) beachten, d. h. $c_n = 1$.

Die Reihe (6.3/23) ist beständig konvergent. Differenziert man (6.3/23) einmal nach t und einmal nach z, so findet man mit der üblichen Methode die Rekursionsformeln

$$H_{n+1}(z) = 2z\, H_n(z) - 2n\, H_{n-1}(z) \tag{6.3/24}$$

und

$$H_n'(z) = 2n\, H_{n-1}(z). \tag{6.3/25}$$

Die Hermiteschen Polynome $H_n(z)$ sind, wie aus (6.3/23) ersichtlich ist, die Entwicklungskoeffizienten der Potenzreihe von $e^{-t^2 + 2tz}$ nach Potenzen von t. Daraus ergibt sich eine Darstellung der Hermiteschen Polynome. Bildet man die n-te Ableitung von

$$g(z, t) = e^{z^2}\, e^{-(t-z)^2},$$

so sieht man

$$\frac{d^n}{dt^n} e^{-(t-z)^2}\Big|_{t=0} = (-1)^n \frac{d^n}{dz^n} e^{-(t-z)^2}\Big|_{t=0}, \qquad n = 0, 1, 2, \dots$$

Das bedeutet schließlich

$$H_n(z) = (-1)^n e^{z^2} \frac{d^n}{dz^n} e^{-z^2}. \tag{6.2/26}$$

Abschließend besprechen wir noch die Orthogonalität der Hermiteschen Polynome $H_n(z)$. Die Hermitesche Differentialgleichung (6.3/10) ist nicht selbstadjungiert, wohl aber die Differentialgleichung (6.3/7) des harmonischen Oszillators. Wir können daher erwarten, daß die Eigenfunktionen (6.3/19) orthogonal im Intervall $-\infty < z < \infty$ bezüglich der Belegungsfunktion $p(z) = 1$ sind. Man weist dies auf die übliche Art (4.2/18) nach.

Eine andere Möglichkeit, die Orthogonalität der Eigenfunktionen (6.3/19) im Intervall $-\infty < z < \infty$ zu zeigen, geht von (6.3/23) aus. Betrachtet man*)

$$\int e^{-z^2} g(z, t)\, g(z, s)\, dz = \sqrt{\pi}\, e^{2st} = \sqrt{\pi} \sum_{k=0}^{\infty} \frac{2^k}{k!} (st)^k$$

$$= \sum_{n=0}^{\infty} \sum_{m=0}^{\infty} \frac{t^n}{n!} \frac{s^m}{m!} \int e^{-z^2} H_n(z)\, H_m(z)\, dz,$$

*) Vgl. Beispiel 4.8.1, (ii).

so findet man

$$\int e^{-z^2} H_n(z) H_m(z)\, dz = \sqrt{\pi}\, 2^n\, n!\, \delta_{n,m}. \tag{6.3/27}$$

6.3.3. Die Schrödingergleichung für das Wasserstoffatom (Laguerresche Polynome)

Ein weiteres Beispiel, das auf die Lösung der Schrödingergleichung führt, stellt das Wasserstoffatom dar. Durch eine Reihe von Vernachlässigungen läßt sich dieses Zweikörperproblem – Proton und kreisendes Elektron mit Coulombscher Anziehung – auf die folgende einfache Aufgabe reduzieren: Das um das ruhend zu denkende Proton*) umlaufende Elektron befindet sich im Einflußbereich des Coulombpotentials $V(r)$ des Kerns,

$$V(r) = -\frac{Ze^2}{r}.$$

Dabei ist r der Relativabstand zwischen dem Proton und dem Elektron, Z die Kernladungszahl**) (im vorliegenden Fall $Z = 1$) e die Elementarladung.

Die Schrödingergleichung für die Wellenfunktion des Elektrons lautet somit***)

$$\left[\Delta + \frac{2m}{\hbar^2}\left(E + \frac{Ze}{r^2}\right)\right] \Psi(\mathbf{x}) = 0. \tag{6.3/28}$$

Dabei entspricht m unter den getroffenen Vernachlässigungen der Elektronenmasse.

Die Form des Potentials $V(r)$ legt nahe, die Separation von (6.3/28) in Kugelkoordinaten durchzuführen. Wir setzen daher

$$\Psi(\mathbf{x}) = R(r)\, S_l(\theta, \varphi), \tag{6.3/29}$$

wodurch man für den Radialanteil $R(r)$ die Differentialgleichung

$$\frac{d^2R}{dr^2} + \frac{2}{r}\frac{dR}{dr} + \left[\frac{2m}{\hbar^2}\left(E + \frac{Ze^2}{r}\right) - \frac{l(l+1)}{r^2}\right] R = 0 \tag{6.3/30}$$

erhält. Der Leser halte sich vor Augen, daß $S_l(\theta, \varphi)$ eine Kugelflächenfunktion sein muß, was nach sich zieht, daß der Separationsparameter λ von der Form $\lambda = l(l+1)$, $l = 0, 1, \ldots$ ist.

Die Gleichung (6.3/30) wird erst durch eine Randbedingung sinnvoll. Da wir an stationären Elektronenbahnen interessiert sind, d. h. $E < 0$, also an gebundenen Zuständen, erwarten wir, wie in Kap. 6.3.1, daß die Aufenthaltswahrscheinlichkeit des Elektrons für hinreichend große Abstände vom Proton entsprechend rasch abnimmt, so daß ein Integral wie (6.3/5) existiert. Daher ist die Randbedingung für (6.3/30) wieder

$$\lim_{r \to \infty} R(r) = 0. \tag{6.3/31}$$

Führt man den Bohrschen Radius a,

$$a = \frac{\hbar^2}{me^2}$$

---

*) Die Masse des Protons ist ja um den Faktor 1840 größer als die des Elektrons.

**) Die Einführung der Kernladungszahl Z gestattet es, unsere Untersuchungen auch auf wasserstoffähnliche Atome auszudehnen, z. B. Z = 2 entspricht dem ionisierten Helium.

***) Die Spins von Elektron und Proton werden nicht berücksichtigt.

und die Abkürzungen

$$\rho = \beta r, \qquad \beta^2 = -\frac{8mE}{\hbar^2}$$

ein, so läßt sich die Radialgleichung (6.3/30) in

$$\frac{d^2R}{d\rho^2} + \frac{2}{\rho}\frac{dR}{d\rho} + \left[\frac{1}{\rho}\frac{2Z}{a\beta} - \frac{1}{4} - \frac{l(l+1)}{\rho^2}\right] R = 0 \tag{6.3/32}$$

umschreiben. β^2 ist wegen $E < 0$ eine positive Zahl. Ähnlich wie beim harmonischen Oszillator versuchen wir nun, das asymptotische Verhalten abzuspalten. Für große Werte von r genügt es, die Gleichung

$$\frac{d^2R_\infty}{d\rho^2} - \frac{1}{4} R_\infty = 0 \tag{6.3/33}$$

zu studieren; sie hat die Lösungen

$$R_\infty(\rho) = e^{\pm\rho/2}. \tag{6.3/34}$$

Dies wäre für $E > 0$ eine oszillierende Lösung. Für $E < 0$ müssen wir das positive Vorzeichen ausschließen, um die Randbedingung (6.3/31) zu erfüllen.

Studiert man das Verhalten der Lösungen von (6.3./32) für kleine Argumente, so entartet (6.3/32) in die Eulersche Differentialgleichung

$$\rho^2 \frac{d^2R_0}{d\rho^2} + 2\rho \frac{dR_0}{d\rho} - l(l+1) R_0 = 0 \tag{6.3/35}$$

mit den Lösungen ρ^l und ρ^{-l-1}. Die zweite Möglichkeit ρ^{-l-1} scheidet aus, da wir eine im Ursprung stetige Lösungsfunktion suchen. Das weitere wird dadurch bestimmt, daß man versucht, sowohl das Verhalten für große Werte von ρ als auch das Verhalten in der Nähe des Ursprungs von der Gesamtlösung „abzuspalten"; dies führt auf den Ansatz

$$R(\rho) = \rho^l e^{-\rho/2} L(\rho). \tag{6.3/36}$$

Setzt man in (6.3/32) ein, so ergibt sich die *Laguerresche Differentialgleichung* (5.3/8),

$$\rho \frac{d^2L}{d\rho^2} + (2l + 2 - \rho)\frac{dL}{d\rho} - (l + 1 - \lambda) L = 0, \tag{6.3/37}$$

für die noch unbestimmte Funktion $L(\rho)$. Dabei haben wir $2Z/a\beta = \lambda$ gesetzt. (6.3/37) ist eine konfluente hypergeometrische Differentialgleichung (5.3/2) mit $c = 2l + 2$, $a = l + 1 - \lambda$. Die für $\rho = 0$ stetigen Lösungen sind wegen $1 - c = -(2l + 1)$ durch

$$L(\rho) = C\,\Phi(l + 1 - \lambda, 2l + 2; \rho) \tag{6.3/38}$$

gegeben. Wegen des asymptotischen Verhaltens (6.3/14) der konfluenten hypergeometrischen Funktion zieht die Bedingung (6.3/31)

$$l + 1 - \lambda = -n', \qquad n' = 0, 1, 2, \ldots, \tag{6.3/39}$$

nach sich. Die Zahl $n' = n_r$ wird Radialquantenzahl genannt, $\lambda = n_r + l + 1$ die Hauptquantenzahl. Mit dieser Einschränkung für λ sieht man, daß nur diskrete Energiewerte

$$E_n = -\frac{me^4Z^2}{2n^2\hbar^2}, \qquad n = 1, 2, \ldots, \tag{6.3/40}$$

auftreten können.

Die Funktionen (6.3/38) heißen (bei beliebigem l und λ) *Laguerresche Funktionen.* Für $l + 1 - \lambda = - n = 0, -1, -2, \ldots, 2l + 1 = \nu$, ergeben sich die *verallgemeinerten Laguerreschen Polynome*

$$L_n^{(\nu)}(\rho) := \frac{(\nu + 1)_n}{n!} \Phi(-n, \nu + 1; \rho), \qquad n = 0, 1, 2, \ldots \tag{6.3/41}$$

Für $\nu = 0$ sind dies die gewöhnlichen *Laguerreschen Polynome.*

Die zu festem n gehörende Eigenfunktion lautet somit (bis auf einen willkürlichen Faktor)

$$\Psi_{n,l}(\rho) = \rho^l e^{-\rho/2} L_{n-l-1}^{(2l+1)}(\rho), \qquad n = l + 1, l + 2, \ldots, \qquad l = 0, 1, 2, .. \tag{6.3/42}$$

Wir erwähnen, daß auch die Funktionen (6.3/42) orthogonal sind. Der Beweis sei dem Leser überlassen.

Schließlich lauten die (normierten) Wellenfunktionen von (6.3/28)

$$\Psi_{n,l,m}(r, \theta, \varphi) = \gamma^{1/2} e^{-\beta r/2} (\beta r)^l L_{n-l-1}^{(2l+1)}(\beta r) Y_{l,m}(\theta, \varphi) \tag{6.3/43}$$

mit dem Normierungsfaktor

$$\gamma = \left[\frac{2Z}{na}\right]^2 \frac{(n - l - 1)!}{2n(n + l)!}.$$

Er kann ähnlich wie bei den Legendrepolynomen mit Hilfe einer erzeugenden Funktion für die Laguerreschen Polynome abgeleitet werden*).

6.4. Übungsbeispiele zu Kap. 6

6.4.1: Man zeige: Ist $U(\mathbf{x})$ eine Kugelfunktion vom Grade k und $S(\theta, \varphi)$ die zugehörige Kugelflächenfunktion, so ist

$$r^{-2k-1} U(\mathbf{x}), \qquad r = \sqrt{\mathbf{x} \cdot \mathbf{x}},$$

eine Kugelfunktion vom Grade $-(k + 1)$, deren zugehörige Kugelflächenfunktion wieder $S(\theta, \varphi)$ ist.

6.4.2: Man zeige: Ist $U(\mathbf{x})$ eine Kugelfunktion vom Grade k, so ist jede partielle Ableitung

$$\frac{\partial^p U}{\partial x_1^\alpha \partial x_2^\beta \partial x_3^\gamma}, \qquad \alpha + \beta + \gamma = p,$$

eine Kugelfunktion vom Grade $k - p$, wenn $U(\mathbf{x})$ partielle Ableitungen hinreichend hoher Ordnung besitzt.

6.4.3: Man beweise

$$\sum_{n=0}^{\infty} \frac{x^{n+1}}{n+1} P_n(x) = \frac{1}{2} \ln \frac{1+x}{1-x}, \qquad -1 < x < 1.$$

6.4.4*: Sind $Q_n(x)$, $n \in \mathbb{N}$, die Legendreschen Funktionen zweiter Art (vgl. Beispiel 5.4.13), so gilt

$$Q_n(x) = \frac{1}{2} \int_{-1}^{1} \frac{P_n(\xi)}{x - \xi} d\xi, \qquad |x| > 1, \qquad n \in \mathbb{N}.$$

*) Vgl. Sneddon [25].

6.4.5*: Man zeige

$$\frac{1}{x-\xi} = \sum_{n=0}^{\infty} (2n+1)\, P_n(\xi)\, Q_n(x), \qquad -1 \leqslant \xi \leqslant 1. \qquad |x| > 1.$$

6.4.6*: Man beweise

$$Q_n(x) = \frac{1}{2} P_n(x) \ln \frac{x+1}{x-1} - W_{n-1}(x), \qquad |x| > 1,$$

worin $W_{n-1}(x)$ ein eindeutig bestimmtes Polynom vom Grad $n-1$ ist.

6.4.7: Man zeige

$$\frac{1}{2} \int_{-1}^{1} \frac{x^m - \xi^m}{x-\xi} P_n(\xi)\, d\xi = 0, \qquad m \leqslant n, \qquad |x| > 1,$$

und leite daraus

$$x^m Q_n(x) = \frac{1}{2} \int_{-1}^{1} \frac{\xi^m P_n(\xi)}{x-\xi}\, d\xi, \qquad m \leqslant n, \qquad |x| > 1,$$

sowie

$$P_m(x)\, Q_n(x) = \frac{1}{2} \int_{-1}^{1} \frac{P_m(\xi)\, P_n(\xi)}{x-\xi}\, d\xi, \qquad m \leqslant n, \qquad |x| > 1,$$

her.

6.4.8: Es sei $f(x)$ auf dem Intervall $]-1, 1[$ zweimal stetig differenzierbar und wie

$$L(f) = -\frac{d}{dx}\left[(1-x^2)\frac{df}{dx}\right]$$

auf $[-1, 1]$ integrierbar. Existieren dann die Grenzwerte

$$\lim_{x \to \pm 1} (1-x^2)\, f(x) = \alpha_{\pm}, \qquad \lim_{x \to \pm 1} (1-x^2)\, f'(x) = \beta_{\pm},$$

so gilt

$$\int_{-1}^{1} L(f)\, P_n(x)\, dx = -\beta_+ + (-1)^n \beta_- + \alpha_+ P_n'(1) - \alpha_- P_n'(-1) + n(n+1) \int_{-1}^{1} f(x)\, P_n(x)\, dx.$$

6.4.9: Man entwickle die Funktion

$$f(x) = \frac{1}{2} \ln \frac{1+x}{1-x}, \qquad -1 < x < 1,$$

in ihre Reihe nach Legendreschen Polynomen.

6.4.10: Es sei für festes $\xi \in]-1, 1[$

$$G(x, \xi) = \begin{cases} -\frac{1}{2} \ln[(1-x)(1+\xi)] + \ln 2 - \frac{1}{2}, & -1 \leqslant x \leqslant \xi, \\ -\frac{1}{2} \ln[(1+x)(1-\xi)] + \ln 2 - \frac{1}{2}, & \xi \leqslant x \leqslant 1. \end{cases}$$

Man beweise die Entwicklung

$$G(x, \xi) = \sum_{n=1}^{\infty} \frac{P_n(x) P_n(\xi)}{n(n+1)} \frac{2n+1}{2} \qquad -1 < x, \xi < 1.$$

(vgl. Beispiel 4.8.12).

6.4.11: Man löse die Laplacesche Gleichung für eine „Kugelringgebiet" $0 < \rho_1 < r < \rho_2$ mit den Randwerten

$$u(\rho_1, \theta, \varphi) = f_1(\theta, \varphi), \qquad u(\rho_2, \theta, \varphi) = f_2(\theta, \varphi).$$

(vgl. den Hinweis für Beispiel 4.8.14).

6.4.12: Man löse die Laplacesche Gleichung für das Innere einer Kugel vom Radius R mit den Randwerten

$$f(\theta, \varphi) = \left.\frac{\partial u}{\partial r}\right|_{r=R} = A \cos\theta + B \sin\theta \sin\varphi, \qquad A, B \text{ konstant.}$$

6.4.13: Man berechne Eigenwerte und Eigenfunktionen des Laplaceoperators,

$$-\Delta u = \lambda u,$$

für eine Kugel mit dem Radius R und der Randbedingung

$$u(R, \theta, \varphi) + k \frac{\partial u}{\partial r}(R, \theta, \varphi) = 0, \qquad k \geqslant 0.$$

Man entwickle eine im Inneren dieser Kugel gegebene Funktion nach diesen Eigenfunktionen.

6.4.14: Man zeige, daß jede Funktion $Z_n(\rho)$, $n \in \mathbb{N}$, die den Rekursionsformeln (6.2/44) und (6.2/45) genügt, eine Zylinderfunktion ist.

6.4.15: Es sei $f(x)$ auf dem Intervall $]0, l]$ zweimal stetig differenzierbar und wie $L_\nu(f)$,

$$L_\nu = \frac{1}{x}\left[-\frac{d}{dx}\left(x \frac{d}{dx}\right) + \frac{\nu^2}{x}\right], \qquad 0 < x < l, \qquad \nu > -1,$$

auf $[0, l]$ integrierbar; ferner mögen für $\nu > -1$ die Grenzwerte

$$\lim_{x \to 0+} x f(x) \frac{d}{dx} J_\nu\left(\frac{x}{l} \rho_n^{(\nu)}\right) = \alpha_n^{(\nu)},$$

$$\lim_{x \to 0+} x f'(x) J_\nu\left(\frac{x}{l} \rho_n^{(\nu)}\right) = \beta_n^{(\nu)},$$

existieren. Dann gilt

$$\left[\frac{\rho_n^{(\nu)}}{l}\right]^2 \int_0^l x f(x) J_\nu\left(\frac{x}{l} \rho_n^{(\nu)}\right) dx$$

$$= -\rho_n^{(\nu)} f(l) J_\nu'(\rho_n^{(\nu)}) + \alpha_n^{(\nu)} - \beta_n^{(\nu)} + \int_0^l x L_\nu(f) J_\nu\left(\frac{x}{l} \rho_n^{(\nu)}\right) dx.$$

6.4.16: Man entwickle die Funktion $F(x) = x^\nu$, $\nu > 0$, $0 \leqslant x \leqslant 1$, in ihre Fourier-Besselreihe.

6.4.17: Es sei für festes $\xi \in]0, 1[$

$$G(x, \xi) = \begin{cases} -\xi \ln \xi, & 0 \leqslant x \leqslant \xi, \\ -\xi \ln x, & \xi \leqslant x \leqslant 1; \end{cases}$$

man beweise für $0 < x, \xi < 1$ die Entwicklung

$$G(x, \xi) = \xi \sum_{n=1}^{\infty} \frac{y_n(x)\, y_n(\xi)}{\lambda_n}, \qquad y_n(x) = \sqrt{2}\, \frac{J_0(\rho_n^{(0)} x)}{J_0'(\rho_n^{(0)})}, \qquad \lambda_n = (\rho_n^{(0)})^2.$$

(vgl. Beispiel 4.8.9).

6.4.18: Man zeige, daß das allgemeine Integral der Besselschen Differentialgleichung für $\nu = n \in \mathbb{N}$ die Form hat:

$$A\, J_n(x) + B\, J_n(x) \int^{x} \frac{d\xi}{\xi J_n^2(\xi)}.$$

6.4.19: Man zeige

$$\frac{1}{\pi} \int_0^{\pi} J_0(R)\, d\varphi = J_0(r)\, J_0(r'), \qquad R = \sqrt{r^2 + r'^2 - 2rr' \cos\varphi}.$$

6.4.20: Man zeige

$$h_l^{(1)}(\rho) = \sum_{m=0}^{\infty} \frac{e^{i(\rho + \frac{m-l-1}{2}\pi)}}{\rho^{m+1}} \frac{(l+m)!}{(l-m)!} \frac{1}{m!\, 2^m}.$$

6.4.21*: Man beweise die Entwicklung

$$\frac{e^{iR}}{iR} = \sum_{l=0}^{\infty} (2l+1)\, P_l(\cos\theta)\, j_l(r)\, h_l^{(1)}(r'), \qquad r < r', \qquad R = \sqrt{r^2 + r'^2 - 2rr' \cos\theta}.$$

6.4.22: Man zeige

$$\sum_{n=0}^{\infty} \frac{r^n}{n!} P_n(\cos\theta) = e^{r\cos\theta}\, J_0(r \sin\theta).$$

6.4.23: Man löse die Differentialgleichung (2.2/22) der kreisförmigen eingespannten Membran mit den Anfangsbedingungen

$$u(r, \varphi, 0) = u_0(r, \varphi), \qquad u_t(r, \varphi, 0) = \dot{u}_0(r, \varphi).$$

6.4.24: Man löse die Laplacegleichung für den unendlichen Halbzylinder

$$0 \leqslant r \leqslant R, \qquad 0 \leqslant \varphi \leqslant 2\pi, \qquad z \geqslant 0$$

mit den Randbedingungen

$$u(r, \varphi, 0) = f(r, \varphi), \qquad \lim_{z \to \infty} u(r, \varphi, z) = 0,$$

$$\frac{\partial u}{\partial r}(R, \varphi, z) + k\, u(R, \varphi, z) = 0, \qquad k \geqslant 0, \qquad 0 \leqslant \varphi \leqslant 2\pi, \qquad z \geqslant 0.$$

6.4.25: Man berechne die Eigenwerte und Eigenfunktionen von

$$-\Delta u = \lambda u$$

für den Zylinder mit dem Radius R und der Höhe h für die Randbedingungen

$$u(R, \varphi, z) = u(r, \varphi, 0) = u(r, \varphi, h) = 0.$$

Man entwickle eine im Inneren dieses Zylinders gegebene Funktion nach diesen Eigenfunktionen.

6.4.26: Man bestimme die Eigenwerte und Eigenfunktionen der Schrödingergleichung (für gebundene Zustände) für das unendlich tiefe Kastenpotential

$$V(x, y, z) = \begin{cases} 0, & 0 \leqslant x \leqslant a, \quad 0 \leqslant y \leqslant b, \quad 0 \leqslant z \leqslant c, \\ \infty & \text{sonst.} \end{cases}$$

6.4.27: Man zeige

$$H_{2n}(x) = (-1)^n 2^n n!\, L_n^{(-1/2)}(x^2/2),$$

$$H_{2n+1}(x) = (-1)^n 2^n n!\, x\, L_n^{(1/2)}(x^2/2).$$

6.4.28: Man zeige

$$\frac{d^m}{dx^m} H_n(x) = \frac{2^m\, n!}{(n-m)!} H_{n-m}(x), \qquad m \leqslant n.$$

6.4.29: Man zeige

$$L_n(x) = \Phi(-n, 1; x) = e^x \frac{d^n}{dx^n}(x^n e^{-x}) = e^{-x}\, \Phi(n+1, 1; -x).$$

6.4.30: Man zeige

$$\frac{1}{n!}\frac{1}{m!}\int_0^\infty e^{-x} L_n(x)\, L_m(x)\, dx = \delta_{n,m}.$$

7. Verallgemeinerte Funktionen

7.1. Problemstellung

In vielen physikalischen Betrachtungen nimmt der Begriff der Dichte, wie etwa der Massendichte, der Energiedichte, der Ladungsdichte etc., eine zentrale Stellung ein. In Kap. 1 haben wir z. B. die Quellendichte div **v** als Maß für die Quellstärke eines Strömungsfeldes **v** kennengelernt.

Zur mathematischen Fassung der Dichte als Konzentration pro Volumseinheit geht man folgendermaßen vor: Um einen Punkt $P_0(x_0)$ des Raumes wird ein räumlicher Bereich V, der den Punkt $P_0(x_0)$ in seinem Inneren enthält, abgegrenzt. Bezeichnet Q_V die Ladung (Energie, Masse etc.) in diesem Bereich, so ist die Größe

$$\frac{Q_V}{\mu(V)}$$

die mittlere Dichte in V. $\mu(V)$ bedeutet hier den Volumsinhalt von V. Die Dichte selbst erhalten wir als Grenzwert der mittleren Dichte

$$\rho(\mathbf{x}_0) := \lim_{V \to 0} \frac{Q_V}{\mu(V)}, \tag{7.1/1}$$

wobei mit $V \to 0$ gemeint ist, daß sich der räumliche Bereich V stetig auf den Punkt P_0 zusammenzieht. Beispielsweise könnte V eine Kugel mit dem Mittelpunkt P_0 und dem Radius ϵ sein; (7.1/1) wird dann

$$\rho(\mathbf{x}_0) = \lim_{\epsilon \to 0} \frac{3}{4\pi\epsilon^3} Q_\epsilon,$$

wenn Q_ϵ die Gesamtladung in der Kugel vom Radius ϵ ist.

Sofern der Grenzwert (7.1/1) in jedem Punkt P des Raumes existiert, bekommen wir eine auf dem ganzen Raum erklärte Funktion $\rho(\mathbf{x})$, die Dichtefunktion. Ist $\rho(\mathbf{x})$ stetig, so zeigt die Integralrechnung die Beziehung

$$\lim_{V \to 0} \frac{1}{\mu(V)} \int_V \rho(\mathbf{x})\, d\tau = \rho(\mathbf{x}_0), \tag{7.1/2}$$

denn es ist

$$\int_V \rho(\mathbf{x})\, d\tau = Q_V \tag{7.1/3}$$

die in V enthaltene Ladung.

Obwohl die Physik keine punktförmigen Ausdehnungen kennt (was an sich berücksichtigt werden müßte), so will man sich oft die Diskussion des Innengebietes ersparen, wie etwa bei der eben besprochenen Ladung, insbesondere wenn das Feld einer Ladung in einem Abstand betrachtet wird, der groß gegen die räumliche Ausdehnung der Ladungsverteilung ist*). Man verwendet

---

*) Die Ladung eines Wasserstoffkerns, des Protons, ist auf einen Bereich von 10^{-13} cm konzentriert. Bereits für die Atomhülle ($\sim 10^{-8}$ cm) kann das Proton als „Punktladung" angesehen werden.

dann zur Vereinfachung diskrete (also nicht kontinuierliche) Ladungsverteilungen, für welche die obige Überlegung zur Gewinnung einer Dichtefunktion versagt. Das wichtigste Beispiel dafür ist die Punktladung; bringen wir nämlich in den Ursprung die Ladung $Q = 1$, so gibt es keine Dichtefunktion für diese Anordnung. Nehmen wir nämlich an, es gäbe eine stetige Dichte $\rho(x)$, und wählen wir die Kugeln K_ϵ mit dem Mittelpunkt im Ursprung und dem Radius ϵ, so wäre stets

$$Q_\epsilon = 1, \qquad V_\epsilon = \frac{4\pi\epsilon^3}{3},$$

demnach

$$1 = Q_\epsilon = \int_{K_\epsilon} \rho(x)\, d\tau \leqslant C\, \frac{4\pi\epsilon^3}{3},$$

wenn (in jeder Kugel K_ϵ) die Abschätzung $|\rho(x)| \leqslant C$ gilt. Man sieht aber, daß eine Konstante C dies nicht leisten kann, weshalb $\rho(x)$ unbeschränkt sein müßte; $\rho(x)$ wäre im Punkt $P(0, 0, 0)$ unendlich groß und sonst gleich Null!

Im Grunde war dies eigentlich auch zu erwarten. Die Dichte ist ein Begriff, der für Idealisierungen (wie es jedenfalls eine punktförmige Ladung ist) seine Bedeutung verlieren kann. Wenn wir versuchen, der Dichte (etwa einer diskreten Ladungsverteilung) doch einen Sinn zu geben, müssen wir uns den tatsächlichen physikalischen Meßprozeß vor Augen halten. Denken wir uns für das Beispiel einer elektrischen Ladungsverteilung ein Blättchenelektrometer zur Ladungsmessung. Als Sonde verwenden wir einen sehr dünnen Draht, um die Raumladung abzugreifen und dem Blättchenelektrometer zuzuführen. Da die Spitze eines Drahtes immer eine endliche Ausdehnung V_P hat, wird offenbar die Gesamtladung in der Umgebung des betrachteten Punktes P auf das Elektrometer übertragen; dies bedeutet nichts anderes, als daß wir einen Mittelwert abgreifen, der durch das Integral über das Volumen V_P um den Punkt P,

$$Q = \int_{V_P} \rho(x)\, d\tau, \tag{7.1/4}$$

dargestellt wird. Die Präzision wird sich erhöhen, wenn man V_P verkleinert, doch wird man niemals die Ladungsdichte im Punkt P messen können.

Man kann sich damit leicht vorstellen, daß bei *jeder* Messung einer physikalischen Größe die Meßinstrumente die zu messende Größe als *Mittelwert* über ein bestimmtes Intervall angeben. Diese Wirkung können wir uns durch eine *Testfunktion* $\varphi(x)$ repräsentiert denken und das Meßergebnis durch ein Integral

$$\int \rho(\mathbf{x})\, \varphi(\mathbf{x})\, d\tau. \tag{7.1/5}$$

Im obigen Fall könnte $\varphi(\mathbf{x})$ jene Funktion sein, die außerhalb der Drahtspitze, also im Außenbereich des Volumens V_P oder speziell der Kugel K_ϵ verschwindet, sonst aber den konstanten Wert $3/4\, \pi\epsilon^3$ annimmt, so daß jedenfalls

$$\int \varphi(\mathbf{x})\, d\tau = 1$$

gilt.

Das bedeutet, daß jeder Testfunktion $\varphi(\mathbf{x})$ durch (7.1/5) eine gewisse Zahl (der Zeigerausschlag des Meßinstrumentes) zugeordnet wird. Betrachten wir nun alle möglichen Testfunktionen, so wird durch $\rho(\mathbf{x})$ eine (lineare) Abbildung

$$\varphi(\mathbf{x}) \longrightarrow \int \rho(\mathbf{x})\, \varphi(\mathbf{x})\, d\tau \tag{7.1/6}$$

erklärt, die den Zusammenhang

Meßinstrument ⟶ Zeigerausschlag

mathematisch beschreibt.

Die Funktion (7.1/6), die jeder Testfunktion eine reelle Zahl zuordnet, läßt sich offenbar für jede physikalisch meßbare Größe erklären, insbesondere für eine (stetige) Dichtefunktion $\rho(\mathbf{x})$. Wie wir weiter unten sehen werden, gestattet diese Abbildungsvorschrift auch umgekehrt die Berechnung der Dichte $\rho(\mathrm{x})$ in jedem Punkt, so daß die Funktion $\rho(\mathrm{x})$ der Veränderlichen $\mathbf{x}$ mit der Abbildungsvorschrift (7.1/6) identifiziert werden kann. Das Wesentliche an dieser Betrachtungsweise aber ist, daß durch eine Abbildung wie (7.1/6) auch die Dichtefunktion für eine Punktladung angegeben werden kann. Dies wird uns zum Begriff der *Diracschen Deltafunktion* führen, einem besonders wichtigen Hilfsmittel der mathematischen Physik. Zu diesem Zweck präzisieren wir zunächst den Begriff der Testfunktion.

7.2. Testfunktionen

Um die Darstellung im folgenden bündiger zu gestalten, schreiben wir für eine Funktion f, die auf $\mathbb{R}^2$ definiert ist, statt $f(x_1, x_2)$ einfach $f(x)$, desgleichen für eine auf $\mathbb{R}^3$ definierte Funktion $f(x_1, x_2, x_3)$. Der Definitionsbereich heiße dann einfach $\mathbb{R}^k$, wobei $k = 1, 2$ oder 3 sein kann*). Integrale ohne Grenzen bedeuten im folgenden immer ein Integral über den ganzen Raum $\mathbb{R}^k$.

Wir nennen eine auf $\mathbb{R}^k$ definierte Funktion $f(x)$ *lokal integrierbar,* wenn für jede abgeschlossene und beschränkte Teilmenge $M \subseteq \mathbb{R}^k$ das Integral

$$\int_M f(x)\,dx \tag{7.2/1}$$

existiert.

Ist nun $\varphi(x)$ eine auf $\mathbb{R}^k$ definierte Funktion, so nennen wir die kleinste abgeschlossene Menge, für die $\varphi(x) \neq 0$ ist, den *Träger* von $\varphi(x)$, in Zeichen M_φ. Es ist $M_\varphi \subseteq \mathbb{R}^k$ und offensichtlich

$$\int \varphi(x)\,dx = \int_{M_\varphi} \varphi(x)\,dx. \tag{7.2/2}$$

Eine Funktion $\varphi(x)$, die auf ganz $\mathbb{R}^k$ definiert ist, heißt eine *Testfunktion des Testfunktionenraumes* D_k, wenn der Träger M_φ eine beschränkte Menge ist. Wir wollen weiter nur eine solche Funktion $\varphi(x)$ eine Testfunktion nennen, die auf $\mathbb{R}^k$ beliebig oft differenzierbar ist**).

Die Integrale in (7.2/2) für Testfunktionen $\varphi \in D_k$ sind offensichtlich keine uneigentlichen Integrale, da M_φ eine beschränkte Menge ist. Die Existenz eines Integrals (7.2/2) für eine Testfunktion ist damit auf Grund der Stetigkeit von $\varphi(x)$ gesichert.

Es gibt auch Testfunktionenräume mit nicht beschränktem Träger. Für diese müssen wir verlangen, daß die uneigentlichen Integrale

$$\int \varphi(x)\,dx$$

---

*) Im vierdimensionalen Minkowski-Raum (x_1, x_2, x_3, ict) der Raum- und Zeitvariablen in der Relativitätstheorie geht man analog vor.

**) Für $k > 1$ bedeutet dies, daß alle partiellen Ableitungen von φ nach allen Variablen existieren mögen.

existieren. Ein Beispiel hierzu ist der Testfunktionenraum S_k, welcher alle Funktionen enthält, die für $|x| \to \infty$ stärker gegen Null gehen als jede Potenz von $|x|$. Dieser Testfunktionenraum S_k ist umfassender als D_k. Wir werden uns aber nur auf Testfunktionen der Klasse D_k beschränken und diese im folgenden kurz als *Testfunktionen* schlechthin bezeichnen*).

Die Existenz von Testfunktionen in dem hier eingeschränkten Sinn ist nicht trivial, denn wenn eine beliebige Funktion am Rand des Trägers (unstetig) den Wert Null annimt, ist sie dort nicht mehr differenzierbar. Wir geben deshalb ein Beispiel einer Testfunktion, die die Voraussetzungen erfüllt: Die Funktion

$$\varphi(x) = \begin{cases} e^{-1/1-x^2}, & |x| < 1 \\ 0, & |x| \geqslant 1 \end{cases} \qquad (7.2/3)$$

ist auf IR (auch in x = 1) beliebig oft differenzierbar, und zwar gilt insbesondere für k = 1, 2, ...

$$\varphi^{(k)}(x) = 0, \qquad |x| \geqslant 1.$$

Ihr Schaubild ist durch Abb. 7.1 gegeben. Der Träger von (7.2/3) ist das Intervall [− 1, 1].

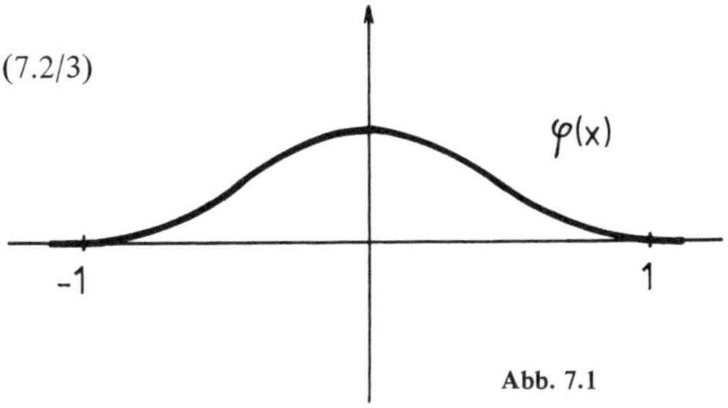

Abb. 7.1

Man erkennt, daß für $a \in \mathrm{IR}$, $\sigma > 0$,

$$\varphi_{\sigma, a}(x) = \begin{cases} \varphi\left(\frac{x-a}{\sigma}\right) = \exp\left[-\frac{1}{1-\left(\frac{x-a}{\sigma}\right)^2}\right], & |x-a| < \sigma \\ 0, & |x-a| \geqslant \sigma \end{cases} \qquad (7.2/4')$$

eine Testfunktion mit dem Träger $M_{\varphi_{\sigma,a}} = [a - \sigma, a + \sigma]$ ist.

Um nun auch zu Testfunktionen dieser Art für IR^2 bzw. IR^3 zu kommen, ersetzen wir

$$x^2 \to \mathbf{x}^2 = x_i x_i$$

bzw.

$$(x-a)^2 \longrightarrow (\mathbf{x}-\mathbf{a})^2 = (x_i - a_i)(x_i - a_i),$$

so daß

$$\varphi_{\sigma, a}(\mathbf{x}) = \begin{cases} \exp\left[-\frac{1}{1-\left(\frac{\mathbf{x}-\mathbf{a}}{\sigma}\right)^2}\right], & |\mathbf{x}-\mathbf{a}| < \sigma \\ 0, & |\mathbf{x}-\mathbf{a}| \geqslant \sigma \end{cases} \qquad (7.2/4'')$$

Testfunktionen in IR^2 bzw. IR^3 sind, je nachdem, ob sich die Summen in (7.2/4″) bis zwei oder drei erstrecken. Der Beweis hierfür sei dem Leser überlassen.

Man erkennt, daß die Summe $\varphi(x) + \psi(x)$ zweier Testfunktionen $\varphi(x)$ und $\psi(x)$ in IR^k wieder eine Testfunktion mit dem Träger

$$M_{\varphi+\psi} \subseteq M_\varphi \cup M_\psi \qquad (7.2/5)$$

ist, desgleichen das Produkt $\lambda\varphi(x)$ mit dem Träger

$$M_{\lambda\varphi} = M_\varphi. \qquad (7.2/6)$$

---

*) Die allgemeinere Testfunktionenklasse S_k wird in der Quantenfeldtheorie zusammen mit temperierten Distributionen gebraucht, vgl. etwa Jost [26].

Es gilt also für beliebige reelle Zahlen λ und μ, wenn $\varphi(x)$ und $\psi(x)$ Testfunktionen in $\mathbb{R}^k$ sind, daß

$$\chi(x) = \lambda\varphi(x) + \mu\psi(x) \tag{7.2/7}$$

wieder eine Testfunktion mit dem Träger

$$M_\chi \subseteq M_\varphi \cup M_\psi$$

ist. Im Testfunktionenraum D_k ist somit eine Addition und Multiplikation (mit einer reellen Zahl) erklärt. Man sagt, D_k ist ein *linearer Raum.*

7.3. Verallgemeinerte Funktionen

Es sei $f(x)$ eine auf $\mathbb{R}^k$ definierte lokal integrierbare Funktion. Wir betrachten nun im Sinne des in Kap. 7.1 besprochenen anschaulichen Beispiels die Abbildung*)

$$l_f(\varphi) := \int f(x)\,\varphi(x)\,dx, \tag{7.3/1}$$

die jeder Testfunktion eine reelle Zahl zuordnet. Üblicherweise wird eine Abbildung eines linearen Raumes in seinen Zahlenkörper ein *Funktional* genannt, weshalb wir bei (7.3/1) auch von einem Funktional auf D_k sprechen. Dieses hat eine sehr wichtige Eigenschaft: Wenn $\varphi(x)$ und $\psi(x)$ zwei beliebige Testfunktionen sind, λ und μ beliebige reelle Zahlen, so gilt

$$\begin{aligned} l_f(\lambda\varphi + \mu\psi) &= \int f(x)\,[\lambda\varphi(x) + \mu\psi(x)]\,dx = \lambda \int f(x)\,\varphi(x)\,dx + \mu \int f(x)\,\psi(x)\,dx \\ &= \lambda\, l_f(\varphi) + \mu\, l_f(\psi). \end{aligned} \tag{7.3/2}$$

Man bezeichnet deshalb das Funktional (7.3/1) als *lineares Funktional.*

Somit wird jeder auf $\mathbb{R}^k$ definierten lokal integrierbaren Funktion ein lineares Funktional zugeordnet. Es ist nun bemerkenswert, daß sich aus sämtlichen „Funktionswerten" des Funktionals l_f (für eine stetige Funktion $f(x)$) die Funktion f selbst wieder berechnen läßt; um dies zu sehen, gehen wir folgendermaßen vor. Sei $a \in \mathbb{R}^k$ jene Stelle, für die f berechnet werden soll, so betrachten wir mit einer Nullfolge $\{\sigma_n\}$ reeller Zahlen die Folge von Testfunktionen vom Typ (7.2/4),

$$\{\varphi_{\sigma_n, a}(x)\}, \qquad \int \varphi_{\sigma_n, a}(x)\,dx = 1, \qquad n = 1, 2, \ldots, \tag{7.3/3}$$

und bilden ($K(\sigma_n, a)$ bezeichne die Kugel mit dem Mittelpunkt a und dem Radius σ_n) die Folge

$$l_f(\varphi_{\sigma_n, a}) = \int f(x)\,\varphi_{\sigma_n, a}(x)\,dx = \int\limits_{K(\sigma_n, a)} f(x)\,\varphi_{\sigma_n, a}(x)\,dx.$$

Mit dem Mittelwertsatz der Integralrechnung mehrdimensionaler Bereichsintegrale erhält man daraus

$$\lim_{n\to\infty} \int\limits_{K(\sigma_n, a)} f(x)\,\varphi_{\sigma_n, a}(x)\,dx = f(a). \tag{7.3/4}$$

Es stellt sich nun die Frage, ob sich jedes lineare Funktional T auf D_k, also jede lineare Abbildung von D_k in die reellen Zahlen,

$$T(\lambda\varphi + \mu\psi) = \lambda T\varphi + \mu T\psi, \tag{7.3/5}$$

---

*) Die Integrale existieren stets, da $\varphi(x)$ außerhalb einer beschränkten Menge verschwindet, also auch $f(x)\,\varphi(x)$.

mit einer auf $\mathbb{R}^k$ definierten lokal integrierbaren Funktion f(x) in der Gestalt (7.3/1),

$$T = l_f,$$

darstellen läßt.

Dies ist sofort zu verneinen. Betrachten wir nämlich die in Kap. 4.6 betrachteten nadelartigen Funktionen $\widetilde{\delta}_n(x, \xi)$, die auf einem Intervall $A < x < B$ erklärt waren; ganz analog lassen sie sich auf $\mathbb{R}$ definieren: $A \to -\infty$, $B \to +\infty$. Wir erkennen aus den Ergebnissen von Kap. 4.6, daß für eine beliebige auf $\mathbb{R}$ stetige Funktion g(x) der Grenzwert

$$\lim_{n \to \infty} \int \widetilde{\delta}_n(x, \xi)\, g(x)\, dx = g(\xi) \tag{7.3/6}$$

existiert. Da $\widetilde{\delta}_n$ ein Funktional auf D_1 erklärt ($\widetilde{\delta}_n$ ist ja auf ganz $\mathbb{R}$ definiert), existiert offensichtlich das Funktional

$$\delta_\xi(\varphi) := \lim_{n \to \infty} \int \widetilde{\delta}_n(x, \xi)\, \varphi(x)\, dx = \varphi(\xi). \tag{7.3/7}$$

(7.3/7) ist eine lineares Funktional, denn es gilt

$$\delta_\xi(\lambda\varphi + \mu\psi) = \lim_{n \to \infty} \int \widetilde{\delta}_n(x, \xi)\, [\lambda\varphi(x) + \mu\psi(x)]\, dx = \lambda\varphi(\xi) + \mu\psi(\xi) = \lambda\delta_\xi(\varphi) + \mu\delta_\xi(\psi).$$

Andererseits wissen wir, daß es keine (eigentliche) Funktion $\delta(x, \xi)$ gibt, für die man für jede Testfunktion $\varphi(x)$

$$\int \delta(x, \xi)\, \varphi(x)\, dx = \varphi(\xi)$$

erhält. Eine solche müßte für $x = \xi$ unendlich sein und sonst verschwinden!

Wir sehen, daß nicht jedes lineare Funktional auf D_k durch eine lokal integrierbare Funktion f(x) repräsentiert werden kann. Wir nennen ein lineares Funktional l *regulär,* wenn es durch eine stetige Funktion erklärt wird*): $l = l_f$. Andernfalls nennen wir l ein *singuläres* Funktional. Jedes lineare Funktional l auf D_k wollen wir eine *verallgemeinerte Funktion* nennen.

Zwei verallgemeinerte Funktionen l_1 und l_2 heißen gleich, wenn $l_1(\varphi) = l_2(\varphi)$ für alle $\varphi \in D_k$ gilt.

Wir bemerken, daß in vielen Fällen der zugrundeliegende Raum nicht immer ganz $\mathbb{R}^k$ ist, sondern ein Gebiet $G \subset \mathbb{R}^k$ ist, wie z. B. ein endliches Intervall. In solchen Fällen konstruiert man Testfunktionen wie oben, nur mit der Einschränkung, daß der Träger einer solchen ganz in G enthalten sein muß. Im übrigen bleiben die Ergebnisse gültig, nur die Integrale sind jetzt über G zu erstrecken.

Was ist nun unter dem Begriff der verallgemeinerten Funktion zu verstehen? Jedes reguläre Funktional und auch ein solches, das durch eine nicht überall stetige Funktion dargestellt wird, repräsentiert, letzteres mit Einschränkungen, die das Funktional definierende Funktion. Mit dem Begriff der verallgemeinerten Funktion gewinnen wir eine Menge neuer Funktionen hinzu, von denen für unsere Untersuchungen besonders eine, nämlich die sogenannte Diracsche Deltafunktion, eine große Rolle spielt.

---

*) In der Literatur findet man vielfach die Bezeichnung „reguläres Funktional" für eine Funktional, das durch eine lokal integrierbare Funktion f(x) repräsentiert wird; dieses stellt aber die Funktion f(x) nur in ihren Stetigkeitspunkten dar.

7.4. Die Diracsche Deltafunktion

In der Einleitung dieses Abschnitts haben wir uns vergeblich bemüht, eine Dichtefunktion für die Punktladung zu finden. Im Rahmen des gewöhnlichen Funktionsbegriffs existiert eine solche nicht.

Anschaulich ist klar, daß die oben betrachteten Funktionen $\widetilde{\delta}_n(x, \xi)$ die Dichte einer Ladungsverteilung beschreiben, die in einer (in Abhängigkeit von n entsprechend kleinen) Umgebung von ξ konstant ist und sonst verschwindet. Wächst n unbeschränkt an, so wird der Fall der Punktladung immer besser angenähert und in der Grenze realisiert, so daß der Grenzwert (7.3/7), nämlich die verallgemeinerte Funktion

$$\delta_\xi(\varphi) := \varphi(\xi) \tag{7.4/1}$$

die der Punktladung in ξ zuzuordnende Dichte ist.

Um diesen Sachverhalt zu präzisieren, bringen wir die folgende Definition:

Eine Folge von Testfunktionen $\delta_n(x) \in D_k$ heißt eine *Deltafolge*, wenn gilt:

(i) $\delta_n(x) \geqslant 0$ für alle $x \in \mathbb{R}^k$,

(ii) $\int \delta_n(x)\, dx = 1$,

(iii) Es gibt eine Nullfolge $\{\epsilon_n\}$ mit $M_{\delta_n} \subseteq K(\epsilon_n, \xi)$.

Offensichtlich bildet mit einer beliebigen Nullfolge $\{\epsilon_n\}$ die Folge (7.2/4) für $\sigma = \epsilon_n$ eine Deltafolge, wenn man sie mit einer geeigneten Konstanten zur Erfüllung von (ii) normiert.

Jede Deltafolge konvergiert in einem gewissen Sinn als Folge verallgemeinerter Funktionen gegen das lineare Funktional δ_ξ auf D_k in (7.4/1). Diese verallgemeinerte Funktion δ_ξ wird gewöhnlich das *Deltafunktional* genannt, die diesem zuzuordnende („uneigentliche") „Funktion" die *Diracsche Deltafunktion.* Sinngemäß läßt sie sich als Grenzwert der Funktionen $\delta_n(x, \xi)$ auffassen. Üblicherweise schreibt man dafür symbolisch

$$\delta(x - \xi) = \lim_{n \to \infty} \delta_n(x, \xi) \tag{7.4/2}$$

bzw. in Anlehnung an (7.3/6)

$$\delta_\xi(\varphi) = \int \delta(x - \xi)\, \varphi(x)\, dx = \varphi(\xi). \tag{7.4/3}$$

$\delta(x - \xi)$ als gewöhnliche Funktion gibt es natürlich nicht*).

In Kap. 4.6 haben wir als Grenzwert der nadelartigen Funktionen eine uneigentliche Funktion (4.6/15) mit denselben Eigenschaften kennengelernt, wie wir sie für (7.4/3) fordern. Allerdings ist die Folge der dort betrachteten Funktionen keine Deltafolge, denn sie ist i. a. nicht beliebig oft differenzierbar. Dies zeigt, daß der Begriff der Deltafolge auf allgemeinere Testfunktionenräume, wie etwa S_k, übertragen werden kann.

7.5. Die Derivierte einer verallgemeinerten Funktion

Ist $f(x)$ auf $\mathbb{R}^k$ r-mal differenzierbar mit lokal integrierbarer r-ter Ableitung**), so ist es naheliegend, das durch $f^{(r)}(x)$ erklärte Funktional

$$l_{f^{(r)}}(\varphi) = \int f^{(r)}(x)\, \varphi(x)\, dx \tag{7.5/1}$$

---

*) Die Eigenschaften von δ_ξ ergeben sich aus jenen für $\xi = 0$ durch Translation der Koordinaten, womit die Schreibweise $\delta(x - \xi)$ gerechtfertigt wird.

**) Für $k > 1$ ist darunter natürlich eine r-te (auch gemischte) partielle Ableitung zu verstehen.

als r-te „Ableitung" von l_f, symbolisch

$$l_f^{(r)} := l_{f^{(r)}}, \tag{7.5/2}$$

zu bezeichnen. Man weist durch partielle Integration nach, daß $l_{f^{(r)}}$ in der Form

$$l_{f^{(r)}}(\varphi) = \int f^{(r)}(x)\,\varphi(x)\,dx = -\int f^{(r-1)}(x)\,\varphi'(x)\,dx = \ldots = (-1)^r \int f(x)\,\varphi^{(r)}(x)\,dx \tag{7.5/3}$$

geschrieben werden kann. Im Falle $k > 1$ wollen wir darunter eine Beziehung, z. B. für $k = 3$,

$$\int \frac{\partial^r f}{\partial x_1^i\,\partial x_2^j\,\partial x_3^k}\,\varphi(x_1, x_2, x_3)\,d\tau = (-1)^r \int f(x_1, x_2, x_3)\,\frac{\partial^r \varphi}{\partial x_1^i\,\partial x_2^j\,\partial x_3^k}\,d\tau \tag{7.5/4}$$

verstehen.

(7.5/3) ermöglicht nun, den Begriff der „Ableitung" auf eine beliebige verallgemeinerte Funktion l zu übertragen: Man nennt das lineare Funktional

$$l^{(r)}(\varphi) := (-1)^r\, l(\varphi^{(r)}) \tag{7.5/5}$$

die r-te *Derivierte* des Funktionals l*).

Der Leser halte sich vor Augen, daß jeder verallgemeinerten Funktion l durch (7.5/5) eine Derivierte beliebig hoher Ordnung zugeordnet wird. Ist dabei die verallgemeinerte Funktion $l = l_f$ durch eine r-mal stetig differenzierbare Funktion dargestellt, so ist $l_f^{(r)}$ nach (7.5/5) durch die r-te Ableitung von $f(x)$ repräsentiert. (7.5/5) kann als Rechenregel für den formalen Ausdruck $\int f^{(r)}(x)\,\varphi(x)\,dx$ angesehen werden, der die r-te „Ableitung" einer i. a. uneigentlichen Funktion enthält.

Wir betrachten als Beispiel die *Heavisidesche Sprungfunktion* (Abb. 7.2)

$$\Theta(x) = \begin{cases} 0, & -\infty < x \leqslant 0 \\ 1, & 0 < x. \end{cases} \tag{7.5/6}$$

Die Funktion $\Theta(x - \xi)$ ist auf $\mathbb{R}$ nicht überall differenzierbar, als verallgemeinerte Funktion

$$\Theta_\xi(\varphi) = \int \Theta(x - \xi)\,\varphi(x)\,dx$$

besitzt sie aber eine Derivierte.

$$\Theta'_\xi(\varphi) = -\int \Theta(x - \xi)\,\varphi'(x)\,dx = -\int_\xi^\infty \varphi'(x)\,dx = \varphi(\xi). \tag{7.5/7}$$

Es gilt demnach

$$\Theta'_\xi = \delta_\xi \tag{7.5/8'}$$

oder formal als „Ableitung"

$$\Theta'(x - \xi) = \delta(x - \xi). \tag{7.5/8''}$$

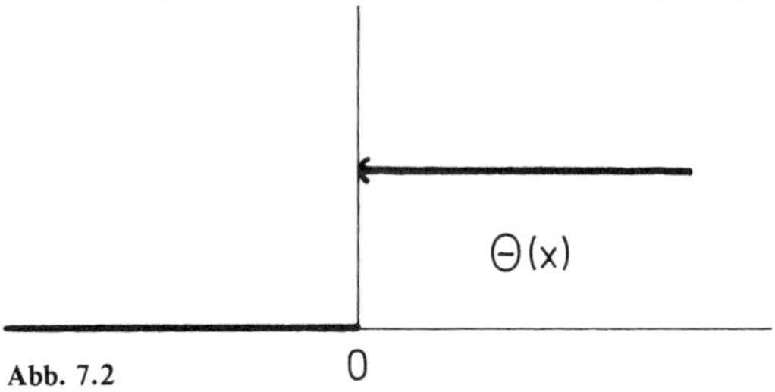

Abb. 7.2

Die Derivierte der Heavisideschen Sprungfunktion ist das Deltafunktional. Damit wird $\Theta(x - \xi)$ auf ganz $\mathbb{R}$ eine „Ableitung" durch die uneigentliche Funktion $\delta(x - \xi)$ zugeordnet; für $x \neq \xi$ stimmt dies mit $\Theta'(x - \xi) = 0$ überein.

---

*) Der Begriff der Derivierten ist allgemeiner als der der Ableitung. So ist die r-te Ableitung einer r-mal stetig differenzierbaren Funktion $f(x)$ durch die r-te Derivierte $l_{f^{(r)}}$ reproduzierbar, doch die (r + 1)-te Ableitung von $f(x)$ existiert im eigentlichen Sinn nicht mehr, vielmehr als verallgemeinerte Funktion in der Form der (r + 1)-ten Derivierten.

Als Anwendung betrachten wir ein Ladungspaar $1/2\epsilon$, $-1/2\epsilon$ in den Punkten $x = -\epsilon$, $x = \epsilon$. Diese Ladungsanordnung wird durch

$$\frac{\delta(x+\epsilon) - \delta(x-\epsilon)}{2\epsilon}$$

dargestellt, also durch das Funktional

$$l_\epsilon(\varphi) = \frac{1}{2\epsilon}[\varphi(-\epsilon) - \varphi(\epsilon)].$$

Läßt man die beiden Ladungen zusammenrücken – man nennt dies einen Dipol – so ergibt sich daraus

$$\lim_{\epsilon \to 0} \frac{\varphi(-\epsilon) - \varphi(\epsilon)}{2\epsilon} = -\varphi'(0).$$

Ein Dipol in $x = 0$ läßt sich demnach durch die verallgemeinerte Funktion

$$\varphi \longrightarrow -\varphi'(0)$$

oder formal durch $\delta'(x)$ beschreiben. Die k-te Derivierte von δ ergibt einen Mulitpol $(k + 1)$-ter Ordnung.

In entsprechender Weise kann dieser Formalismus zur Definition von Integralen verallgemeinerter Funktionen benützt werden. Wir wollen dies am Beispiel der Deltafunktion darlegen.

Auf Grund von (7.5/8) kann man die Heavisidesche Sprungfunktion $\Theta(x - \xi)$ als „Stammfunktion" von $\delta(x - \xi)$ ansehen; es gilt für $a \neq \xi$

$$\int_a^x \delta(x' - \xi)\, dx' = \Theta(x - \xi) - \Theta(a - \xi). \tag{7.5/9}$$

Damit berechnet sich das „bestimmte Integral"

$$\int \delta(x - \xi)\, dx = \lim_{\substack{a \to -\infty \\ b \to \infty}} \int_a^b \delta(x - \xi)\, dx = \lim_{\substack{a \to -\infty \\ b \to \infty}} [\Theta(b - \xi) - \Theta(a - \xi)] = 1,$$

also

$$\int \delta(x - \xi)\, dx = 1. \tag{7.5/10}$$

Wir bemerken, daß für die Deltafunktion im $\mathbb{R}^3$ gewöhnlich die Schreibweise

$$\delta^3(\mathbf{x} - \mathbf{x}') = \delta(x_1 - x_1')\, \delta(x_2 - x_2')\, \delta(x_3 - x_3')$$

verwendet wird. Natürlich muß in räumlichen Polarkoordinaten (1.2/29) die Relation (7.5/10)

$$\int \delta^3(\mathbf{x} - \mathbf{x}')\, d\tau = 1$$

gelten; daher ist wegen $d\tau = r^2\, dr\, d\Omega$

$$\delta^3(\mathbf{x} - \mathbf{x}') = \frac{1}{4\pi r^2}\, \delta(r), \qquad r = |\mathbf{x} - \mathbf{x}'|, \tag{7.5/11}$$

zu definieren.

7.6. Produkte von verallgemeinerten Funktionen, das Funktional $\delta(g(x))$

Sind zwei verallgemeinerte Funktionen l_f und l_g durch die auf $\mathbb{R}$ stetigen Funktionen f(x) und g(x) erklärt, so existiert die verallgemeinerte Funktion $l_{f\cdot g}$ und ist definiert durch

$$l_{f\cdot g}(\varphi) = \int f(x)\, g(x)\, \varphi(x)\, dx. \tag{7.6/1}$$

Da wir l_f und l_g einfach durch f bzw. g ersetzen können, kann man (7.6/1) formal als Produkt von l_f und l_g ansehen,

$$l_{f\cdot g} = l_f \cdot l_g. \tag{7.6/2}$$

Für zwei beliebige lokal integrierbare Funktionen f(x) und g(x) gilt dies i. a. nicht mehr, da ja schon das Produkt f(x) g(x) lokal integrierbarer Funktionen nicht mehr lokal integrierbar zu sein braucht*). Für beliebige verallgemeinerte Funktionen gibt es keine Möglichkeit, ein allgemeines Produkt zu erklären.

Hingegen ist es immer möglich, das Produkt gewisser verallgemeinerter Funktionen l mit gewissen Funktionen a(x) zu erklären. Dazu benötigen wir die folgende Definition: Eine verallgemeinerte Funktion l heißt von der *Ordnung* m, wenn $m \geqslant 0$ die kleinste ganze Zahl ist, so daß l die (m + 1)-te Derivierte einer lokal integrierbaren Funktion ist.

Beispielsweise ist δ_ξ von der Ordnung m = 0, denn sie ist die Derivierte des Funktionals Θ_ξ, das der lokal integrierbaren Heavisideschen Sprungfunktion $\Theta(x-\xi)$ zuzuordnen ist.

Damit können wir folgende Produktbildung erklären: Ist l eine verallgemeinerte Funktion einer Ordnung nicht größer als m und a(x) eine m-mal stetig differenzierbare Funktion, so heißt die verallgemeinerte Funktion

$$a \cdot l(\varphi) := l(a\varphi) \tag{7.6/3}$$

das Produkt der verallgemeinerten Funktion l mit dem *Multiplikator* a.

Man beachte, daß für reguläre verallgemeinerte Funktionen diese Definition das obige Produkt (7.6/1) ergibt. Die Forderung, daß l von der Ordnung m ist, sichert, daß das Funktional $l(a\varphi)$ für jede Testfunktion existiert, da a(x) m-mal stetig differenzierbar ist.

Wir bekommen damit insbesondere für jede stetige Funktion a(x)

$$a \cdot \delta_\xi(\varphi) = \int \delta(x-\xi)\, a(x)\, \varphi(x)\, dx = a(\xi)\, \varphi(\xi); \tag{7.6/4}$$

dabei genügt die Stetigkeit für a(x), da ja δ_ξ von der Ordnung m = 0 ist. Im Falle der Deltafunktion ist also ein solches Integral wohldefiniert, obwohl δ_ξ auf keine Testfunktion aus D_k angewendet wird, denn $a(x)\,\varphi(x)$ ist i. a. nicht beliebig oft differenzierbar! Natürlich ist

$$a \cdot \delta_\xi = a(\xi)\, \delta_\xi \tag{7.6/5}$$

auch auf $\varphi \in D_k$ anwendbar. Damit ergibt sich eine für die Anwendungen sehr wichtige Beziehung. Mit (7.5/9) erhalten wir für das bestimmte Integral über $f(x)\,\delta_\xi(x)$ die Beziehung

$$\int \delta(x-\xi)\, f(x)\, dx = f(\xi) \int \delta(x-\xi)\, dx = f(\xi), \tag{7.6/6}$$

wenn f(x) in $x = \xi$ stetig ist. Für den Spezialfall $f(x) \equiv 1$ folgt wieder

$$\int \delta(x-\xi)\, dx = 1. \tag{7.5/10}$$

---

*) Etwa für $f(x) = g(x) = 1/\sqrt{x}$.

Der Leser zeige, daß für eine stetig differenzierbare Funktion a(x) die verallgemeinerte Funktion $a \cdot \delta'_\xi$ durch

$$a \cdot \delta'_\xi(\varphi) = -\delta_\xi((a\varphi)') \tag{7.6/7}$$

gegeben ist.

Neben der Multiplikation von Funktionen spielt in der gewöhnlichen Analysis auch die Zusammensetzung von Funktionen eine wichte Rolle; sind f(x) und g(x) stetige Funktionen, so ist auch die Zusammensetzung

$$(f \circ g)(x) = f(g(x))$$

stetig, so daß wir mit

$$(l_f \circ l_g)(\varphi) = l_{f \circ g}(\varphi) = \int f(g(x))\,\varphi(x)\,dx \tag{7.6/8}$$

die Zusammensetzung der beiden regulären Funktionale l_f und l_g bezeichnen können.

Wir wollen den Sachverhalt für verallgemeinerte Funktionen an einem für die Anwendung besonders wichtigen Fall behandeln, nämlich für die verallgemeinerte Funktion $\delta \circ l_g$, der die uneigentliche Funktion

$$\delta(g(x)) \tag{7.6/9}$$

zuzuordnen ist. g(x) sei dabei eine auf $\mathbb{R}$ stetig differenzierbare Funktion mit den einfachen Nullstellen x_i: $g(x_i) = 0$, $i = 1, \ldots, s$.

Wir berechnen das Funktional $\delta \circ l_g$ über die „Kettenregel" für verallgemeinerte Funktionen. Für zwei stetig differenzierbare Funktionen f(x) und g(x) folgt

$$l'_{f \circ g}(\varphi) = \int [f(g(x))]'\,\varphi(x)\,dx = \int f'(g(x))\,g'(x)\,\varphi(x)\,dx = g' \cdot l_{f' \circ g}(\varphi),$$

also

$$l_{f' \circ g} = \frac{1}{g'}\,l'_{f \circ g}\,. \tag{7.6/10}$$

Beachten wir nun (7.5/8), so ist

$$\begin{aligned}\int \delta(g(x))\,\varphi(x)\,dx &= \int \Theta'(g(x))\,\varphi(x)\,dx = l_{\Theta' \circ g}(\varphi) = \frac{1}{g'}\,l'_{\Theta \circ g}(\varphi)\\ &= \int \frac{1}{g'(x)}\,[\Theta(g(x))]'\,\varphi(x)\,dx.\end{aligned} \tag{7.6/11}$$

An Hand der Abb. 7.3 überlegt man leicht, daß

$$\Theta(g(x)) = \sum_{i=1}^{s} \eta_i \Theta(x - x_i) \tag{7.6/12}$$

gilt, worin $\eta_i = +1$ für $g'(x_i) > 0$, hingegen $\eta_i = -1$ für $g'(x_i) < 0$ ist. Aus (7.6/12) folgt unter Berücksichtigung von (7.5/8)

$$[\Theta(g(x))]' = \sum_{i=1}^{s} \eta_i \delta(x - x_i); \tag{7.6/13}$$

daher wird aus (7.6/11)

$$\int \delta(g(x))\,\varphi(x)\,dx = \sum_{i=1}^{s} \frac{\eta_i}{g'(x_i)}\,\delta_{x_i}(\varphi) = \sum_{i=1}^{s} \frac{1}{|g'(x_i)|}\,\delta_{x_i}(\varphi) \tag{7.6/14}$$

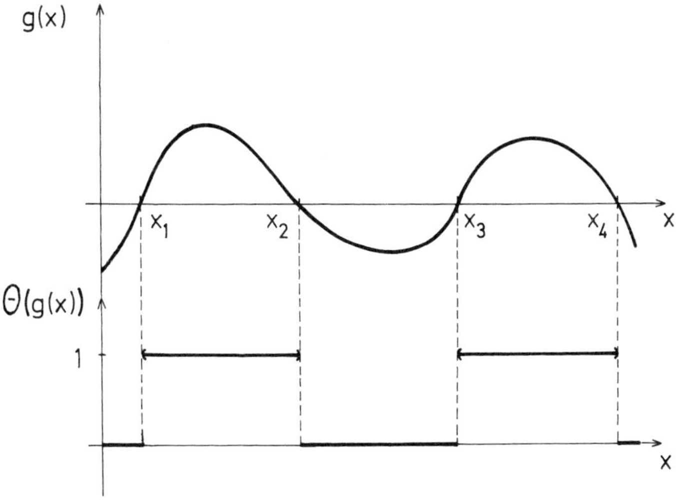

Abb. 7.3

oder formal

$$\delta(g(x)) = \sum_{i=1}^{s} \frac{\delta(x - x_i)}{|g'(x_i)|}. \tag{7.6/15}$$

7.7. Die uneigentliche Funktion Δ (1/r)

Der Differentialausdruck

$$\Delta\left(\frac{1}{r}\right) = \Delta \frac{1}{|\mathbf{x} - \mathbf{x}_0|} \tag{7.7/1}$$

ist im gewöhnlichen Sinne nur für $r \neq 0$ erklärt. Die Deltafunktion schafft die Möglichkeit, (7.7/1) auch an der Stelle $r = 0$ zu definieren.

Mit einer beliebigen Testfunktion $\varphi(\mathbf{x})$ berechnen wir zunächst die „partielle" Derivierte

$$l_{\partial_1 \frac{1}{r}}(\varphi) = -\int \frac{1}{r}\, \partial_1 \varphi(\mathbf{x})\, d\tau,$$

schließlich

$$l_{\partial_1 \partial_1 \frac{1}{r}}(\varphi) = \int \frac{1}{r}\, \partial_1 \partial_1 \varphi(\mathbf{x})\, d\tau.$$

Analoge Ausdrücke erhält man für die Derivierten nach x_2 und x_3. Es ist daher naheliegend, das Funktional

$$l_{\Delta\left(\frac{1}{r}\right)}(\varphi) = \int \frac{1}{r}\, \Delta\varphi\, d\tau \tag{7.7/2}$$

als die „Laplacesche Derivierte" von 1/r zu bezeichnen. Das Integral (7.7/2) ist wegen $\lim\limits_{x \to x_0} \frac{1}{r} = \infty$ ein uneigentliches Integral erster Art. Es berechnet sich zu

$$\lim_{\eta \to 0} \int\limits_{\mathbb{R}^3 - K(\eta, x_0)} \frac{1}{r}\, \Delta\varphi\, d\tau,$$

wenn $K(\eta, \mathbf{x}_0)$ die Kugel mit dem Mittelpunkt $\mathbf{x}_0$ und dem Radius η bedeutet.

Wir bilden nun mit $B_\eta = \mathbb{R}^3 - K(\eta, \mathbf{x}_0)$ das Integral

$$I_\eta = \int\limits_{B_\eta} \frac{1}{r} \Delta\varphi \, d\tau$$

und formen es mit der zweiten Greenschen Formel (1.6/8″) um (Γ_η bedeutet die Randfläche von B_η):

$$\int\limits_{B_\eta} \frac{1}{r} \Delta\varphi \, d\tau = \int\limits_{B_\eta} \Delta\left(\frac{1}{r}\right) \varphi \, d\tau + \oint\limits_{\Gamma_\eta} \left[\frac{1}{r} \operatorname{grad}\varphi - \varphi \operatorname{grad}\left(\frac{1}{r}\right)\right] \cdot \mathbf{n} \, df \Big] .$$

Dabei zeigt im Flächenintegral rechts die Normale ins Innere der Kugel*). Wegen $\Delta(1/r) = 0$ für $r \neq 0$ folgt mit

$$\mathbf{n} \cdot \operatorname{grad}\left(\frac{1}{r}\right) = \frac{1}{\eta^2}, \qquad \mathbf{x} \in \Gamma_\eta,$$

wenn $\mathbf{n}$ (parallel zum Radius der Kugel) nach innen zeigt, zunächst

$$-\oint\limits_{\Gamma_\eta} \varphi \operatorname{grad}\left(\frac{1}{r}\right) \cdot \mathbf{n} \, df = -\frac{1}{\eta^2} \oint\limits_{\Gamma_\eta} \varphi \, df = -\frac{1}{\eta^2} \oint\limits_{\Gamma_\eta} \eta^2 \left[\varphi(\mathbf{x}_0) + O(\eta)\right] d\Omega$$

$$= -4\pi\varphi(\mathbf{x}_0) + O(\eta);$$

das andere Flächenintegral berechnet sich zu

$$\oint\limits_{\Gamma_\eta} \frac{1}{r} \mathbf{n} \cdot \operatorname{grad}\varphi \, df = -\oint\limits_{\Gamma_\eta} \frac{1}{\eta} \frac{\partial\varphi}{\partial r} \eta^2 \, d\Omega = O(\eta).$$

Daher wird

$$\int\limits_{B_\eta} \frac{1}{r} \Delta\varphi \, d\tau = -4\pi\varphi(\mathbf{x}_0) + O(\eta)$$

und somit

$$l_{\Delta\left(\frac{1}{r}\right)}(\varphi) = \lim_{\eta \to 0} I_\eta = -4\pi\varphi(\mathbf{x}_0).$$

$l_{\Delta\left(\frac{1}{r}\right)}$ ist daher das (dreidimensionale) δ-Funktional, d.h.

$$\Delta\left(\frac{1}{r}\right) = \Delta \frac{1}{|\mathbf{x} - \mathbf{x}_0|} = -4\pi\delta^3(\mathbf{x} - \mathbf{x}_0). \tag{7.7/3}$$

7.8. Ergänzungen und Bemerkungen

Wir haben in Kap. 7.4 die Diracsche Deltafunktion formal als Grenzwert von Funktionenfolgen $\delta_n(x, \xi)$ erklärt. Auch aus der Funktionenfolge

$$\delta_n(x, \xi) = \sum_{m=1}^{n} y_m(x)\, y_m(\xi)\, p(x), \qquad x \in]A, B[, \qquad \xi \in]A, B[, \tag{4.6/13}$$

*) Das wir diese Formel für den unbeschränkten Bereich verwenden dürfen, folgt daraus, daß φ als Testfunktion auf dem Rand ihres (beschränkten) Trägers verschwindet.

worin die Funktionen $y_n(x)$ die (normierten) Eigenfunktionen eines Sturm-Liouville-Differentialoperators L auf dem Intervall]A, B[sind, kann das Deltafunktional auf]A, B[erklärt werden. Die uneigentliche Funktion $\delta(x-\xi)$ können wir nach (7.4/2) (auf dem Intervall]A, B[) durch die unendliche Reihe (4.6/15)

$$\delta(x-\xi) = \sum_{n=1}^{\infty} y_n(\xi)\,\bar{y}_n(x)\,p(x)\ ^{*)} \tag{7.8/1}$$

darstellen, die natürlich im gewöhnlichen Sinne nicht konvergiert. Die Reihe (7.8/1) ist aber in gewisser Hinsicht sehr gutmütig: Für eine in $x = \xi$ stetige Funktion $F(x)$ können wir offenbar Summation und Integration vertauschen (vgl. auch Kap. 4.7),

$$F(\xi) = \int_A^B \delta(x-\xi)\,F(x)\,dx = \sum_{n=1}^{\infty} y_n(\xi)\int_A^B p(x)\,\bar{y}_n(x)\,F(x)\,dx. \tag{7.8/2}$$

Die Rechtfertigung für diese formale Vorgangsweise ist gerade im Entwicklungssatz (4.7/16) begründet! Im Sinne des in Kap. 4.7 dargelegten Vektorformalismus entspricht der Deltafunktion gewissermaßen die Einheitsmatrix in einem Raum von abzählbar unendlich vielen Dimensionen. (7.8/2) drückt im Grunde den gleichen Sachverhalt aus.

Als Spezialfall betrachten wir den Sturm-Liouville-Operator $L = -d^2/dx^2$ auf]a, b[. Für $\alpha = \beta = 0$ sind seine Eigenfunktionen

$$y_n(x) = \sqrt{\frac{2}{b-a}}\sin n\pi\frac{x-a}{b-a}, \qquad n = 1, 2, \ldots;$$

daher ist

$$\delta(x-\xi) = \frac{2}{b-a}\sum_{n=1}^{\infty}\sin n\pi\frac{x-a}{b-a}\sin n\pi\frac{\xi-a}{b-a}, \quad a < x, \xi < b;$$

eine andere Darstellung ist ($a < x, \xi < b$)

$$\delta(x-\xi) = \frac{1}{b-a}\left[1 + 2\sum_{n=1}^{\infty}\cos n\pi\frac{\xi-x}{b-a}\right]$$

$$= \frac{1}{b-a}\left[1 + 2\sum_{n=1}^{\infty}\left(\cos n\pi\frac{x-a}{b-a}\cos n\pi\frac{\xi-a}{b-a} + \sin n\pi\frac{x-a}{b-a}\sin n\pi\frac{\xi-a}{b-a}\right)\right].$$

Den Nachweis der letzten Gleichung möge der Leser führen, indem er die Partialsummen der linksstehenden Reihe mit Hilfe der Formel (4.3/39) bilde!

Entsprechende Verhältnisse findet man auch für Sturm-Liouville-Operatoren auf unbeschränkten Intervallen. Wir können dies wiederum am Beispiel des Operators $L = -d^2/dx^2$ studieren, für den der Entwicklungssatz durch das Fouriersche Integraltheorem

$$\tilde{f}(k) = F(f)(k) = \frac{1}{\sqrt{2\pi}}\int e^{-ikx} f(x)\,dx, \quad (7.8/3') \qquad f(x) = \frac{1}{\sqrt{2\pi}}\int e^{ikx}\tilde{f}(k)\,dk \quad (7.8/3'')$$

zu ersetzen ist: Wir wenden dieses auf die Funktionen $\tilde{\delta}_n(x, \xi)$ von Kap. 7.3 an. Ihre Fouriertransformierten sind

---

*) Wir haben hier gleich in Übereinstimmung mit (4.7/16) auf den Fall komplexer Eigenfunktionen verallgemeinert.

$$F(\delta_n)(k) = \frac{1}{\sqrt{2\pi}} e^{-ik\xi} \frac{2n}{k} \sin\frac{k}{2n}$$

und somit

$$\tilde{\delta}_n(x,\xi) = \frac{1}{2\pi}\int e^{ik(x-\xi)} \frac{2n}{k}\sin\frac{k}{2n}\,dk = \frac{1}{2\pi}\int e^{ik(\xi-x)}\frac{2n}{k}\sin\frac{k}{2n}\,dk. \tag{7.8/4}$$

Ist nun f(x) eine auf IR absolut integrierbare Funktion, so folgt aus (7.8/4) und (7.8/3)

$$\int \tilde{\delta}_n(x,\xi)\,f(x)\,dx = \frac{1}{2\pi}\int f(x)\,dx \int e^{ik(\xi-x)}\frac{2n}{k}\sin\frac{k}{2n}\,dk =$$

$$= \frac{1}{\sqrt{2\pi}}\int \tilde{f}(k)\,e^{ik\xi}\frac{2n}{k}\sin\frac{k}{2n}\,dk = f(\xi) + o(1),\quad n\to\infty \tag{7.8/5'}$$

und

$$\lim_{n\to\infty}\int \tilde{\delta}_n(x,\xi)\,f(x)\,dx = \frac{1}{2\pi}\int\left[\int e^{ik(x-\xi)}\,dk\right] f(x)\,dx = \int \delta(x-\xi)\,f(x)\,dx = f(\xi). \tag{7.8/5''}$$

Symbolisch kann die Deltafunktion (für das Intervall $]-\infty,\infty[$) daher auch durch das (sicherlich divergente) Integral

$$\delta(x-\xi) = \frac{1}{2\pi}\int e^{ik(x-\xi)}\,dk = \frac{1}{\pi}\int_0^\infty \cos k(x-\xi)\,dk \tag{7.8/6}$$

dargestellt werden.

Man erkennt, daß (7.8/6) das kontinuierliche Analogon zu (7.8/1) darstellt; die (normierten) Eigenfunktionen zum kontinuierlichen Index k sind nämlich $y(x,k) = (1/\sqrt{2\pi})\,e^{ikx}$ *), so daß nach (7.8/6)

$$\int y(x,k)\,\bar{y}(\xi,k)\,dk = \delta(x-\xi) \tag{7.8/7}$$

ist. Wir sehen, daß $\delta(x-\xi)$ wieder als Einheitsmatrix aufzufassen ist. Im Falle unbeschränkter Intervalle müssen *alle* Lösungen von $-y'' = \lambda y$ „summiert" werden, was gerade zum Integral (7.8/6) führt.

(7.8/7) legt nun eine wichtige Ergänzung zur formalen Vorgangsweise am Ende von Kap. 4.7 bei der Interpretation von Entwicklungen nach orthogonalen Funktionensystemen nahe. Der Entwicklungssatz für kontinuierliche Eigenwerte nimmt in vielen Fällen formalisiert die Gestalt**)

$$F(x) = \int a(\nu)\,y(x,\nu)\,d\nu \tag{7.8/8}$$

mit

$$a(\nu) = \int p(x)\,\bar{y}(x,\nu)\,F(x)\,dx \tag{7.8/9}$$

an. (7.8/3) ist der Spezialfall von (7.8/8) und (7.8/9) für $L = -d^2/dx^2$. Setzt man (7.8/8) in (7.8/9) ein und vertauscht die Integrationen, so zeigt

$$a(\nu) = \int a(\nu')\,d\nu' \int p(x)\,y(x,\nu')\,\bar{y}(x,\nu)\,dx,$$

daß

$$\delta(\nu-\nu') = \int p(x)\,\bar{y}(x,\nu)\,y(x,\nu')\,dx \tag{7.8/10}$$

---

*) Im Sinne der Definition handelt es sich in solchen Fällen nicht um Eigenfunktionen, da diese (vor allem bei singulären Operatoren) Bedingungen wie z. B. die quadratische Integrierbarkeit als Elemente eines gewissen Funktionenraumes erfüllen müssen (Vgl. Kap. 4.7, S. 97). Wir wollen diese Sprechweise aber für das Folgende beibehalten.

**) Der allgemeine Fall ist wesentlich komplizierter; vgl. etwa Titchmarsh [9], Vol. I.

ebenfalls eine Darstellung für die Deltafunktion ist. (7.8/10) kann man (7.8/7) gegenüberstellen. Man erhält diese Formel durch Einsetzen von (7.8/9) in (7.8/8).

Man halte sich vor Augen, daß (7.8/10) im diskreten Fall der Orthogonalitätsrelation (4.7/13) entspricht; (7.8/7) hingegen ist das Gegenstück zu (4.6/15).

Eine interessanter Sachverhalt ergibt sich, wenn man die Fouriertransformierte von δ (x) (auf formalem Weg) berechnet. Aus (7.8/6) folgt für $\xi = 0$ durch Vergleich mit der zweiten Beziehung (7.8/3)

$$F(\delta)(k) = \frac{1}{\sqrt{2\pi}}. \tag{7.8/11}$$

Wir überlassen dem Leser den Nachweis der Beziehung

$$F(\delta^{(n)})(k) = \frac{(ik)^n}{\sqrt{2\pi}}, \tag{7.8/12}$$

deren Bedeutung unter anderem darin besteht, daß die Fouriertransformierte eines Polynoms angegeben werden kann. Man halte sich vor Augen, daß diese nur im Bereich der verallgemeinerten Funktionen existiert.

Weiteres über die Theorie der verallgemeinerten Funktionen, die auch als „Distributionen" bezeichnet werden, findet der Leser in den einführenden Werken von Schwartz [27], Lighthill [29], Berz [28] und Walter [30].

7.9. Übungsbeispiele zu Kap. 7

7.9.1: Man zeige: Erfüllt die Funktion f(x) im Punkt $x \in]A, B[$ eine Dirichletbedingung, so gilt für eine beliebige Deltafolge $\{\delta_n(x)\}$ (für die Stelle $\xi \in]A, B[$)

$$\lim_{n\to\infty} \int \delta_n(x)\, f(x)\, dx = \frac{1}{2}\,[f(\xi+) + f(\xi-)].$$

(vgl. Beispiel 4.8.17).

7.9.2: Man berechne das Funktional

(i) $\left(\frac{d}{dx} - \omega\right) \Theta(x)\, e^{\omega x}$,

(ii) $\left(\frac{d^2}{dx^2} + \omega^2\right) \frac{1}{\omega}\, \Theta(x) \sin \omega x$.

7.9.3: Man berechne die n-te Derivierte der Funktion

$$f(x) = \begin{cases} 0, & x < 0, \\ x, & 0 \leqslant x \leqslant 1, \\ 0, & 1 < x. \end{cases}$$

7.9.4: Man zeige

$$\lim_{\epsilon\to 0} \int \delta_\epsilon(x)\, \varphi(x)\, dx = \varphi(0),$$

wenn $\delta_\epsilon(x)$ eine der folgenden Funktionen ist:

(i) $\delta_\epsilon(x) = \frac{\epsilon}{\pi} \frac{1}{x^2+\epsilon^2}$, (ii) $\delta_\epsilon(x) = \frac{1}{\sqrt{2\pi\epsilon}}\, e^{-\frac{x^2}{2\epsilon}}$, (iii) $\delta_\epsilon(x) = \frac{1}{\pi x} \sin \frac{x}{\epsilon}$.

Das bedeutet in jedem Fall

$$\lim_{\epsilon \to 0} \delta_\epsilon(x) = \delta(x).$$

7.9.5*: Für eine beliebige Testfunktion $\varphi(x)$ beweise man

$$l(\varphi) := \lim_{\epsilon \to 0 \pm} \int \frac{\varphi(x)}{x + i\epsilon}\, dx = \lim_{\eta \to 0+} \left[\left(\int_{-\infty}^{-\eta} + \int_{\eta}^{\infty} \right) \varphi(x) \frac{dx}{x} \right] \mp i\pi\varphi(0).$$

7.9.6: Man beweise: Besitzt die stetig differenzierbare Funktion g(x) einfache Nullstellen $x_1, \ldots, x_s$, so gilt

$$\delta'(g(x)) = \sum_{i=1}^{s} \frac{\delta'(x - x_i)}{g'(x_i)|g'(x_i)|}.$$

7.9.7: Es sei L ein auf]A, B[regulärer Sturm-Liouville-Operator (4.2/11), $\rho(x)$ auf [A, B] integrierbar. Man zeige, daß die Funktion (4.5/9) Lösung der Randwertaufgabe (4.5/1) im Sinne der Theorie der verallgemeinerten Funktionen ist, d. h.

$$l_{L(y)}(\varphi) = l_\rho(\varphi)$$

für jede beliebige Testfunktion $\varphi(x)$.

7.9.8: Man löse die Anfangsrandwertaufgabe („das Einrad auf dem Seil")

$$a^2 u_{xx} = u_{tt} - G\delta(x - vt), \qquad t > 0,$$

mit den Randbedingungen

$$u(0, t) = u(l, t) = 0$$

und den Anfangsbedingungen

$$u(x, 0) = u_t(x, 0) \equiv 0.$$

7.9.9: Wie lautet die Temperaturverteilung der Lösung

$$u(x, t) = \frac{1}{\sqrt{t - t_0}}\, e^{-\frac{(x - x_0)^2}{4\kappa^2(t - t_0)}}, \qquad t > t_0,$$

der Wärmeleitungsgleichung für $t = t_0$?

7.9.10: Man zeige, daß die Deltafunktion auf der Einheitskugel durch die Reihe

$$\delta(\Omega - \Omega') = \frac{1}{\sin\vartheta}\, \delta(\vartheta - \vartheta')\, \delta(\varphi - \varphi') = \frac{1}{4\pi} \sum_{l=0}^{\infty} (2l + 1)\, P_l(\cos\eta)$$

dargestellt werden kann (vgl. (6.1/90)).

8. Die Methode der Greenschen Funktionen für partielle Differentialgleichungen

8.1. Die klassische Lösung der Poissongleichung

Die Separationsmethode wurde bislang zur Gewinnung von Lösungen der homogenen partiellen Differentialgleichungen von Kap. 2 benützt. In Kap. 4.4 und Kap. 4.5 haben wir aber bereits gesehen, daß sich die so erhaltenen Lösungen auch für inhomogene Differentialgleichungen adaptieren lassen. Dort haben wir eine Integraldarstellung (4.5/9) für die Lösung der inhomogenen Randwertaufgabe (4.5/1) angeben können. Es stellte sich dabei heraus, daß es zur Gewinnung dieser Lösung ausreichte, die Differentialgleichung (4.6/16) zu lösen, die als speziellen Quellterm die Deltafunktion enthielt, wie sie z. B. in der Elektrostatik einer punktförmigen Ladungsverteilung entspricht. Die Lösung (4.5/9) war nichts anderes als eine Überlagerung der Effekte von sämtlichen Punkten. Diese Vorgangsweise soll nun systematisch zur Lösung inhomogener *partieller* Differentialgleichungen angewendet werden.

Wir präsentieren zunächst die klassische Vorgangsweise für die Poissongleichung (2.1/15); sie enthält bereits die Deltafunktionsmethode, allerdings nur in versteckter Form. Da sie auf einer Anwendung des 2. Greenschen Satzes (1.5/8″) beruht, hat sie allen moderneren Methoden den Namen gegeben.

Man setzt in (1.5/8″) einfach $A = u(\mathbf{x}')$, $B = G(\mathbf{x}, \mathbf{x}')$ und erstreckt die Integration über $\mathbf{x}'$ (Δ' bedeutet die Anwendung des Laplaceoperators auf die Variable $\mathbf{x}'$)

$$\int_B (G\Delta' u - u\Delta' G)\, d^3\mathbf{x}' = \oint_F (G\,\mathrm{grad}' u - u\,\mathrm{grad}' G)\cdot d\mathbf{f}'; \tag{8.1/1}$$

$u(\mathbf{x})$ genüge nun der Poissongleichung (2.1/15)

$$-\Delta' u(\mathbf{x}') = \rho(\mathbf{x}'), \tag{8.1/2}$$

während

$$\Delta' G(\mathbf{x}, \mathbf{x}') = 0, \quad \mathbf{x}' \neq \mathbf{x}, \tag{8.1/3}$$

gelten soll; in einer Umgebung von $\mathbf{x}'$ soll sich $G(\mathbf{x}, \mathbf{x}')$ wie $[4\pi|\mathbf{x} - \mathbf{x}'|]^{-1}$ verhalten. Wir betrachten nun ein Volumen B mit der Randfläche F, das diese singuläre Stelle umschließt, aber gleichzeitig ein kleines Volumen A mit der Oberfläche O ausspart (vgl. Abb. 8.1).

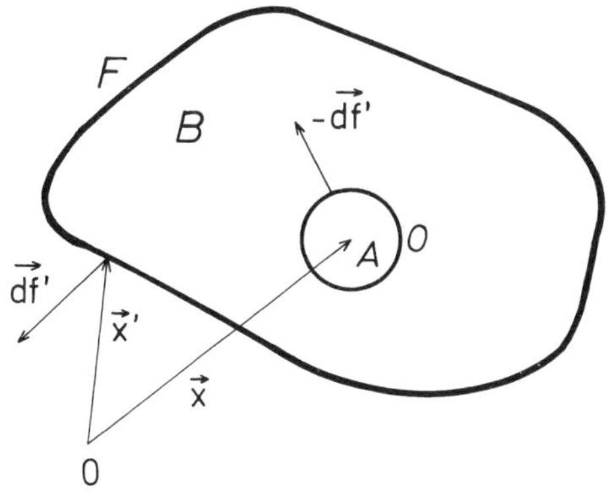

Abb. 8.1

Die linke Seite von (8.1/1) wird mit (8.1/2) und (8.1/3)

$$-\int_B \rho(\mathbf{x}')\, G(\mathbf{x}, \mathbf{x}')\, d^3x', \tag{8.1/4}$$

während die rechte ein Oberflächenintegral von der Außenhülle F, aber auch ein solches von der kleinen Oberfläche O um $\mathbf{x} = \mathbf{x}'$ enthält. Der Beitrag der letzteren wird zweckmäßigerweise für den Fall einer kleinen Kugel vom Radius $\mathbf{r} = \mathbf{x}' - \mathbf{x}$ berechnet. Mit

$$d\mathbf{f}' = -r^2 \left(\frac{\mathbf{r}}{r}\right) d\Omega'$$

wird

$$\oint_O (G \operatorname{grad}'u - u \operatorname{grad}'G) \cdot d\mathbf{f}' = -r^2 \oint_O \frac{\mathbf{r}}{r} \cdot \left[\frac{1}{4\pi r} \operatorname{grad}'u - \frac{u}{4\pi r^2} \frac{\mathbf{r}}{r}\right] d\Omega'. \tag{8.1/5}$$

Wenn man O auf den Punkt $\mathbf{x}'$ zusammenzieht, verschwindet der Beitrag des ersten Integrals rechts, der Rest gibt einfach $u(\mathbf{x})$. Somit wird insgesamt aus (8.1/1)

$$u(\mathbf{x}) = \int_B G(\mathbf{x}, \mathbf{x}')\, \rho(\mathbf{x}')\, d^3x' + \oint_F (G \operatorname{grad}'u - u \operatorname{grad}'G) \cdot d\mathbf{f}'. \tag{8.1/6}$$

(8.1/6) ist die Grundlage für die Lösung der Poissongleichung. Die Funktion $G(\mathbf{x}, \mathbf{x}')$, die *Greensche Funktion**) des Problems, ist noch weitgehend frei. Wenn zu $G(\mathbf{x}, \mathbf{x}')$, das (8.1/3) erfüllt, noch eine Funktion G_0 hinzugefügt wird, die

$$\Delta' G_0(\mathbf{x}, \mathbf{x}') = 0 \tag{8.1/7}$$

für *alle* $\mathbf{x}' \in B$ erfüllt, so ist

$$G(\mathbf{x}, \mathbf{x}') + G_0(\mathbf{x}, \mathbf{x}')$$

ebenfalls eine Lösung von (8.1/3). Diese Freiheit kann zum Vorschreiben von Randwerten von G benützt werden. Wird $G(\mathbf{x}, \mathbf{x}')$ in (8.1/6) durch eine Funktion G ersetzt, die auf der Randfläche F von B verschwindet, so zeigt (8.1/6), daß die Werte von u am Rande F die Lösung im Inneren bestimmen (erste Randwertaufgabe). Verschwindet dagegen $\mathbf{n} \cdot \operatorname{grad}'G$, wobei $\mathbf{n}$ die Richtung der Flächennormale darstellt, so bestimmen die Werte von $\mathbf{n} \cdot \operatorname{grad}'u$ auf der Fläche F die Lösung u im Inneren von B (zweite Randwertaufgabe).

(8.1/6) kann jedoch ebensogut mit Hilfe der δ-Funktion abgeleitet werden. Setzt man nämlich

$$G(\mathbf{x}, \mathbf{x}') = \frac{1}{4\pi} \frac{1}{|\mathbf{x} - \mathbf{x}'|} + G_0(\mathbf{x}, \mathbf{x}'), \tag{8.1/8}$$

so folgt auf Grund von (7.7/3) und (8.1/7)

$$\Delta' G(\mathbf{x}, \mathbf{x}') = -\delta^3(\mathbf{x} - \mathbf{x}'). \tag{8.1/9}$$

Wendet man (8.1/1) auf ein Volumen an, das nun den Punkt $\mathbf{x} = \mathbf{x}'$ *nicht* ausschließt, so führt (8.1/2) und (8.1/9) ebenfalls auf (8.1/6).

Für den Fall eines unendlich großen Volumens verlangt man meist, daß der Beitrag der Integration über die unendlich große Oberfläche verschwindet. Dies ist gewährleistet, falls $u(\mathbf{x})$ und $G(\mathbf{x}, \mathbf{x}')$

---

*) In Anwendungen auf mechanische Probleme ist auch die Bezeichnung *Einflußfunktion* geläufig.

für große Werte von $|\mathbf{x}| = r$ mindestens wie r^{-1} abfallen, denn $d\mathbf{f}'$ wächst wie r^2. In (8.1/8) ist dann $G_0(\mathbf{x}, \mathbf{x}') = 0$ und aus (8.1/6) wird

$$u(\mathbf{x}) = \frac{1}{4\pi} \int \frac{\rho(\mathbf{x})}{|\mathbf{x} - \mathbf{x}'|} \, d^3\mathbf{x}', \tag{8.1/10}$$

also das vom Coulombgesetz wohlbekannte Potentialverhalten, angewendet auf die Ladungsverteilung $\rho(\mathbf{x}') \, d^3\mathbf{x}'$ in jedem Volumselement $d^3\mathbf{x}'$.

8.2. Greensche Funktionen und die Deltafunktion

Wie aus (8.1/9) für den Spezialfall der Poissongleichung ersichtlich ist, erfüllt die Greensche Funktion eine partielle Differentialgleichung mit der δ-Funktion als Quellterm, ganz wie bei der gewöhnlichen, inhomogenen Differentialgleichung (4.6/16). Dies läßt sich leicht auf eine lineare partielle Differentialgleichung mit Quellterm $\rho(x_1, \ldots, x_n)$,

$$\mathcal{L} u(x_1, \ldots, x_n) = \rho(x_1, \ldots, x_n), \tag{8.2/1}$$

übertragen. $\mathcal{L}$ sei in Verallgemeinerung von (4.2/11) ein Differentialoperator der Gestalt

$$\mathcal{L} = \frac{1}{p} [-\partial_i (a_{ij} \partial_j) + g], \tag{8.2/2}$$

der unter seinen n Variablen x_i auch die Zeitvariable t enthalten kann. Die Größen $a_{ij} = a_{ji}$, p und g sind i.a. von x_i abhängig. Im folgenden kürzen wir die Abhängigkeit von x_i einfach durch „x" ab. Erfüllt eine Greensche Funktion

$$G(x_1, \ldots, x_n, x_1', \ldots, x_n') = G(x, x') \tag{8.2/3}$$

eine Beziehung wie (4.6/16)*),

$$\mathcal{L} G(x, x') = \delta(x - x'), \tag{8.2/4}$$

so lautet die Lösung von (8.2/1)

$$u(x) = \int_B G(x, x') \, \rho(x') \, dx'. \tag{8.2/5}$$

Falls für $u(x)$ gewisse homogene Randbedingungen gefordert werden (z.B. $u = 0$ oder $\partial u/\partial n = 0$ auf der Randfläche), so müssen dieselben Bedingungen der Funktion $G(x, x')$ bezüglich der Variablen x auferlegt werden (vgl. Kap. 4.6). Das Integral (8.2/5) ist über jenen Bereich B zu erstrecken, auf dessen Berandung die Randwerte vorgegeben sind. In diesem Sinne sollen auch im folgenden Integrale ohne explizite Angabe der Grenzen verstanden werden. In der formalen Lösung

$$G(x, x') = \mathcal{L}^{-1} \delta(x - x') + G_0(x, x') \tag{8.2/6}$$

mit der Lösung $G_0(x, x')$ der homogenen Gleichung

$$\mathcal{L} G_0(x, x') = 0 \tag{8.2/7}$$

wäre $G_0(x, x')$ daher so zu bestimmen, daß $G(x, x')$ die geforderten Randwerte annimmt. Somit ist die allgemeine Lösung der Differentialgleichung (8.2/1) auf die Lösung des speziellen Problems (8.2/4) für die Greensche Funktion $G(x, x')$ zurückgeführt.

---

*) $\delta(x - x')$ bedeutet wieder $\delta(x_1 - x_1') \, \delta(x_2 - x_2') \ldots \delta(x_n - x_n')$.

Außerdem können wir noch auf die Methode des Separationsansatzes – in allen jenen Fällen, wo dieser zielführend ist – zurückgreifen. Wenn nämlich $y_n(x)$ analog dem eindimensionalen Fall (4.2/14) eine Eigenfunktion des Differentialoperators für ein beschränktes Gebiet G mit dem Rand F ist,

$$L y_n = \lambda_n y_n, \tag{8.2/8}$$

mit dem Eigenwert λ_n, der sich aus den Randbedingungen für $y(x)$ ergibt, so kann der Separationsansatz zum Auffinden von $y_n(x)$ – das einer homogenen Gleichung genügt! – verwendet werden. Bei einem Differentialoperator L der Form (8.2/2) sind diese Lösungen $y_n(x)$ auch orthogonal bezüglich $p(x)$. Dies sieht man analog zu (4.2/18) für den eindimensionalen Sturm-Liouvilleschen Fall, wenn man (8.2/8) mit $y_m(x)$ multipliziert, über x integriert und dann davon dieselbe Gleichung nach Vertauschung der Zeiger n und m subtrahiert:

$$\int_G p(y_m L y_n - y_n L y_m)\, dx = (\lambda_n - \lambda_m) \oint_F p(x)\, y_n(x)\, y_m(x)\, dx. \tag{8.2/9}$$

Die linke Seite kann für ein L der Form (8.2/2) in ein Oberflächenintegral über die das betrachtete Volumen umschließende Oberfläche F verwandelt werden, wie etwa für $n = 3$ durch den Gaußschen Integralsatz (1.5/5),

$$\int_G [y_m \partial_i (a_{ij} \partial_j y_n) - y_n \partial_i (a_{ij} \partial_j y_m)]\, d^3\mathbf{x} = \int_G \partial_i [a_{ij} (y_m (\partial_j y_n) - y_n (\partial_j y_m))]\, d^3\mathbf{x} =$$

$$= \oint_F (y_m \partial_j y_n - y_n \partial_j y_m)\, a_{ij}\, df_i,$$

welches verschwindet, falls a_{ij}, y_n oder die Ableitung $n_j \partial_j y_n$ in Richtung der Flächennormale n_i oder eine Linearkombination von y_n und $n_j \partial_j y_n$ auf der Berandung gleich Null ist. Für $n \neq m$ gilt dann wie in (4.3/47)

$$\int_G p(x)\, y_n(x)\, y_m(x)\, dx = 0$$

und wir können eine solche Normierung der y_n festlegen, daß allgemein gilt

$$\int_G p(x)\, y_n(x)\, y_m(x)\, dx = \delta_{n,m}. \tag{8.2/10}$$

Mit der Gültigkeit des Entwicklungssatzes läßt sich dann wieder aus einem solcherart normierten Funktionensystem eine δ-Funktion im Funktionenraum, der den vorliegenden Randwerten entspricht, aufbauen (vgl. (4.6/15) oder (7.8/1)):

$$\delta(x - x') = \sum_{n=1}^{\infty} y_n(x)\, y_n(x')\, p(x'), \tag{8.2/11}$$

und in Analogie hierzu ein Ansatz für $G(x, x')$ in (8.2/4)

$$G(x, x') = p(x') \sum_{n=1}^{\infty} c_n\, y_n(x)\, y_n(x') \tag{8.2/12}$$

versuchen. Mit (8.2/8), (8.2/10) bestimmen sich die Koeffizienten c_n dann einfach zu $c_n = \lambda_n^{-1}$. Das Ergebnis

$$G(x, x') = p(x') \sum_{n=1}^{\infty} \frac{y_n(x)\, y_n(x')}{\lambda_n} \tag{8.2/13}$$

ist die Verallgemeinerung von (4.5/19).

Sehr häufig sind sogenannte *natürliche Randbedingungen* gegeben, bei denen eine Funktion $G(x, x')$ für den ganzen Raum gesucht wird. Die entsprechende Deltafunktion kann dann für einen Differentialoperator der Form*)

$$L = -a_{hj}\,\partial_h \partial_j + a_i \partial_i + a_0 \tag{8.2/14}$$

mit *konstanten* Koeffizienten a_0, a_i, a_{hj} wegen (7.8/6) wie ($d^n k = dk_1 \ldots dk_n$)

$$\delta(x - x') = \left(\frac{1}{2\pi}\right)^n \int e^{ik_j(x_j - x_j')}\, d^n k \tag{8.2/15}$$

aufgebaut werden. Mit dem kontinuierlichen Analogon zu (8.2/12),

$$G_1(x, x') = \left(\frac{1}{2\pi}\right)^n \int c(k)\, e^{ik_j(x_j - x_j')}\, d^n k, \tag{8.2/16}$$

findet man schließlich

$$c^{-1}(k) = a_{hj} k_h k_j + i\, a_j k_j + a_0 =: D(k). \tag{8.2/17}$$

Die Lösung der homogenen Gleichung kann offenbar als

$$G_0(x, x') = \left(\frac{1}{2\pi}\right)^n \int \delta\,[D(k)]\, f(k)\, e^{ik_j(x_j - x_j')}\, d^n k \tag{8.2/18}$$

mit einer beliebigen Funktion $f(k)$ geschrieben werden. Anschließend ist $f(k)$ so zu wählen, daß

$$G(x, x') = G_1(x, x') + G_0(x, x') \tag{8.2/19}$$

für $|x| \to \infty$ verschwindet.

(8.2/17) zeigt, daß $c(k)$ stets Pole höchstens zweiter Ordnung hat, die auch reell sein können. Bei der Berechnung von (8.2/15) mit (8.2/17) muß dies gegebenenfalls berücksichtigt werden. Faßt man (8.2/15) – was wir im folgenden tun werden – als komplexes Kurvenintegral über die reelle Achse (bzw. die reellen Achsen) auf, so bleibt (8.2/15) offenbar eine Lösung der Differentialgleichung (8.2/4) für den Differentialoperator (8.2/16), wenn die allenfalls auf der reellen Achse auftretenden Pole in geeigneter Weise umgangen werden. Dadurch werden i.a. verschiedene Greensche Funktionen aus (8.2/15) gewonnen, die jede für sich ihre spezifische physikalische Bedeutung haben.

8.3. Die Greensche Funktion der Poissongleichung

8.3.1. Der eindimensionale Fall

Ein Beispiel für ein zeitunabhängiges Problem ist die Poissongleichung (2.1/15) für das beidseitig unendliche Intervall

$$-\frac{d^2 u}{dx^2} = \rho(x). \tag{8.3/1}$$

*) Hier kann unter den Variablen x auch die Zeit t enthalten sein.

Es handelt sich hier sogar nur um eine gewöhnliche Differentialgleichung. Daher lautet mit (8.2/14), (8.2/17) und (8.2/18) und

$$n = 1, \quad k_1 = k, \quad a_0 = a_1 = 0, \quad a_{11} = 1$$

die Greensche Funktion (8.2/19)

$$G(x, x') = \frac{1}{2\pi} \int_{-\infty}^{+\infty} \frac{e^{ik(x-x')}}{k^2} dk + G_0(x, x') = G_1(x, x') + G_0(x, x'). \tag{8.3/2}$$

Wir haben den Fall eines zweifachen Poles k = 0 vor uns, dem wir in die obere oder unter Halbebene ausweichen müssen (vgl. Abb. 8.2a, b), indem wir den Punkt k = 0 auf einem Halbkreis vom Radius η umfahren.

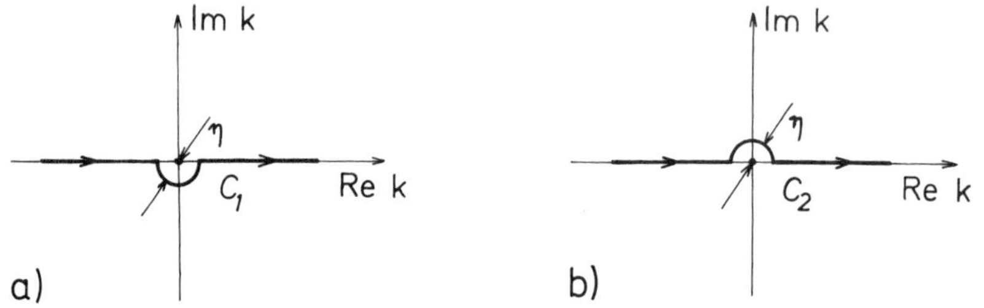

Abb. 8.2

Um $G_1(x, x')$ mit dem Residuensatz berechnen zu können, versuchen wir C_1 und C_2 in eine geschlossene Kurve einzubauen. Für $x - x' \geqslant 0$ schließen wir (z. B. in Abb. 8.2a) den Integrationsweg mit einem Halbkreis H_R^+: $k = Re^{i\varphi}$, $0 \leqslant \varphi \leqslant \pi$, (vgl. Abb. 8.3a) oben ab. Nun ist

$$\left| \frac{1}{2\pi} \int_{H_R^+} \frac{e^{ik(x-x')}}{k^2} dk \right| = \left| \frac{i}{2\pi R} \int_0^\pi e^{-i\varphi + i(x-x')R(\cos\varphi + i\sin\varphi)} d\varphi \right| \leqslant$$

$$\leqslant \frac{1}{2\pi R} \int_0^\pi e^{-R(x-x')\sin\varphi} d\varphi \leqslant \frac{1}{2R},$$

da $R(x - x')\sin\varphi \geqslant 0$ für $0 \leqslant \varphi \leqslant \pi$ gilt. Daher wird

$$\lim_{R\to\infty} \frac{1}{2\pi} \oint_{C_{1,R} + H_R^+} \frac{e^{ik(x-x')}}{k^2} dk = \lim_{R\to\infty} \left[\frac{1}{2\pi} \int_{C_{1,R}} [\ldots] dk + \frac{1}{2\pi} \int_{H_R^+} [\ldots] dk \right] =$$

$$= \lim_{R\to\infty} \frac{1}{2\pi} \int_{C_{1,R}} [\ldots] dk = G_1(x, x')$$

und durch den Residuensatz

$$\frac{1}{2\pi} \oint_{C_{1,R} + H_R^+} \frac{e^{ik(x-x')}}{k^2} dk = i \operatorname*{Res}_{k=0} \frac{e^{ik(x-x')}}{k^2} = -(x - x'),$$

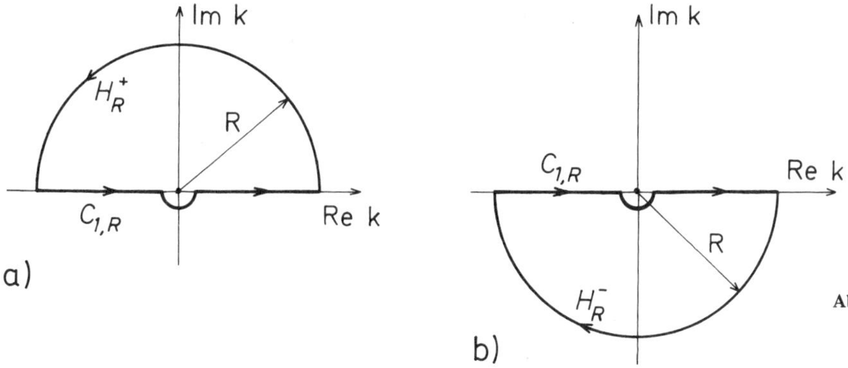

Abb. 8.3

also

$$G_1(x, x') = -(x - x'), \qquad x \geqslant x'.$$

Für $x - x' < 0$ schließen wir den Integrationsweg nach *unten* durch den Halbkreis H_R^- wie in Abb. 8.3b und erhalten mit Hilfe von $R(x - x') \sin\varphi \geqslant 0$ für $\pi \leqslant \varphi \leqslant 2\pi$ das Verschwinden des Beitrages über den Halbkreis H_R^- in der Grenze $R \to \infty$, so daß

$$G_1(x, x') = 0, \qquad x < x',$$

wird, da im Inneren von $C_{1,R} + H_R^-$ kein Pol liegt. Zusammen ergibt dies

$$G_1^{(1)}(x, x') = -\Theta(x - x')(x - x'). \tag{8.3/3'}$$

Analog berechnet sich gemäß Abb. 8.2b für den Integrationsweg C_2

$$G_1^{(2)}(x, x') = \Theta(x' - x)(x - x'). \tag{8.3/3''}$$

Wie aus (8.3/2) ersichtlich, kann jedoch immer zu $G_1^{(1)}(x, x')$ oder $G_1^{(2)}(x, x')$ eine Lösung

$$G_0(x, x') = \alpha(x - x') + \beta$$

der homogenen Gleichung

$$\frac{d^2 G_0}{dx^2} = 0$$

hinzugefügt werden. Durch geeignete Wahl der Konstanten α und β kann $G(x, x')$ dann entweder durch $G_1^{(1)}(x, x')$ oder durch $G_1^{(2)}(x, x')$ ausgedrückt werden, z.B.

$$\begin{aligned} G(x, x') &= G_1^{(1)}(x, x') + G_0(x, x') = -(x - x')\,\theta(x - x') + G_0(x, x') = \\ &= G_1^{(2)}(x, x') + \widetilde{G}_0(x, x'), \quad \widetilde{G}_0(x, x') = (\alpha - 1)(x - x') + \beta. \end{aligned} \tag{8.3/4}$$

Tatsächlich ist also nur *eine* Greensche Funktion wesentlich. Dies wird hier hervorgehoben, weil in anderen Fällen ein weiteres *physikalisches* Auswahlkriterium nötig ist, um zwischen verschiedenen, mathematisch gleichrangigen Greenschen Funktionen zu unterscheiden (vgl. Kap. 8.5).

$$u(x) = \int_{-\infty}^{+\infty} G(x, x')\,\rho(x')\,dx' \tag{8.3/5}$$

ist die allgemeine Lösung von (8.3/1). In diesem einfachen Fall hätte man sie auch mit elementaren Mitteln konstruieren können.

8.3.2. Der dreidimensionale Fall mit natürlichen Randbedingungen

Zur Lösung der dreidimensionalen Poissongleichung (2.1/15),

$$-\Delta u(\mathbf{x}) = \rho(\mathbf{x}), \tag{8.3/6}$$

haben wir in (8.2/14) für $c(\mathbf{k})$

$$n = 3, \quad a_0 = a_i = 0, \quad a_{11} = a_{22} = a_{33} = 1$$

zu wählen,

$$G_1(\mathbf{x}, \mathbf{x}') = \left(\frac{1}{2\pi}\right)^3 \int \frac{e^{i\mathbf{k}\cdot(\mathbf{x}-\mathbf{x}')}}{\mathbf{k}^2}\, d^3\mathbf{k}. \tag{8.3/7}$$

Die Integration erfolgt hier zweckmäßigerweise in Kugelkoordinaten (1.2/29) für $\mathbf{k}$, wobei wir die z-Achse in die Richtung $\mathbf{x} - \mathbf{x}'$ legen. Mit $r = |\mathbf{x} - \mathbf{x}'|$, $k = |\mathbf{k}|$ wird

$$\begin{aligned} G_1(\mathbf{x}, \mathbf{x}') &= \left(\frac{1}{2\pi}\right)^3 \int_0^\infty dk \int e^{ikr\cos\theta}\, d\Omega_k = \\ &= \left(\frac{1}{2\pi}\right)^2 \int_{-1}^{1} d\xi \int_0^\infty e^{ikr\xi}\, dk = \frac{1}{2\pi^2} \int_0^\infty \frac{1}{kr} \sin kr\, dk = \frac{1}{4\pi r}. \end{aligned} \tag{8.3/8}$$

$G_1(\mathbf{x}, \mathbf{x}')$ hat bereits das für natürliche Randbedingungen erforderliche Verhalten

$$G_1(\mathbf{x}, \mathbf{x}') = O\left(\frac{1}{r}\right); \tag{8.3/9}$$

somit ist für diesen Fall die Funktion (8.3/8) die gesuchte Greensche Funktion, die in dieser Form ja bereits in (8.1/10) hergeleitet wurde. Es sei darauf hingewiesen, daß hier das uneigentliche Integral (8.3/7) konvergent ist.

8.4. Die Greensche Funktion der Wärmeleitung (Diffusion)

8.4.1. Die Wärmeleitung im unendlich langen Stab

Die der Differentialgleichung (2.3/5) der Wärmeleitung entsprechende Greensche Funktion ist nach (8.2/4) mit

$$L = -\Delta + \frac{1}{\kappa^2}\frac{\partial}{\partial t} \tag{8.4/1}$$

zu bestimmen. Für das räumlich eindimensionale Problem eines unendlich langen Stabes und ein unendlich langes Zeitintervall ist analog (8.2/14), (8.2/16), (8.2/17) und (8.2/18) mit

$$n = 2, \quad x_1 = x, \quad x_2 = t, \quad a_0 = a_1 = 0, \quad a_2 = \frac{1}{\kappa^2}, a_{ij} = 0 \text{ außer } a_{11} = 1$$

vorzugehen, also

$$\left[-\frac{\partial^2}{\partial x^2} + \frac{1}{\kappa^2}\frac{\partial}{\partial t}\right] G(x, x'; t, t') = \delta(x - x')\,\delta(t - t') \tag{8.4/2}$$

und daher

$$G_1(x, x'; t, t') = \left(\frac{1}{2\pi}\right)^2 \int_{-\infty}^{+\infty} dk_1 \int_{-\infty}^{+\infty} \frac{e^{ik_1(x-x')}\, e^{ik_2(t-t')}}{i\frac{k_2}{\kappa^2} + k_1^2}\, dk_2 . \tag{8.4/3}$$

Für festes $k_1 \neq 0$ kann die k_2-Integration ähnlich wie bei dem Beispiel in Kap. 8.3.1 dadurch ausgeführt werden, daß für $t - t' \geqslant 0$ bzw. $t - t' < 0$ das Integral in der oberen bzw. in der unteren k_2-Halbebene geschlossen wird. Nur im ersteren Fall wird der Pol bei $k_2 = ik_1^2\kappa^2$ umschlossen, so daß nach dem Residuensatz

$$\begin{aligned} G_1(x, x'; t, t') &= \frac{\kappa^2}{2\pi}\,\Theta(t-t') \int_{-\infty}^{+\infty} e^{ik_1(x-x')}\, e^{-k_1^2\kappa^2(t-t')}\, dk_1 \\ &= \frac{\kappa^2}{2\pi}\,\Theta(t-t')\, e^{-\frac{(x-x')^2}{4\kappa^2(t-t')}} \int_{-\infty}^{+\infty} e^{-\kappa^2(t-t')\left[k_1 - \frac{i(x-x')}{2\kappa^2(t-t')}\right]^2} dk_1 \end{aligned} \tag{8.4/4}$$

resultiert.

Das verbleibende Integral

$$\int_g e^{-|\alpha| z^2}\, dz$$

ist über eine Gerade g parallel zur reellen Achse,

$$|\alpha| = \kappa^2(t-t'), \qquad \mathrm{Im}(z) = -\frac{x-x'}{2\kappa^2(t-t')},$$

zu erstrecken. Da sich zwischen dieser Geraden und der reellen Achse keine Singularitäten befinden, kann als Integrationsweg genausogut die reelle Achse genommen werden. Dann ist (vgl. (B/8))

$$\int_{-\infty}^{+\infty} e^{-|\alpha| z^2}\, dz = \frac{1}{\sqrt{|\alpha|}}\,\Gamma\left(\frac{1}{2}\right) = \sqrt{\frac{\pi}{|\alpha|}} \tag{8.4/5}$$

das bekannte Laplacesche Integral und damit

$$G_1(x, x'; t, t') = \frac{\kappa}{\sqrt{4\pi}}\,\frac{\Theta(t-t')}{\sqrt{t-t'}}\, e^{-\frac{(x-x')^2}{4\kappa^2(t-t')}} . \tag{8.4/6}$$

(8.4/6) verschwindet für $x \to \infty$ (und auch für $t \to \infty$), ist also bereits – für natürliche Randbedingungen – identisch mit $G(x, x'; t, t')$. Hervorzuheben ist der kausale Aspekt der Wärmefortpflanzung, der in G sichtbar ist. Setzt man nämlich (8.4/6) in die vollständige Lösung ein, so wird

$$u(x, t) = \frac{1}{l}\,\frac{\kappa}{\sqrt{4\pi}} \int_{-\infty}^{+\infty} dx' \int_0^t e^{-\frac{(x-x')^2}{4\kappa^2(t-t')}}\, \eta(x', t')\, \frac{dt'}{\sqrt{t-t'}} . \tag{8.4/7}$$

Dies ist die Lösung von (2.3/5) mit der („natürlichen") Anfangsbedingung $u(x, 0) \equiv 0$. Zur Zeit t hat nur die Wirkung der Wärmequellen von Zeitpunkten $t' < t$ einen Einfluß! $G = G_1$ ist die Temperaturverteilung einer im Punkt x' zur Zeit t' stattfindenden „punktförmigen Wärmeexplosion" (vgl. die Deltafunktionen in (8.4/2)), die sich im Laufe der Zeit als Gaußsche Kurve immer mehr verbreitert und flacher wird. $u(x, t)$ ist die Überlagerung aller dieser Glockenkurven („Elementarvorgänge") mit der Stärke $\eta(x, t)/l$.

8.4.2. Anfangs- und Randbedingungen der homogenen Wärmeleitungsgleichung

Die Methode der Greenschen Funktionen gestattet auch eine Behandlung des allgemeinen Anfangswertproblems $u(x, 0) = u_0(x)$. Wir erläutern das Verfahren am Beispiel der homogenen Wärmeleitungsgleichung. Wenn wir den Temperaturverlauf $u(x, t)$ für $t \geqslant 0$ aus der Temperaturverteilung (2.3/13) bei $t = 0$ in Abwesenheit von Quellen $\eta(x, t)$ für $t \geqslant 0$ berechnen wollen, können wir dies durch Annahme einer Quelldichte für $t = 0$ allein tun, also durch

$$\eta(x, t) = f(x)\,\delta(t).$$

Die gesamte Wärmemenge in einem sehr kleinen Zeitintervall um $t = 0$ im Intervall der Länge Δx ist dann

$$\Delta x \int \eta(x, t)\,dt = f(x)\,\Delta x = c_V\,\tilde{\rho}\,u_0(x)\,\Delta x = \frac{l}{\kappa^2}\,u_0(x)\,\Delta x.$$

Dabei haben wir auf die Beschreibung der gespeicherten Wärme durch die spezifische Wärme c_V, die Masse pro Längeneinheit des Stabes $\tilde{\rho}$ *) und die Anfangstemperatur $u_0(x)$ zurückgegriffen (vgl. Kap. 2.3). Somit ist

$$\eta(x, t) = \frac{l}{\kappa^2}\,\delta(t)\,u_0(x),$$

was in (8.4/7) zu

$$u(x, t) = \sqrt{\frac{1}{4\pi\kappa^2 t}}\,\Theta(t) \int_{-\infty}^{+\infty} e^{-\frac{(x-x')^2}{4\kappa^2 t}}\,u_0(x')\,dx' \tag{8.4/8}$$

führt.

Unsere Lösung (8.4/6) galt nur für unendliche Intervalle, denn wir benützten die entsprechende Integraldarstellung der δ-Funktionen. Der Stab bleibt aber auch unendlich lang, wenn wir nur an einem Ende bestimmte Randwerte vorschreiben. Ist der Stab in $x = 0$ an ein Wärmebad der Temperatur**)

$$u(0, t) = 0 \tag{8.4/9}$$

angeschlossen („*isotherme Randbedingung*"), so muß in (8.4/8) sicher auch $u_0(0) = 0$ sein. Wir betrachten nun nur den Bereich $x \geqslant 0$; deshalb ist $u(x)$ und $u_0(x)$ für $x < 0$ ohne physikalische Bedeutung. Wir nützen diese Freiheit aus und wählen

$$u_0(-x) = -u_0(x), \tag{8.4/10}$$

---

*) Beim eindimensionalen Problem ist $\tilde{\rho} = \rho F$, wobei ρ die Dichte und F den (sehr großen) Querschnitt des Stabes darstellt.

**) Falls $u(0, t) = u_0$ ist, kann man in der homogenen Differentialgleichung der Wärmeleitung, die ja hier behandelt wird, einfach $u' = u - u_0$ mit $u'(0, t) = 0$ einführen.

setzen also $u_0(x)$ ungerade für negative x fort. Führen wir im Integral (8.4/8) für $x' < 0$ nun $x' \to -x'$ unter Verwendung von (8.4/10) ein, so erhalten wir tatsächlich eine Lösung, die die (8.4/9) erfüllt:

$$u(x,t) = \frac{\Theta(t)}{\sqrt{4\pi\kappa^2 t}} \int_0^\infty \left[e^{-\frac{(x-x')^2}{4\kappa^2 t}} - e^{-\frac{(x+x')^2}{4\kappa^2 t}} \right] u_0(x')\, dx', \qquad t > 0. \tag{8.4/11}$$

Für eine *adiabatische Randbedingung* verschwindet der Wärmestrom bei $x = 0$

$$q = -l \left. \frac{\partial u(x,t)}{\partial x} \right|_{x=0} = 0. \tag{8.4/12}$$

Man verifiziert leicht, daß hier bei *gerader* Fortsetzung von $u_0(x)$ zu negativen x,

$$u_0(-x) = u_0(x),$$

und daher bei einer Lösung wie (8.4/11), aber mit positivem Vorzeichen zwischen den e-Potenzen, (8.4/12) für alle Zeiten $t > 0$ erfüllt ist.

Es ist klar, daß die Lösung der inhomogenen Wärmeleitungsgleichung mit Anfangsbedingungen durch die Summe von (8.4/7) und (8.4/8) gegeben ist.

8.4.3. Die Wärmeleitung im Raum

Bei der dreidimensionalen Wärmeleitung könnte man zur Bestimmung von $G(\mathbf{x}, \mathbf{x}'; t, t')$ wie in Kap. 8.4.1 vorgehen; dabei würde sich nur die Zahl der Integrationen erhöhen. Eine elegantere Methode besteht jedoch darin, das Problem auf das eindimensionale zurückzuführen. Die Funktion $G^{(3)}(\mathbf{x}, \mathbf{x}'; t, t')$ als Lösung von

$$\left[-\Delta + \frac{1}{\kappa^2} \frac{\partial}{\partial t} \right] G^{(3)}(\mathbf{x}, \mathbf{x}'; t, t') = \delta^3(\mathbf{x} - \mathbf{x}')\, \delta(t - t') \tag{8.4/13}$$

kann als skalare Funktion bei natürlichen Randbedingungen nur vom Abstandsbetrag

$$r = |\mathbf{x} - \mathbf{x}'|$$

abhängen. Mit $T = t - t'$ bleibt also von Δ in Kugelkoordinaten (1.4/21) nur die radiale Ableitung. Mit (7.5/11) für den Quellterm wird (8.4/13) zu

$$\frac{\partial^2 G^{(3)}}{\partial r^2} + \frac{2}{r} \frac{\partial G^{(3)}}{\partial r} - \frac{1}{\kappa^2} \frac{\partial G^{(3)}}{\partial T} = -\frac{1}{4\pi r^2}\, \delta(r)\, \delta(T). \tag{8.4/14}$$

Setzt man

$$G^{(3)}(\mathbf{x}, \mathbf{x}'; t, t') = \frac{v(r,T)}{r}, \tag{8.4/15}$$

so wird die Differentialgleichung für $v(r, T)$

$$\frac{\partial^2 v}{\partial r^2} - \frac{1}{\kappa^2} \frac{\partial v}{\partial T} = -\frac{1}{4\pi r}\, \delta(r)\, \delta(T) \tag{8.4/16}$$

und damit sehr ähnlich der Differentialgleichung für die Greensche Funktion im eindimensionalen Fall, nämlich (8.4/2) für $x' = 0$. Der Unterschied ist nur der Raum der Testfunktionen, für den die rechten Seiten von (8.4/16) bzw. (8.4/2) definiert sind. (8.4/16) ist ja nur sinnvoll für Integrale über Testfunktionen $\varphi(r) = r\,\psi(r)$ ($\psi(0)$ endlich). Dieselben Testfunktionen ergeben aber für $\delta(x)$ in (8.4/2) ein triviales Resultat, (7.6/6),

$$\int \delta(x)\, x\, \psi(x)\, dx = 0.$$

Denselben Testfunktionenraum erhalten wir jedoch, wenn wir (8.4/2) nach x differenzieren,

$$\left[-\frac{\partial^2}{\partial x^2} + \frac{1}{\kappa^2}\frac{\partial}{\partial T}\right]\frac{\partial G}{\partial x} = \delta'(x)\,\delta(T),$$

denn hier kann der Testfunktionenraum wegen

$$\int \delta'(x)\, x\psi(x)\, dx = -\,\psi(0)$$

der gleiche sein (vgl. (7.6/7)). Also machen wir im Hinblick auf (8.4/6) den Ansatz

$$G^{(3)}(\mathbf{x}, \mathbf{x}'; t, t') = \frac{\widetilde{B}}{r}\left[\frac{\partial G_1(x, T)}{\partial x}\right]\Bigg|_{x=r} = B\,\frac{\Theta(T)}{T^{3/2}}\, e^{-\frac{r^2}{4\kappa^2 T}}, \tag{8.4/17}$$

so daß die Lösung des Anfangswertproblems ($t' = 0$, $t > 0$) ohne Quellterm in der Form

$$u(\mathbf{x}, t) = \frac{B}{t^{3/2}} \int_{-\infty}^{+\infty} e^{-\frac{|\mathbf{x}-\mathbf{x}'|^2}{4\kappa^2 t}}\, u_0(\mathbf{x}')\, d^3\mathbf{x}'$$

erscheint. Die noch unbekannte Konstante B kann aus dem Spezialfall

$$u_0(\mathbf{x}') = u_0(x_1')$$

bestimmt werden. Denn dann ergibt sich bei Anwendung des Laplaceintegrals (8.4/5) für die Faktoren $\exp\{-(x_i - x_i')^2/4\kappa^2 t\}$, $i = 2, 3$

$$u(\mathbf{x}, t) = B\,\frac{4\kappa^2\pi}{\sqrt{t}} \int_{-\infty}^{+\infty} e^{-\frac{|x_1 - x_1'|^2}{4\kappa^2 t}}\, u_0(x_1')\, dx_1',$$

also die Lösung eines eindimensionalen Problems, die wir bereits von (8.4/8) kennen; daher muß

$$B = (4\pi\kappa^2)^{-3/2}$$

sein, was auf die Lösung

$$u(\mathbf{x}, t) = \frac{1}{(4\pi\kappa^2 t)^{-3/2}} \int_{-\infty}^{+\infty} e^{-\frac{|\mathbf{x}-\mathbf{x}'|^2}{4\kappa^2 t}}\, u_0(\mathbf{x}')\, d^3\mathbf{x}', \qquad t > 0, \tag{8.4/18}$$

führt.

8.5. Die Greenschen Funktionen der Wellengleichung und ihrer Verallgemeinerungen

8.5.1. Allgemeine Randbedingungen

Die inhomogene Klein-Gordon-Gleichung lautet nach (2.4/10)

$$L(u) = \left[-\Delta + \frac{1}{c^2}\frac{\partial^2}{\partial t^2} + \mu^2\right] u = \rho. \tag{8.5/1}$$

Die Bedeutung des Falles $\mu^2 = m^2 c^4/\hbar^2 \neq 0$ für die Beschreibung massiver relativistischer Teilchen in der Quantenmechanik und Quantenfeldtheorie wurde bereits in Kap. 2.4 hervorgehoben. Der Spezialfall $\mu = 0$ entspricht der inhomogenen Wellengleichung (2.2/24). Als Randbedingung sei vorgeschrieben, daß $u(\mathbf{x}, t)$ oder die Normalableitung von $u(\mathbf{x}, t)$ am Rand eines gewissen beschränkten Bereiches B verschwindet. Zur Zeit $t = 0$ sollen Anfangsbedingungen vorgeschrieben sein.

Analog zur Vorgangsweise im letzten Kapitel bestimmen wir zunächst die Greensche Funktion $G(\mathbf{x}, \mathbf{x}'; t, t')$ aus

$$L G(\mathbf{x}, \mathbf{x}'; t, t') = \delta^3(\mathbf{x} - \mathbf{x}')\, \delta(t - t'), \tag{8.5/2}$$

um diese dann in der Lösung

$$u(\mathbf{x}, t) = \int dt' \int G(\mathbf{x}, \mathbf{x}'; t, t')\, \rho(\mathbf{x}', t')\, d^3x' \tag{8.5/3}$$

von (8.5/1) zu verwenden. Im unendlichen Zeitintervall kann nach (7.8/6)

$$\delta(t - t') = \frac{1}{2\pi} \int e^{i\omega(t-t')}\, d\omega \tag{8.5/4}$$

angesetzt werden. Die Deltafunktion $\delta^3(\mathbf{x} - \mathbf{x}')$ in (8.5/2) ist nach (7.8/1) aus den Eigenfunktionen $y_n(x)$ des Eigenwertproblems

$$(-\Delta + \mu^2)\, y_n(\mathbf{x}) = \lambda_n^2\, y_n(\mathbf{x}) \tag{8.5/5}$$

mit den Eigenwerten λ_n^2 für die homogenen Randbedingungen von (8.5/1) aufzubauen. Der Laplace-operator in (8.5/5) ist ein Beispiel eines Operators vom Typ (8.2/16), der orthogonale Eigenfunktionen bezüglich der Belegungsfunktion $p(x) \equiv 1$ besitzt. Also ist

$$\delta^3(\mathbf{x} - \mathbf{x}') = \sum_n y_n(\mathbf{x})\, \bar{y}_n(\mathbf{x}'). \tag{8.5/6}$$

Wenn wir mit (8.5/4) und (8.5/6)

$$G_1(\mathbf{x}, \mathbf{x}'; t, t') = \sum_n y_n(\mathbf{x})\, \bar{y}_n(\mathbf{x}') \int e^{i\omega(t-t')}\, g_n(\omega)\, d\omega = \sum_n J_n(t - t')\, y_n(\mathbf{x})\, \bar{y}_n(\mathbf{x}') \tag{8.5/7}$$

ansetzen, so erfüllt (8.5/7) in $\mathbf{x}$ dieselben (homogenen) Randbedingungen wie $y_n(\mathbf{x})$. Setzt man (8.5/4), (8.5/6) und (8.5/7) in (8.5/2) ein, so gibt dies

$$g_n(\omega) = \frac{1}{2\pi} \left[\lambda_n^2 - \frac{\omega^2}{c^2}\right]^{-1}. \tag{8.5/8}$$

Somit haben wir bei der ω-Integration in

$$J_n(t - t') = -\frac{c^2}{2\pi} \int \frac{e^{i\omega(t-t')}}{\omega^2 - \lambda_n^2 c^2}\, d\omega \tag{8.5/9}$$

die Pole $\omega = \pm c\lambda_n$ auf kleinen Halbkreisen vom Radius η zu umgehen. Zunächst scheint es viele Möglichkeiten zu geben, dies zu tun. Man sieht aber, daß die Beiträge der kleinen Halbkreise für $\eta \to 0$ Teile der Lösung G_0 der homogenen Gleichung sind. Betrachten wir etwa den nach unten ausweichenden Umlauf für den Pol $\omega = c\lambda_n$, so gilt mit

$$\begin{aligned} J_{n,\,\text{Halbkreis}}(t - t') &= -\frac{c^2}{2\pi} \int\limits_{\substack{\text{Halb-}\\\text{kreis}}} \frac{e^{i\omega(t-t')}}{(\omega - \lambda_n c)(\omega + \lambda_n c)}\, d\omega \\ &= \frac{c^2}{2\pi i} \int_{\pi}^{2\pi} \frac{e^{i\lambda_n c(t-t')}}{2\lambda_n c}\,(1 + O(\eta))\, d\varphi = -\frac{ic}{4\lambda_n}\, e^{i\lambda_n c(t-t')} + O(\eta). \end{aligned} \tag{8.5/10}$$

Wendet man L auf die Funktion (8.5/7) an, wo zur Berechnung von $J_n(t-t')$ nur wie in (8.5/10) der Halbkreis ($\eta \to 0$) berücksichtigt wurde, so findet man in der Tat wegen (8.5/5), daß L diesen Ausdruck annihiliert. Die Überlegung ist völlig analog, wenn der Pol bei $\omega = -c\lambda_n$ oder ein anderer Umlaufsinn betrachtet wird.

Wir untersuchen jetzt die Typen von Greenschen Funktionen, die

$$J_{n,\mathrm{ret}} := \underset{\smile\smile}{J_n} \tag{8.5/11'}$$

oder

$$J_{n,\mathrm{av}} := \underset{\frown\frown}{J_n} \tag{8.5/11''}$$

entsprechen. Die Bezeichnungen „retardiert" und „avanciert" für $J_{n,\mathrm{ret}}$ und $J_{n,\mathrm{av}}$ werden unten klar werden. Das Symbol unter J_n bedeutet den jeweiligen Integrationsweg C_{ret} oder C_{av} in der komplexen ω-Ebene (vgl. Abb. 8.4).

Wir können nun offenbar in gewissen Fällen wie in Kap. 8.3 ein Halbkreisintegral mit „unendlichem" Radius in der komplexen ω-Ebene hinzufügen, ohne J_n zu verändern: Ist $t-t' > 0$, so wird bei $\mathrm{Im}(\omega) > 0$ die Exponentialfunktion in (8.5/9),

$$e^{i\omega(t-t')} = e^{i\mathrm{Re}(\omega)(t-t')}\, e^{-\mathrm{Im}(\omega)(t-t')},$$

immer einen Faktor enthalten, der für $\omega \to \infty$, $\mathrm{Im}(\omega) > 0$, verschwindet. In diesem Fall schließen wir das ω-Integral nach oben (punktierter Halbkreis H^+ in Abb. 8.4). Entsprechend wird für $t-t' < 0$ das Integral unten zu schließen sein (strichpunktierter Halbkreis H^- in Abb. 8.4).

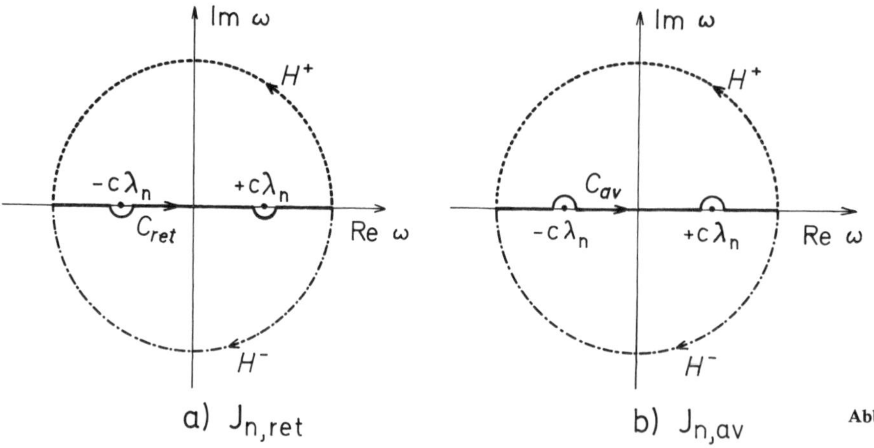

Abb. 8.4

Betrachten wir nun $J_{n,\mathrm{ret}}$. Hier wird das Integral nach dem Residuensatz einen nichtverschwindenden Wert nur für $t-t' > 0$ ergeben, denn nur dann werden die beiden Pole umschlossen:

$$\begin{aligned} J_{n,\mathrm{ret}}(t-t') &= 2\pi i\, \Theta(t-t') \sum_{\omega=\pm\lambda_n c} \mathrm{Res} \left[\frac{1}{2\pi} \frac{e^{i\omega(t-t')}}{\lambda_n^2 - \frac{\omega^2}{c^2}}\right] \\ &= i\,\Theta(t-t') \left[-\frac{c}{2\lambda_n} e^{ic\lambda_n(t-t')} + \frac{c}{2\lambda_n} e^{-ic\lambda_n(t-t')}\right] \\ &= \frac{c}{\lambda_n} \Theta(t-t') \sin c\lambda_n(t-t'). \end{aligned} \tag{8.5/12}$$

Bei $J_{n,av}$ ist die Situation gerade umgekehrt. Hier umschließt der Integrationsweg bei $t - t' < 0$ die Pole entsprechend einem Umlauf im Uhrzeigersinn. Dies erfordert einen Vorzeichenwechsel im Residuensatz:

$$J_{n,av}(t-t') = -\frac{c}{\lambda_n}\,\Theta(t'-t)\sin c\lambda_n(t-t'). \tag{8.5/13}$$

Die Differenz von (8.5/12) und (8.5/13),

$$J_{n,o}(t-t') = J_{n,ret}(t-t') - J_{n,av}(t-t') = \frac{c}{\lambda_n}\sin c\lambda_n(t-t'), \tag{8.5/14}$$

ist wieder von der Form (8.5/10), führt also wieder zu einer Lösung der homogenen Gleichung. Daher wird aus (8.5/7) und (8.5/9) mit (8.5/12), (8.5/13) und (8.5/14)

$$G_{1,ret}(\mathbf{x},\mathbf{x}';t,t') = \Theta(t-t')\,G_0(\mathbf{x},\mathbf{x}';t,t') \tag{8.5/15'}$$

bzw.

$$G_{1,av}(\mathbf{x},\mathbf{x}';t,t') = -\Theta(t'-t)\,G_0(\mathbf{x},\mathbf{x}';t,t'), \tag{8.5/15''}$$

worin

$$G_0(\mathbf{x},\mathbf{x}';t,t') = c\sum_{n=1}^{\infty}\frac{y_n(\mathbf{x})\,y_n(\mathbf{x}')}{\lambda_n}\sin c\lambda_n(t-t') \tag{8.5/16}$$

eine Lösung der homogenen Gleichung darstellt. G_0 hat die Eigenschaften

$$G_0(\mathbf{x},\mathbf{x}';t,t')\Big|_{t=t'} = 0,\quad \frac{\partial G_0}{\partial t}(\mathbf{x},\mathbf{x}';t,t')\Big|_{t=t'} = c^2\delta^2(\mathbf{x}-\mathbf{x}'). \tag{8.5/17}$$

Der Leser zeige durch direktes Einsetzen in die Differentialgleichung (8.5/2), daß $G_{1,ret}$ und $G_{1,av}$ wegen (8.5/17) diese Gleichung erfüllt (man beachte (7.5/8) und $LG_0 = 0$). Die Greensche Funktion (8.5/16) stimmt natürlich mit (4.4/19), der Greenschen Funktion für (4.4/1) ($p(x) = f(x) \equiv 1$, $g(x) = \mu^2$, $a = -c^{-2}$, $b = d = 0$), überein. (8.5/15) sind die retardierte und die avancierte Greensche Funktion für (8.5/1).

8.5.2. Greensche Funktionen im unendlichen Raum

Im Fall natürlicher Randbedingungen ist das Grundgebiet der ganze Raum. Mit den „Eigenfunktionen" $v(\mathbf{k},\mathbf{x})$*),

$$v(\mathbf{k},\mathbf{x}) = (2\pi)^{-3/2}\,e^{\mathbf{k}\cdot\mathbf{x}}, \tag{8.5/18}$$

und den „Eigenwerten" $\lambda^2 = \mathbf{k}^2 + \mu^2$ in (8.5/5) kommen wir mit dem kontinuierlichen Analogon von (8.5/6) auf die mehrdimensionale Verallgemeinerung von (7.8/6),

$$\delta^3(\mathbf{x}-\mathbf{x}') = (2\pi)^{-3}\int e^{i\mathbf{k}\cdot(\mathbf{x}-\mathbf{x}')}\,d^3\mathbf{k}. \tag{8.5/19}$$

Aus (8.5/16) wird ein Integral

$$\Delta_0(\mathbf{x},\mathbf{x}';t,t') = \frac{c}{(2\pi)^3}\int e^{i\mathbf{k}\cdot(\mathbf{x}-\mathbf{x}')}\,\frac{\sin c(t-t')\sqrt{\mathbf{k}^2+\mu^2}}{\sqrt{\mathbf{k}^2+\mu^2}}\,d^3\mathbf{k}, \tag{8.5/20}$$

womit die retardierte und die avancierte Greensche Funktion in

$$\Delta_{ret}(\mathbf{x},\mathbf{x}';t,t') = \Theta(t-t')\,\Delta_0(\mathbf{x},\mathbf{x}';t,t'), \tag{8.5/21'}$$

$$\Delta_{av}(\mathbf{x},\mathbf{x}';t,t') = -\Theta(t'-t)\,\Delta_0(\mathbf{x},\mathbf{x}';t,t') \tag{8.5/21''}$$

übergehen.

---

*) Es handelt sich also um ein Produkt von drei Faktoren der Form $(1/\sqrt{2\pi})\,e^{ik\cdot x}$; vgl. die Bemerkung nach Formel (7.8/6).

In manchen Anwendungen in relativistischen Theorien ist es günstig, die ω-Integration in (8.5/11) nicht explizit auszuführen. Mit $k_0 = \omega/c$ erhält man in diesem Spezialfall aus (8.5/7)

$$\Delta_{ret}(\mathbf{x}, \mathbf{x}'; t, t') = \frac{c}{(2\pi)^4} \int\limits_{\sim\!\sim} dk_0 \int \frac{e^{i\mathbf{k}\cdot(\mathbf{x}-\mathbf{x}) + ick_0(t-t')}}{\mathbf{k}^2 + \mu^2 - k_0^2}\, d^3\mathbf{k}. \qquad (8.5/22)$$

Statt den Integrationsweg in der komplexen k_0-Ebene zu deformieren, kann man auch die beiden Pole in $k_0 = \pm\sqrt{\mathbf{k}^2 + \mu^2}$ um $i\epsilon/2$ mit beliebig kleinem $\epsilon > 0$ in Richtung positiver Imaginärteile verschieben. Dies bedeutet eine Ersetzung des Nenners von (8.5/22) durch

$$\left(\sqrt{\mathbf{k}^2 + \mu^2} + i\frac{\epsilon}{2} - k_0\right)\left(\sqrt{\mathbf{k}^2 + \mu^2} - i\frac{\epsilon}{2} + k_0\right) = \mathbf{k}^2 + \mu^2 - k_0^2 + i\epsilon k_0 + O(\epsilon^2). \qquad (8.5/23)$$

Dann geht die k_0-Integration nur über reelle Werte, so daß

$$\Delta_{ret}(\mathbf{x}, \mathbf{x}'; t, t') = \lim_{\epsilon \to 0} \Delta_{ret}(\mathbf{x}, \mathbf{x}'; t, t'; \epsilon).$$

Nach der Variablentransformation $\mathbf{k} \to -\mathbf{k}$ wird in der Notation der speziellen Relativitätstheorie

$$x_\mu := (ict, \mathbf{x}), \quad k_\mu := (ik_0, \mathbf{k}), \quad d^4k := idk_0\, d^3\mathbf{k}, \quad k_\mu k_\mu = \mathbf{k}^2 - k_0^2 = k^2,$$
$$k_\mu x_\mu = \mathbf{k}\cdot\mathbf{x} - k_0 ct = (k, x) \qquad (8.5/24)$$

somit

$$\Delta_{ret}(\mathbf{x}, \mathbf{x}'; t, t') = \lim_{\epsilon \to 0} \frac{c}{i(2\pi)^4} \int \frac{e^{-i(k, x-x')}}{k^2 + \mu^2 + i\epsilon k_0}\, d^4k \qquad (8.5/25')$$

und analog für die avancierte Greensche Funktion ($\epsilon \to -\epsilon$)

$$\Delta_{av}(\mathbf{x}, \mathbf{x}'; t, t') = \lim_{\epsilon \to 0} \frac{c}{i(2\pi)^4} \int \frac{e^{-i(k, x-x')}}{k^2 + \mu^2 - i\epsilon k_0}\, d^4k. \qquad (8.5/25'')$$

Auch für die Lösung (8.5/20) der homogenen Gleichung (8.5/2) existiert eine solche Darstellung. Verwendung von

$$\int e^{ic(t-t')k_0}\, \delta(k_0^2 - \mathbf{k}^2 - \mu^2)\, \mathrm{sign}(k_0)\, dk_0 =$$
$$\int e^{ic(t-t')k_0} \frac{\delta(k_0 - \sqrt{\mathbf{k}^2 + \mu^2}) - \delta(k_0 + \sqrt{\mathbf{k}^2 + \mu^2})}{2\sqrt{\mathbf{k}^2 + \mu^2}}\, dk_0 \qquad (8.5/26)$$
$$= \frac{i}{\sqrt{\mathbf{k}^2 + \mu^2}} \sin c(t - t')\sqrt{\mathbf{k}^2 + \mu^2}$$

(vgl. (7.6/15)) in (8.5/20) gibt mit (8.5/24)

$$\Delta_0(\mathbf{x}, \mathbf{x}'; t, t') = -\frac{c}{(2\pi)^3} \int e^{-i(k, x-x')}\, \delta(k^2 + \mu^2)\, \mathrm{sign}(k_0)\, d^4k, \qquad (8.5/27)$$

was in Anteile mit positiven und negativen Frequenzen k_0 aufgespaltet werden kann ($\mathrm{sign}(k_0) = \Theta(k_0) - \Theta(-k_0)$),

$$\Delta_0(\mathbf{x}, \mathbf{x}'; t, t') = \Delta_+(\mathbf{x}, \mathbf{x}'; t, t') + \Delta_-(\mathbf{x}, \mathbf{x}'; t, t'), \qquad (8.5/28)$$

$$\Delta_\pm(\mathbf{x}, \mathbf{x}'; t, t') = \pm\frac{c}{i(2\pi)^3} \int e^{-i(k, x-x')}\, \delta(k^2 + \mu^2)\, \Theta(\pm k_0)\, dk_0\, d^3\mathbf{k}. \qquad (8.5/29)$$

Für die relativistische Quantenfeldtheorie ist die Greensche Funktion

$$\begin{aligned} \Delta_c &= \Theta(t-t')\,\Delta_- - \Theta(t'-t)\,\Delta_+ \\ &= \Delta_{ret} - \Delta_+ \\ &= \Delta_{av} + \Delta_- \end{aligned} \tag{8.5/30}$$

von Bedeutung, die (8.5/9) für den Integrationsweg $\frown\!\smile$ entspricht. Dies kann analog (8.5/25) auch durch einen kleinen Imaginärteil $i\epsilon$ ausgedrückt werden. In (8.5/23) ist nur das Vorzeichen von $i\epsilon/2$ in der zweiten Klammer – entsprechend dem Pol bei $k_0 = -\sqrt{\mathbf{k}^2 + \mu^2}$ – umzudrehen, so daß der Nenner $\mathbf{k}^2 + \mu^2 - k_0^2 - i\epsilon + O(\epsilon^2)$ lautet,

$$\Delta_c(\mathbf{x}, \mathbf{x}'; t, t') = \lim_{\epsilon \to 0} \frac{c}{i(2\pi)^4} \int \frac{e^{-i(k, x-x')}}{k^2 + \mu^2 - i\epsilon}\, d^4k. \tag{8.5/31}$$

Der Leser zeige, daß (8.5/30) mit (8.5/29) zu (8.5/31) führt. Man benützt hierzu die Beziehung

$$\Theta(t-t') = \lim_{\epsilon \to 0} \frac{1}{2\pi i} \int_{-\infty}^{+\infty} \frac{e^{i\tau(t-t')}}{\tau - i\epsilon}\, d\tau$$

und führt neben τ neue Integrationsvariable $\pm\tau + ck_0 = ck_0'$ ein.

Die Ausführung der Integration in (8.5/27) bzw. (8.5/20) ist recht einfach, falls es sich um die Lösung der gewöhnlichen Wellengleichung ($\mu = 0$) handelt. Wir setzen in (8.5/20)

$$\begin{aligned} &T = t - t', \quad R = |\mathbf{x} - \mathbf{x}'|, \quad k = |\mathbf{k}|, \quad \mathbf{k}\cdot(\mathbf{x} - \mathbf{x}') = kR\cos\theta, \\ &d^3\mathbf{k} = k^2 \sin\theta\, dk\, d\theta\, d\varphi \end{aligned} \tag{8.5/32}$$

und bezeichnen die Greenschen Funktionen für $\mu = 0$ generell mit D, d. h.

$$\begin{aligned} D_0(\mathbf{x}, \mathbf{x}'; t, t') &= \frac{c}{(2\pi)^2} \int_0^\infty k \sin ckT\, dk \int_0^\pi e^{ikR\cos\theta}(-d\cos\theta) \\ &= \frac{c}{(2\pi)^2 R} \int_0^\infty [\cos k(ct - R) - \cos k(ct + R)]\, dk. \end{aligned} \tag{8.5/33}$$

Wegen (7.8/6) und der bereits in (8.5/26) benützten Formel für $\delta(z^2 - z_0^2)\,\mathrm{sign}(z_0)$ wird aus (8.5/33)

$$D_0(\mathbf{x}, \mathbf{x}'; t, t') = \frac{c}{2\pi}\, \delta(R^2 - c^2T^2)\, \mathrm{sign}(T) \tag{8.5/34}$$

und damit (vgl. (8.5/21))

$$D_{ret}(\mathbf{x}, \mathbf{x}'; t, t') = \frac{c}{4\pi R}\, \delta(cT - R) = \frac{1}{4\pi R}\, \delta\left(T - \frac{R}{c}\right), \tag{8.5/35'}$$

$$D_{av}(\mathbf{x}, \mathbf{x}'; t, t') = \frac{c}{4\pi R}\, \delta(cT + R) = \frac{1}{4\pi R}\, \delta\left(T + \frac{R}{c}\right). \tag{8.5/35''}$$

Wenn man nun etwa die retardierte Lösung (8.5/35') für $G(\mathbf{x}, \mathbf{x}'; t, t')$ in (8.5/3) einsetzt und die δ-Funktion zur Ausführung der t'-Integration verwendet,

$$u_{ret}(\mathbf{x}, t) = \int \frac{\rho\left(\mathbf{x}', t - \frac{|\mathbf{x}-\mathbf{x}'|}{c}\right)}{4\pi\, |\mathbf{x} - \mathbf{x}'|}\, d^3\mathbf{x}', \tag{8.5/36}$$

wird endlich die Bezeichnung „retardiert“ klar. Die Feldvariable $u(\mathbf{x}, t)$ verhält sich wie das Coulombpotential (8.3/8) einer Ladungsverteilung mit einer Zeitabhängigkeit, die die „Retardierung“ der Ladungswirkung enthält. Zum Zeitpunkt t wird der Effekt der Ladungsverteilung des früheren Zeitpunktes $t - (\mathbf{x} - \mathbf{x}')/c$ merklich, es wird also die Zeit $|\mathbf{x} - \mathbf{x}'|/c$ berücksichtigt, die das Feld braucht, um sich mit der Geschwindigkeit c von $\mathbf{x}$ nach $\mathbf{x}'$ fortzupflanzen. (8.5/36) ist also eine physikalisch durchaus vernünftige Lösung. Hingegen liefert die avancierte Lösung (8.5/35″) eine Formel wie (8.5/36), jedoch mit dem Zeitargument $t + |\mathbf{x} - \mathbf{x}'|/c$. Das Feld hätte hier aus der Zukunft in den Zeitpunkt t zurückzuwirken. Obwohl die Greensche Funktion (8.5/35″) wie (8.5/35′) für $|\mathbf{x}| \to \infty$ verschwindet und damit auch als Greensche Funktion für natürliche Randbedingungen akzeptabel wäre, ist sie aus physikalischen Gründen (Verletzung des Kauslitätsprinzips) auszuschließen*).

Im Falle der Klein-Gordon-Gleichung (2.4/10) ist die Integration von (8.5/20) etwas umständlicher. Die φ- und θ-Integration kann jedoch wie in (8.5/33) durchgeführt werden,

$$\Delta_0(\mathbf{x}, \mathbf{x}'; t, t') = \frac{c}{2\pi^2 R} \int_0^\infty \frac{\sin ct\sqrt{k^2 + \mu^2}}{\sqrt{k^2 + \mu^2}} \sin kR \, kdk. \tag{8.5/37}$$

Dies kann als

$$\Delta_0(\mathbf{x}, \mathbf{x}'; t, t') = -\frac{c}{2\pi^2 R} \frac{\partial f(R, T)}{\partial R} \tag{8.5/38}$$

mit

$$f(R, T) = \int_0^\infty \frac{\cos kR \sin ck_0 T}{k_0} dk, \qquad k_0 = \sqrt{\mathbf{k}^2 + \mu^2}, \tag{8.5/39}$$

geschrieben werden. Weiters gilt

$$f(R, T) = \operatorname{sign}(T) \operatorname{Im} S(R, T), \tag{8.5/40}$$

worin

$$S(R, T) = \int_{-\infty}^{+\infty} \frac{e^{ikR + ik_0 cT}}{2k_0} dk \tag{8.5/41}$$

bedeutet. Wenn nun

$$k = \mu \operatorname{sh} \varphi$$

substituiert wird, ist

$$k_0 = \mu \operatorname{ch} \varphi.$$

Weiters ist es günstig, R und T ebenfalls durch Hyperbelfunktionen auszudrücken: Für $c|T| > R$ sei

$$c|T| = \alpha \operatorname{ch} \varphi_0, \quad R = \alpha \operatorname{sh} \varphi_0, \quad \alpha = \sqrt{c^2 T^2 - R^2},$$

für $c|T| < R$ hingegen

$$c|T| = \alpha_1 \operatorname{sh} \varphi_0, \quad R = \alpha_1 \operatorname{ch} \varphi_0, \quad \alpha_1 = \sqrt{R^2 - c^2 T^2}.$$

---

*) Das gleiche gilt für die Greensche Funktion (8.5/30).

Unter Verwendung der üblichen Additionsformeln für Hyperbelfunktionen wird (8.5/41) nach einer Variablentransformation $\varphi + \varphi_0 = \varphi'$ zu

$$S(R, T) = \frac{1}{2} \int_{-\infty}^{+\infty} \left[e^{i\mu\alpha \operatorname{ch}\varphi'} \Theta(c\,|T| - R) + e^{i\mu\alpha_1 \operatorname{sh}\varphi'} \Theta(R - c\,|T|)\right] d\varphi', \qquad (8.5/42)$$

so daß (der Imaginärteil des zweiten Summanden in (8.5/42) verschwindet aus Symmetriegründen)

$$\begin{aligned} \operatorname{sign}(T) \operatorname{Im}(S) &= \operatorname{sign}(T)\,\Theta(c\,|T| - R) \int_0^\infty \sin[\mu\alpha \operatorname{ch}\varphi]\, d\varphi = \\ &= \frac{\pi}{2} \operatorname{sign}(T)\,\Theta(c\,|T| - R)\, J_0(\mu\alpha). \end{aligned} \qquad (8.5/43)$$

In (8.5/43) wurde eine Integralformel für Besselfunktionen benützt*). Schreiben wir nun

$$\begin{aligned} y(R, T) &= \operatorname{sign}(T)\,\Theta(c\,|T| - R) = \operatorname{sign}(T)\,[\Theta(T)\,\Theta(cT - R) + \Theta(-T)\,\Theta(-cT - R)] \\ &= \Theta(T)\,\Theta(cT - R) - \Theta(-T)\,\Theta(-cT - R) = \Theta(cT - R) - \Theta(-cT - R), \end{aligned}$$

so ist

$$\frac{\partial y}{\partial R} = \delta(cT + R) - \delta(cT - R) \qquad (8.5/44)$$

und daher Δ_0 aus (8.5/38) mit (8.5/43), (8.5/44) und (6.2/46)

$$\begin{aligned} \Delta_0(\mathbf{x}, \mathbf{x}'; t, t') = \frac{1}{4\pi R} \Bigg[&\left[\delta\left(T - \frac{R}{c}\right) - \delta\left(T + \frac{R}{c}\right)\right] - \\ &- [\Theta(cT - R) - \Theta(-cT - R)] \frac{cR\mu}{\sqrt{c^2T^2 - R^2}} J_1(\mu\sqrt{c^2T^2 - R^2}) \Bigg]. \end{aligned} \qquad (8.5/45)$$

Aus (8.5/45) folgt damit für

$$\begin{aligned} \Delta_{ret}(\mathbf{x}, \mathbf{x}'; t, t') = \frac{1}{4\pi R} \Bigg[&\delta\left(t - t' - \frac{R}{c}\right) - \\ &- \Theta[c(t - t') - R] \frac{cR\mu}{\sqrt{c^2(t - t')^2 - R^2}} J_1(\mu\sqrt{c^2(t - t')^2 - R^2}) \Bigg]. \end{aligned}$$

Für $\mu = 0$ kommt man wieder zum Spezialfall (8.5/35') zurück. Der erste Term in der geschlungenen Klammer entspricht wieder der Feldfortpflanzung mit der Geschwindigkeit c. Daneben gibt es aber hier auch noch Beiträge von allen Werten $t - t' > |\mathbf{x} - \mathbf{x}'|/c$, d. h. von Laufzeiten, die einer geringeren als der Geschwindigkeit c entsprechen. Dies ist ein weiterer Hinweis darauf, daß die Klein-Gordon-Gleichung Quantenfelder mit Masse beschreibt.

Ihrer Konstruktion entsprechend sind die retardierten Greenschen Funktionen partikuläre Integrale der inhomogenen Gleichung (8.5/1), welche mit (8.5/3) eine Lösung von (8.5/1) für natürliche Randbedingungen ergeben. Um bestimmte Anfangsbedingungen im Zeitpunkt $t = 0$ erfüllen zu können, ist etwa im Falle der Wellengleichung $\mu = 0$ zunächst für das Partikulärintegral statt (8.5/36)

$$u_p(\mathbf{x}, t) = \int d^3x' \int_0^t \frac{\delta\left(t - t' - \frac{|\mathbf{x} - \mathbf{x}'|}{c}\right)}{4\pi\,|\mathbf{x} - \mathbf{x}'|} \rho(\mathbf{x}', t')\, dt' \qquad (8.5/46)$$

*) Vgl. Magnus, Oberhettinger, Soni [23], Seite 81.

zu nehmen, da offensichtlich $\rho(\mathbf{x}', t') = 0$ für $t' < 0$ angenommen werden kann. Die Lösung der homogenen Gleichung kann unter Ausnützung von (8.5/17) in der Form

$$u_h(\mathbf{x}, t) = \frac{1}{c^2} \frac{\partial}{\partial t} \int G_0(\mathbf{x}, \mathbf{x}'; t, t')\, u_0(\mathbf{x}')\, d^3x' + \frac{1}{c^2} \int G_0(\mathbf{x}, \mathbf{x}'; t, t')\, \dot{u}_0(\mathbf{x}')\, d^3x'$$

geschrieben werden, wie man sich unmittelbar überzeugen kann. Die Anfangs- und Randbedingungen erfüllende Lösung $u = u_p + u_h$ ist, wie zu erwarten, vom Typ (4.4/20).

8.6. Übungsbeispiele zu Kap. 8

8.6.1: Man berechne den Temperaturverlauf in einem unendlichen Stab, dem in der Zeit von $t = 0$ bis $t = T$ die Wärmemenge Q an der Stelle $x = x_0$ durch konstante Aufheizung zugeführt wird.

8.6.2: Man löse die Poissongleichung (2.1/15) für die Kugel mit dem Radius R und der Randbedingung

$$\Phi(R, \theta, \varphi) + k\frac{\partial \Phi}{\partial r}(R, \theta, \varphi) = f(\theta, \varphi), \quad k \geqslant 0.$$

Man gebe die Reihenentwicklung für die Greensche Funktion an.

8.6.3: Man löse die Poissongleichung (2.1/15) für den Zylinder mit der Höhe h und dem Radius R für die Randbedingung

$$\begin{aligned} \Phi(R, \varphi, z) &= f(\varphi, z) \\ \Phi(r, \varphi, 0) &= g_1(r, \varphi) \\ \Phi(r, \varphi, h) &= g_2(r, \varphi). \end{aligned}$$

Man gebe die Reihenentwicklung für die Greensche Funktion an.

8.6.4: Man bestimme die Lösung der inhomogenen Wärmeleitungsgleichung (2.3/5) für eine Kugel mit dem Radius R für die Anfangstemperatur

$$u(r, \theta, \varphi, 0) = u_0(r, \theta, \varphi)$$

bei der Randbedingung

$$u(R, \theta, \varphi, t) + k\frac{\partial u}{\partial r}(R, \theta, \varphi, t) = 0, \quad k \geqslant 0,$$

(Wärmeabstrahlung einer Kugel). Man berechne die Greensche Funktion des Problems.

8.6.5: Man ermittle die Lösung der inhomogenen Wellengleichung (2.2/24) für einen Zylinder vom Radius R und der Höhe h. Die Anfangsbedingungen sind

$$\begin{aligned} u(r, \varphi, z, 0) &= u_0(r, \varphi, z), \\ u_t(r, \varphi, z, 0) &= \dot{u}_0(r, \varphi, z), \end{aligned}$$

die Randbedingung ist

$$u(R, \varphi, z, t) + k\frac{\partial u}{\partial r}(R, \varphi, z, t) = 0, \quad k \geqslant 0,$$

$$u(r, \varphi, 0, t) = u(r, \varphi, h, t) = 0.$$

Man gebe die Greensche Funktion an.

8.6.6: Man berechne die Greensche Funktion der Wärmeleitungsgleichung (2.3/5) für den beidseitig unendlichen Zylinder

$$-\infty < z < \infty, \quad 0 \leqslant r < R, \quad 0 \leqslant \varphi \leqslant 2\pi$$

mit der Bedingung $u = 0$ am Rande.

8.6.7: Man bestimme die Feldverteilung eines quellenfreien Feldes (für natürliche Randbedingungen), dessen Wirbeldichte in der z-Achse von $z = -h$ bis $z = h$ konstant ist (Wirbelfaden).

8.6.8*: Man berechne das Potential einer punktförmigen Ladung, die sich längs der Kurve $\mathbf{x} = \mathbf{x}(t)$ bewegt; dies läuft auf die Lösung der inhomogenen Wellengleichung hinaus (retardiertes „Lienard-Wiechert-Potential").

8.6.9: Man berechne die Greensche Funktion des Laplaceoperators für die ganze Ebene.
Hinweis: In (8.2/15) führe man ebene Polarkoordinaten für die Integrationsvariablen k und die Ortsvariablen x ein und erstrecke die Integration über die ganze Ebene mit Ausnahme eines kleinen Kreises vom Radius ϵ um den Ursprung.

Anhang

A. Funktionentheorie

Die folgenden Betrachtungen über komplexe Funktionen sollen in aller Kürze die wichtigsten Eigenschaften und Begriffsbildungen der Analysis komplexwertiger Funktionen komplexer Veränderlicher ins Gedächtnis zurückbringen. Der Anfänger, der keinerlei Kenntnis dieser Theorie besitzt, soll in die Lage versetzt werden, den Inhalt der in den einzelnen Kapiteln gebrachten Überlegungen verstehen zu können; im übrigen empfiehlt es sich, eine kleine Einführung zu studieren*).

Die Funktionentheorie beschäftigt sich mit dem Studium differenzierbarer Funktionen $w = f(z)$ der komplexen Variablen $z = x + iy$. Ein grundlegendes Ergebnis liegt darin, daß eine einmal differenzierbare Funktion $w(z)$ auch beliebig oft differenzierbar ist.

Die Funktion $w = f(z)$ sei in einem Gebiet G (das ist eine offene Punktmenge der Gaußschen Zahlenebene mit der Eigenschaft, daß sich je zwei Punkte von G stets durch einen ganz in G verlaufenden Polygonzug verbinden lassen) definiert und es sei $z_0 \in G$. Existiert der Grenzwert

$$\lim_{z \to z_0} \frac{f(z) - f(z_0)}{z - z_0} = A, \tag{A/1}$$

gleichgültig, auf welchem Wege der Punkt z in den Punkt z_0 geht, so heißt $A := f'(z_0)$ die Ableitung von $f(z)$ in z_0 und $f(z)$ in z_0 differenzierbar. So ist z. B. die Funktion $z^2 = f(z)$ mit der Ableitung $f'(z) = 2z$ differenzierbar, hingegen ist

$$w = f(z) = \bar{z}^{**})$$

nicht differenzierbar: Es gilt nämlich

$$\frac{f(z) - f(z_0)}{z - z_0} = \frac{\bar{z} - \bar{z}_0}{z - z_0} = \frac{\bar{h}}{h} = \frac{\cos\varphi - i \sin\varphi}{\cos\varphi + i \sin\varphi}$$

mit $h = z - z_0 = \rho(\cos\varphi + i \sin\varphi)$. $h \to 0$ bedeutet dabei $\rho \to 0$. Man sieht, daß der Grenzwert rechts für $\rho \to 0$ nicht existiert.

Die Forderung der Differenzierbarkeit ist offenbar gleichwertig mit der Existenz einer Funktion $\epsilon(z, z_0)$, $\lim_{z \to z_0} \epsilon(z, z_0) = 0$, so daß

$$f(z) = f(z_0) + f'(z_0)(z - z_0) + (z - z_0)\,\epsilon(z, z_0) \tag{A/2}$$

gilt.

Die (eindeutige) Funktion $f(z)$ heißt in einem Punkt $z \in G$ analytisch, wenn eine Umgebung $U(z_0)$ (etwa ein Kreis $|z - z_0| < \delta$) existiert, so daß $f(z)$ in jedem Punkt von $U(z_0)$ eine Ableitung besitzt. Sie heißt analytisch in G, wenn sie in jedem Punkt von G analytisch ist ***).

Wir zerlegen $f(z) = f(x + iy)$ in Real- und Imaginärteil,

$$f(z) = u(x, y) + i\,v(x, y). \tag{A/3}$$

---

*) Etwa Peschl [32], Dinghas [31], Smirnow [8], Bd. III u. a.

**) In der Physik wird für das Konjugieren von $z = x + iy$ auch die Notation $z^* = x - iy$ verwendet.

***) Vielfach findet man die Bezeichnungen eindeutig regulär, regulär analytisch. Eine modernere Sprechweise ist holomorph.

Mit

$$\frac{\partial}{\partial x} f(x+iy) = f'(x+iy), \quad \frac{\partial}{\partial y} f(x+iy) = i\,f'(x+iy)$$

folgt daher

$$f'(z) = u_x + i\,v_x = -i\,u_y + v_x,$$

also

$$u_x = v_y, \quad u_y = -v_x. \tag{A/4}$$

Diese Differentialgleichungen heißen die *Cauchy-Riemannschen Differentialgleichungen.* Die Forderung der Regularität von $f(z)$ in G zieht nach sich, daß $u(x, y)$ und $v(x, y)$ in G stetige partielle Ableitungen besitzen.

Wir betrachten nun eine ganz in G verlaufende stückweise glatte Kurve C mit dem Anfangspunkt $A = A_1 + iA_2$ und dem Endpunkt $B = B_1 + iB_2$; sie sei etwa durch

$$z(t) = x(t) + i\,y(t), \quad a \leqslant t \leqslant b, \quad A = z(a), \quad B = z(b)$$

gegeben, worin $x(t)$ und $y(t)$ in $[a, b]$ stückweise stetig differenzierbar sind. Dann erklärt man

$$\begin{aligned}\int_C f(z)\,dz := \int_a^b f(z(t))\,dz(t) &= \int_a^b \Big[u[x(t), y(t)]\,\dot{x}(t) - v[x(t), y(t)]\,\dot{y}(t)\Big]dt + \\ &+ i\int_a^b \Big[u[x(t), y(t)]\,\dot{y}(t) + v[x(t), y(t)]\,\dot{x}(t)\Big]\,dt.\end{aligned} \tag{A/5}$$

Ein kompexes (Kurven-) Integral ist also auf Kurvenintegrale in der Ebene, nämlich

$$\int_C (u\,dx - v\,dy) + i\int_C (v\,dx + u\,dy), \tag{A/6}$$

zurückgeführt, welche ihrerseits über die Parameterdarstellung der Kurve durch gewöhnliche Riemann-Integrale ausgedrückt werden.

Nun sieht man, daß unter der Voraussetzung der Regularität von $f(z)$ die beiden Integrale in (A/6) vom Weg unabhängig sind; die Integrabilitätsbedingung lautet für das erste Integral in (A/6)

$$u_y = -v_x$$

und

$$v_y = u_x$$

für das zweite Integral*), soferne u und v stetige partielle Ableitungen besitzen. Dies sind gerade die Cauchy-Riemannschen Differentialgleichungen (A/4). Daher gibt es eine Funktion $U(x, y)$ derart, daß

$$U_x(x, y) = u(x, y), \quad U_y(x, y) = -v(x, y) \tag{A/7}$$

---

*) Solche Funktionen $u(x, y)$ und $v(x, y)$, soferne sie zweimal stetig differenzierbar sind, haben die bemerkenswerte Eigenschaft $\Delta u = 0$, $\Delta v = 0$. Es ist also Real- und Imaginärteil einer regulären Funktion Lösung der Laplaceschen Differentialgleichung.

wird und desgleichen eine Funktion $V(x, y)$ mit

$$V_x(x, y) = v(x, y), \quad V_y(x, y) = u(x, y). \tag{A/8}$$

Damit gilt, wenn $A = A_1 + iA_2$, $B = B_1 + iB_2$ gesetzt wird,

$$\int_C f(z)\, dz = \left[U(B_1, B_2) - U(A_1, A_2)\right] + i\left[V(B_1, B_2) - V(A_1, A_2)\right]. \tag{A/9}$$

Unter der Voraussetzung der Regularität von $f(z)$ in G ist also jedes Integral (A/6) vom Weg unabhängig; dies gibt Anlaß, nach den Eigenschaften der Funktion

$$F(z) := \int_a^z f(z)\, dz \tag{A/10}$$

zu fragen; dabei zeigt sich, daß die in G eindeutige Funktion $F(z)$ in G regulär ist, ferner

$$F'(z) = f(z). \tag{A/11}$$

Damit beweist man den grundlegenden Satz: Ist C eine ganz in G verlaufende, geschlossene und stückweise glatte Kurve, $f(z)$ in G regulär, so gilt

$$\oint_C f(z)\, dz = 0. \tag{A/12'}$$

Die Funktion $f(z)$ kann nun aus ihren Randwerten (auf C) berechnet werden. Sei $f(z)$ in G regulär und C eine ganz in G verlaufende geschlossene Kurve, so betrachten wir das Integral

$$\frac{1}{2\pi i} \oint_C \frac{f(\zeta)\, d\zeta}{\zeta - z}\,{}^{*)}, \tag{A/12''}$$

wenn z im Innengebiet des von der Kurve C berandeten Gebietes liegt**). Wegen der Wegunabhängigkeit des Integrals über ζ kann dieses nun auf einen kleinen Kreis mit Radius δ um z zusammengezogen werden, die einzige Stelle, für die der Integrand nicht regulär ist. Mit der Substitution $\zeta = z + \delta e^{i\varphi}$ folgt bei positivem Durchlaufen der Kurve C für (A/12'')

$$\frac{1}{2\pi i} \oint_C \frac{f(\zeta)\, d\zeta}{\zeta - z} = \lim_{\delta \to 0} \frac{1}{2\pi i} \int_0^{2\pi} \frac{f(z + \delta e^{i\varphi})\, i\delta e^{i\varphi}}{\delta e^{i\varphi}}\, d\varphi = f(z). \tag{A/13}$$

Dies ist der *Satz von Cauchy*, der es gestattet, den Nachweis zu führen, daß $f(z)$ in G beliebig oft differenzierbar ist, wenn $f(z)$ in G regulär, also nur einmal differenzierbar ist.

Über eine einfach Rechnung weist man nämlich durch vollständige Induktion die Beziehungen

$$f^{(n)}(z) = \frac{n!}{2\pi i} \oint_C \frac{f(\zeta)\, d\zeta}{(\zeta - z)^{n+1}}, \quad n = 0, 1, 2, \ldots, \tag{A/14}$$

nach. Eine sehr bedeutsame Folgerung daraus ist, daß sich jede in einem Punkt z_0 reguläre Funktion $f(z)$ stets in eine Potenzreihe

$$f(z) = \sum_{\nu=0}^{\infty} a_\nu (z - z_0)^\nu, \quad a_\nu = \frac{f^{(\nu)}(z_0)}{\nu!}, \quad |z - z_0| < r, \tag{A/15}$$

*) Die Berandung wird *stets* im positiven Sinn durchlaufen.

**) Damit ist der Integrand auf C stetig.

entwickeln läßt. Der Konvergenzradius r dieser Potenzreihe,

$$r = \frac{1}{\overline{\lim\limits_{n \to \infty}} \sqrt[n]{|a_n|}}, \qquad \text{(A/16)}$$

ist, wie sich zeigen läßt, stets von Null verschieden, so daß die Reihe (A/15) in jeder abgeschlossenen Kreisscheibe mit dem Mittelpunkt z_0 und dem Radius $r' < r$ gleichmäßig konvergiert. Die Funktion f(z), die in dieser Kreisscheibe durch die Potenzreihe (A/15) dargestellt ist, besitzt am Rande $|z - z_0| = r$ des Konvergenzkreises mindestens eine Stelle, für die sie nicht regulär ist.

Ist f(z) in $z_0 \in G$ nicht regulär, so nennt man z_0 eine singuläre Stelle von f(z). Dabei unterscheidet man zwei Typen. Existiert der Grenzwert

$$\lim_{z \to z_0} \frac{1}{f(z)} = A, \qquad \text{(A/17)}$$

und ist $1/f(z)$ mit der Definition $1/f(z_0) = A$ regulär in z_0, so heißt z_0 eine hebbare Singularität. Ansonsten spricht man von einer unhebbaren Singularität.

Die Funktion f(z) hat an der hebbaren singulären Stelle z_0 einen *Pol n-ter Ordnung,* wenn $1/f(z)$ an der Stelle $z = z_0$ eine Nullstelle n-ter Ordnung hat. Da eine solche durch

$$\frac{1}{f(z)} = (z - z_0)^n P(z - z_0), \quad P(0) \neq 0,$$

erklärt ist ($P(z - z_0)$ ist dabei eine Potenzreihe mit positivem Konvergenzradius), gilt daher für $z \neq z_0$

$$f(z) = \frac{1}{(z - z_0)^n} \frac{1}{P(z - z_0)} = \frac{1}{(z - z_0)^n} Q(z - z_0), \qquad \text{(A/18)}$$

wobei

$$Q(z - z_0) = \alpha_0 + \alpha_1 (z - z_0) + \alpha_2 (z - z_0)^2 + \ldots$$

wieder eine Potenzreihe mit positivem Konvergenzradius ist. Demnach hat f(z) an der Stelle $z = z_0$ genau dann einen Pol n-ter Ordnung, wenn eine Darstellung

$$f(z) = \frac{a_{-n}}{(z - z_0)^n} + \frac{a_{-n+1}}{(z - z_0)^{n-1}} + \ldots + \frac{a_{-1}}{z - z_0} + a_0 + a_1 (z - z_0) + \ldots = \sum_{k=-n}^{\infty} a_k (z - z_0)^k \qquad \text{(A/19)}$$

für $0 < |z - z_0| < r$ gilt.

Ist die singuläre Stelle z_0 kein Pol von f(z), so spricht man von einer wesentlichen Singularität. Wenn daher f(z) für $z = z_0$ eine Reihendarstellung der Form (A/19) hat, so muß offenbar

$$f(z) = \sum_{k=-\infty}^{+\infty} a_k (z - z_0)^k \qquad \text{(A/20)}$$

sein. Es läßt sich zeigen, daß dies tatsächlich gilt, wenn die Stelle z_0 eine isolierte Singularität von f(z) ist. Die Reihe (A/20) heißt *Laurent-Reihe* für f(z) an der Stelle $z = z_0$.

Es sei nun f(z) in einem Gebiet G regulär bis auf die singuläre Stelle $z = z_0$, die für f(z) ein Pol n-ter Ordnung ist. K sei der (ganz in G verlaufende) Kreis $|z - z_0| = r$. Wir berechnen das Integral

$$\frac{1}{2\pi i} \oint_K f(z)\, dz. \qquad \text{(A/21)}$$

Da wir im Konvergenzkreis auf Grund der gleichmäßigen Konvergenz die Integration mit der Summation vertauschen dürfen, folgt

$$\frac{1}{2\pi i}\oint\limits_K f(z)\,dz = \sum_{k=-n}^{\infty} \frac{\alpha_k}{2\pi i}\oint\limits_K (z-z_0)^k dz. \qquad \text{(A/22)}$$

Mit der Parameterdarstellung des Kreises K,

$$z = z_0 + re^{i\varphi}, \quad 0 \leqslant \varphi \leqslant 2\pi, \quad dz = ire^{i\varphi}d\varphi = i(z-z_0)\,d\varphi,$$

wird

$$\frac{1}{2\pi i}\oint\limits_K (z-z_0)^k dz = \frac{1}{2\pi}\int\limits_0^{2\pi} (z-z_0)^{k+1} d\varphi = \frac{r^{k+1}}{2\pi}\int\limits_0^{2\pi} e^{i(k+1)\varphi} d\varphi = \begin{cases} 0 \text{ für } k \neq -1, \\ 1 \text{ für } k = -1, \end{cases} \qquad \text{(A/23)}$$

mithin

$$\frac{1}{2\pi i}\oint\limits_K f(z)\,dz = a_{-1}. \qquad \text{(A/24)}$$

Besitzt nun $f(z)$ in G mehrere Pole $z_1, \ldots, z_s$ der Ordnung $\geqslant 1$ und ist C eine Kurve, in deren Innengebiet alle diese Pole liegen, so lautet die Verallgemeinerung von (A/24)

$$\frac{1}{2\pi i}\oint\limits_C f(z)\,dz = \sum_{k=1}^{s} a_{-1}^{(k)}, \qquad \text{(A/25)}$$

wenn $a_{-1}^{(k)}$ der Koeffizient der Potenz $(z-z_k)^{-1}$ in der Darstellung (A/19) von $f(z)$ für $z = z_k$ ist. Dies sieht man so: Legt man um die Pole z_i beliebig kleine Kreise K_i derart, daß im Inneren des Kreises K_i nur der Pol z_i liegt, so kann das Kurvenintegral über C (vgl. Abb. A.1a) wegen der Regularität von $f(z)$ außerhalb dieser kleinen Kreise so deformiert werden, daß schließlich wie in Abb. A.1b nur mehr die isolierten singulären Stellen umschlossen werden. Wegen der Regularität von $f(z)$ auf diesen „Stegen" zwischen den Kreisen K_i heben sich die entgegengesetzten Beiträge zum Integral dort weg, also

$$\oint\limits_C = \sum_i \oint\limits_{K_i}.$$

Für jeden der Kreise kann die Überlegung wie bei (A/24) durchgeführt werden, was (A/25) ergibt.

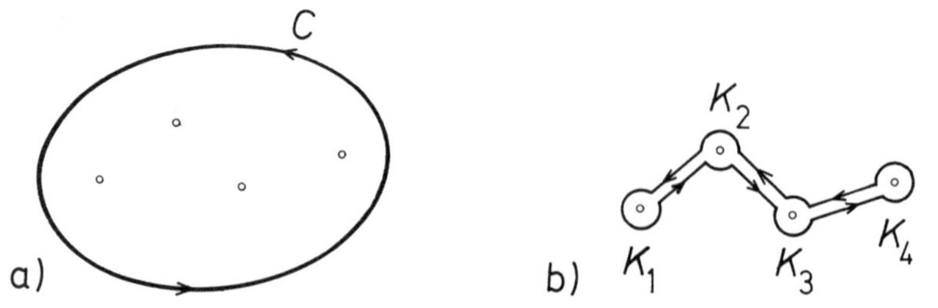

Abb. A1

Der Bedeutung der Koeffizienten $a_{-1}^{(k)}$ entsprechend haben sie einen eigenen Namen erhalten; man nennt sie die *Residuen* der Funktion $f(z)$ für $z = z_k$: $a_{-1}^{(k)} =: \operatorname{Res}_{z=z_k} f(z)$. Das Integral (A/25) ist gleich der Summe der Residuen von $f(z)$ über alle jene Pole von $f(z)$, die im Inneren von C liegen.

Durch einen kleinen Kunstgriff können auch die anderen Koeffizienten a_k in (A/19) durch eine ähnliche Integraloperation berechnet werden: Multipliziert man die Darstellung (A/19) für $f(z)$ mit $(z - z_0)^n$, so ist offensichtlich $g(z) = (z - z_0)^n f(z)$ in z_0 regulär und

$$a_{-n} = g(z_0), \quad a_{-n+1} = g'(z_0), \ldots$$

Wegen

$$a_{-n} = \frac{1}{2\pi i} \oint_K \frac{g(\zeta)}{(\zeta - z_0)} d\zeta = \frac{1}{2\pi i} \oint_K f(\zeta)(\zeta - z_0)^{n-1} d\zeta,$$

$$a_{-n+1} = \frac{1}{2\pi i} \oint_K \frac{g(\zeta)}{(\zeta - z_0)^2} d\zeta = \frac{1}{2\pi i} \oint_K f(\zeta)(\zeta - z_0)^{n-2} d\zeta$$

usw., weist man leicht nach, daß mit

$$f(z) = \sum_{k=-n}^{\infty} a_k (z - z_0)^k$$

stets

$$a_k = \frac{1}{2\pi i} \oint_K \frac{f(\zeta)}{(\zeta - z_0)^{k+1}} d\zeta, \quad k = -n, -n+1, \ldots \tag{A/26}$$

gilt. Dabei ist K ein Kreis mit dem Mittelpunkt $z = z_0$ und beliebig kleinem Radius, jedoch mindestens so klein, daß im Inneren von K keine weitere singuläre Stelle von $f(z)$ liegt.

Besitzt eine in der ganzen Gaußschen Zahlenebene definierte Funktion $f(z)$ keine Singularitäten, so nennen wir sie eine *ganze Funktion.* Da auf der Peripherie des Konvergenzkreises der Potenzreihenentwicklung von $f(z)$,

$$f(z) = \sum_{n=0}^{\infty} a_n z^n, \tag{A/27}$$

der der Anschlußstelle nächstgelegene singuläre Punkt liegt, muß die Reihe (A/27) offenbar für alle z konvergieren, d.h., ihr Konvergenzradius ist unendlich. Die Stelle $z = \infty$ ist dann eine wesentliche singuläre Stelle, es sei denn, die Reihe (A/27) bricht ab: dann nennen wir $f(z)$ eine *ganze rationale Funktion* oder Polynom. Hat eine Funktion $f(z)$ in der komplexen Ebene nur Pole, die sich im Endlichen nicht häufen, so heißt $f(z)$ eine *meromorphe Funktion.* Sie läßt sich als Quotient

$$f(z) = \frac{p(z)}{q(z)} \tag{A/28}$$

zweier ganzer Funktionen $p(z)$ und $q(z)$ darstellen; die Nullstellen von $q(z)$ sind die Pole von $f(z)$.

Wir können noch eine bemerkenswerte Aussage über die Zahl der Nullstellen und Pole einer Funktion machen. Sei z_0 eine k-fache Nullstelle*) einer in z_0 regulären Funktion f(z),

$$f(z) = a_k (z - z_0)^k + a_{k+1} (z - z_0)^{k+1} + \dots \tag{A/29}$$

Differenziert man (A/29),

$$f'(z) = k a_k (z - z_0)^{k-1} + (ka + 1)\, a_{k+1} (z - z_0)^k + \dots,$$

so folgt

$$\frac{f'(z)}{f(z)} = \frac{k}{z - z_0} + b_0 + b_1 (z - z_0) + \dots$$

und daher

$$\frac{1}{2\pi i} \oint\limits_K \frac{f'(z)}{f(z)}\, dz = k. \tag{A/30}$$

Ist dann f(z) eine in einem abgeschlossenen Bereich *B* stetige Funktion, regulär im Inneren bis auf die Pole z_i', i = 1, ..., p, mit den Vielfachheiten k_i, und hat f(z) im Inneren von *B* die Nullstellen z_i'', i = 1, ..., n, mit den Vielfachheiten h_i, so gilt

$$\frac{1}{2\pi i} \oint\limits_C \frac{f'(z)}{f(z)}\, dz = \sum_{i=1}^{n} h_i - \sum_{i=1}^{p} k_i. \tag{A/31}$$

Dabei ist *C* der Rand von *B*.

In diesem Zusammenhang kann noch eine wichtige Aussage abgeleitet werden, die als *Satz von Rouché* bekannt ist: Sind die Funktionen f(z) und h(z) in einem einfach zusammenhängenden Gebiet *G* regulär, gilt ferner für eine ganz in *G* verlaufende geschlossene Kurve *C*

$$f(z) \neq 0 \text{ und } |f(z)| > |h(z)| \text{ für } z \in C,$$

so haben die Funktionen f(z) und g(z) = f(z) + h(z) im Innengebiet der Kurve *C* die gleiche Zahl von Nullstellen**).

B. Die Gammafunktion

Die Gammafunktion spielt in der angewandten Mathematik, insbesondere der mathematischen Physik, eine bedeutsame Rolle. Ihrer Wichtigkeit Rechnung tragend, wollen wir hier in Kürze ihre Eigenschaften zusammenstellen***).

Historisch stellt die Gammafunktion Γ(z) eine Lösung der Aufgabe dar, eine reguläre Funktion zu finden, die für das reelle Argument z = n, n = 1, 2, ..., den Wert Γ(n) = (n − 1)! annimmt. Diese Aufgabe wurde von L. EULER gelöst, der für diese Funktion die Integraldarstellung

$$\Gamma(z) = \int_0^\infty e^{-t}\, t^{z-1}\, dt \tag{B/1}$$

für Re(z) = x > 0 angab (denn für solche z ist das Integral konvergent). Man überzeugt sich durch partielle Integration, daß Γ(z) die „Funktionalgleichung"

$$\Gamma(z) = (z - 1)\, \Gamma(z - 1) \tag{B/2}$$

*) Für k < 0 ist z_0 ein k-facher Pol von f(z).

**) Vgl. etwa Peschl [31], Dinghas [32], Smirnow [8], Bd. III u. a.

***) Für eine ausführliche Behandlung vgl. Lense [19], Schäfke [17], Smirnow [8], Bd. III.

erfüllt. Wegen

$$\Gamma(1) = \int_0^\infty e^{-t}\,dt = 1$$

erhält man

$$\Gamma(2) = 1, \quad \Gamma(3) = 2\,\Gamma(2) = 2!$$

und durch Induktion tatsächlich

$$\Gamma(n) = (n-1)!, \quad n = 1, 2, \ldots \tag{B/3}$$

Die durch das Integral in (B/1) definierte Funktion ist regulär für $\mathrm{Re}(z) > 0$*) und stellt somit in der Halbebene $\mathrm{Re}(z) > 0$ eine reguläre Funktion dar.

Eine zweite Lösung dieser Aufgabe stammt von C. F. GAUSS, der die für $z \neq -n$, $n = 0, 1, \ldots$, definierte Funktion

$$\lim_{n\to\infty} \frac{n!\,n^{z-1}}{z(z+1)\ldots(z+n-1)} \tag{B/4}$$

angab. Für $z = k$, $k = 1, 2, \ldots$, gilt stets

$$\lim_{n\to\infty} \frac{n!\,n^{k-1}}{k(k+1)\ldots(k+n-1)} = (k-1)!\,. \tag{B/5}$$

Man zeigt nun, daß

$$\lim_{n\to\infty} \frac{n!\,n^{z-1}}{z(z+1)\ldots(z+n-1)} = \Gamma(z), \quad \mathrm{Re}(z) > 0, \tag{B/6}$$

gilt, wobei der Grenzwert (B/4) für jedes $z \neq 0, -1, -2, \ldots$, existiert. Die durch (B/4) definierte Funktion $\Gamma(z)$, die für $\mathrm{Re}(z) > 0$ durch das Eulersche Integral dargestellt wird, ist regulär für jedes $z \neq -m$, $m = 0, 1, 2, \ldots$, wo $\Gamma(z)$ einfache Pole mit den Residuen $(-1)^m/m!$ besitzt. Wie man erkennt, verschwindet $\Gamma(z)$ nirgends, so daß $1/\Gamma(z)$ eine ganze Funktion mit den Nullstellen $z = -m$ ist.

Eine sehr wichtige Beziehung ist

$$\Gamma(z)\,\Gamma(1-z) = \frac{\pi}{\sin \pi z}\,. \tag{B/7}$$

Daraus folgt $\Gamma(1/2) = \sqrt{\pi}$, andererseits

$$\sqrt{\pi} = \Gamma(1/2) = \int_0^\infty \frac{e^{-t}}{\sqrt{t}}\,dt = 2\int_0^\infty e^{-u^2}\,du$$

und daher

$$\int_0^\infty e^{-u^2}\,du = \frac{\sqrt{\pi}}{2}\,. \tag{B/8}$$

(B/8) wird als Laplacesches Integral bezeichnet.

---

*) Das Integral in (B/1) ist nämlich für $\mathrm{Re}(z) = x \geqslant \delta > 0$ absolut und gleichmäßig konvergent.

Literatur

[1] *J. Cunningham,* Vektoren, Vieweg + Sohn, 1972.

[2] *G. M. Fichtenholz,* Differential- und Integralrechnung, VEB Deutscher Verlag der Wissenschaften, Berlin 1962.

[3] *A. Lichnerowicz,* Lineare Algebra und Lineare Analysis, VEB Deutscher Verlag der Wissenschaften, Berlin 1956.

[4] *A. Lichnerowicz,* Einführung in die Tensoranalysis, Bibl. Inst., Bd. 77*, Mannheim, 1966.

[5] *A. Duschek, A. Hochrainer,* Tensorrechnung in analytischer Darstellung, Bd. I (1946), Bd. II (1950), Bd. III (1955), Springer-Verlag, Wien.

[6] *L. D. Landau, E. M. Lifschitz,* Lehrbuch der theoretischen Physik, Akad.-Verlag, Berlin 1967.

[7] *H. Parkus,* Mechanik der starren Körper, Springer-Verlag, Wien 1972.

[8] *W. I. Smirnow,* Lehrgang der höheren Mathematik, VEB Deutscher Verlag der Wissenschaften, Berlin 1955.

[9] *C. Titchmarsh,* Eigenfunction expansions, Vol. I (1946), Vol. II (1958), Oxford Univ. Press.

[10] *K. Knopp,* Theorie und Anwendung der unendlichen Reihen, Springer-Verlag Berlin-Göttingen-Heidelberg, 5. Aufl. 1964.

[11] *G. Hellwig,* Differentialoperatoren der Math. Physik, Springer-Verlag Berlin-Göttingen-Heidelberg, 1964.

[12] *E. C. Titchmarsh,* The theory of functions, Oxford Univ. Press. 1932.

[13] *F. Riesz, B. Sz. Nagy,* Vorlesungen über Funktionalanalysis, VEB Deutscher Verlag der Wissenschaften, Berlin 1956.

[14] *N. I. Achieser, I. M. Glasmann,* Theorie der linearen Operatoren im Hilbertraum, Akad.-Verlag Berlin, 1954.

[15] *H. Behnke, F. Sommer,* Theorie der analytischen Funktionen einer komplexen Veränderlichen, Springer-Verlag Berlin-Heidelberg-New York, 3. Aufl. 1965.

[16] *L. Bieberbach,* Theorie der gewöhnlichen Differentialgleichungen, Springer-Verlag Berlin-Göttingen-Heidelberg, 1965.

[17] *F. W. Schäfke,* Einführung in die Theorie der speziellen Funktionen der mathematischen Physik, Springer-Verlag Berlin-Göttingen-Heidelberg, 1963.

[18] *J. Lense,* Kugelfunktionen, Akad. Verlagsgesellschaft Geest & Portig, 1954.

[19] *J. Lense,* Reihenentwicklung in der mathematischen Physik, Walter de Gruyter & Co., 1953.

[20] *R. Ph. Boas,* Entire Functions, Acad. Press, N. Y., 1964.

[21] *G. N. Watson,* A Treatise on the Theory of Bessel-Functions, Cambridge Univ. Press, 1922.

[22] *E. C. Titchmarsh,* Introduction to the Theory of Fourier-Integrals, Oxford Univ. Press, 1937.

[23] *W. Magnus, F. Oberhettinger, R. P. Soni,* Formulas and Theorems for the Special Functions of Mathematical Physics, Bd. 52, Springer-Verlag Berlin-Heidelberg-New York, 3. Aufl. 1966.

[24] *A. Erdélyi, W. Magnus, F. Oberhettinger, F. G. Tricomi,* Higher Transzendental Functions, Mc Graw-Hill, N. Y. 1953, Bateman Manuscript Project.

[25] *I. A. Sneddon,* Special Functions of Mathematical Physics and Chemistry, Oliver & Boyd, Edinburgh, 1961.

[26] *R. Jost,* The General Theory of Quantized Fields, Amer. Math. Soc., Providence, R. I. 1965.

[27] *L. Schwartz,* Mathematische Methoden der Physik I, Bibl. Inst. Mannheim, 1974.

[28] *E. Berz,* Verallgemeinerte Funktionen und Operatoren, Bibl. Inst., Bd. 122/122a, Mannheim 1967.

[29] *M. J. Lighthill,* Einführung in die Theorie der Fourieranalysis und der verallgemeinerten Funktionen, Bibl. Inst., Bd. 139, Mannheim 1966.

[30] *W. Walter,* Einführung in die Theorie der Distributionen, Bibl. Inst., Bd. 754, Mannheim 1970.

[31] *E. Peschl,* Funktionentheorie I, Bibl. Inst., Bd. 131/131a, Mannheim 1968.

[32] *A. Dinghas,* Einführung in die Cauchy-Weierstrass'sche Funktionentheorie, Bibl. Inst., Bd. 48*, Mannheim 1968.

Sachwortverzeichnis